기하학개론

윤갑진 · 황승수 지음

KM 경문사

들어가면서

기하학(geometry)의 어원은 그리스어의 geo(땅)과 metrein(측량한다)을 합친 것으로부터 유래한다. 그리고 기하(幾何)는 geo를 중국어로 음역한 것이다.

기하학이란 무엇인가? 이 질문에 명백하게 대답하기는 매우 어렵다. 왜냐하면, 기하학의 대상이나 방법 및 내용이 시대가 흐름에 따라 현저하게 변화하고 발전하였으며, 그 범위도 크게 확대되었기 때문이다. 오늘날에 와서는 기하학이 모든 수학과 깊은 관련이 있기 때문에 이러한 모든 내용을 포함하는 기하학을 정의하기는 거의 불가능하다. 그러나 대략적으로 기하학을 다음과 같이 정의할 수 있다. 수와 도형의 성질을 연구하는 학문이 수학이라면, 수의 성질을 연구하는 학문이 넓은 의미에서 해석학이나 대수학에 해당하고, 기하학은 주어진 공간에서 정의된 도형의 성질을 연구하는 학문이라고 말할 수 있다.

여기서 공간이란 적당한 기하학적 구조 또는 대수적 구조가 도입된 공집합이 아닌 집합을 말한다. 기하학을 연구함에 있어서 극한과 연속의 개념 곧 미적분학을 도구로 이용하느냐 아니냐에 따라서 기하학을 분류할 수도 있는데, 전자의 경우에 미분기하학이 포함되고 후자의 경우는 유클리드 기하학, 쌍곡기하학, 구면기하학, 사영기하학 등이 포함된다고 할 수 있다. 또한 위상수학과 결합한 기하학을 위상기하학, 대수학과 결합한 기하학을 대수기하학이라고 한다.

이 책은 수학과 학부 과정에서 기하학개론 교재로 사용하기 위해 쓴 책으로 1학기 또는 2학기에 다룰 수 있도록 구성하였다.

본 교재의 1장에서는 그리스 시대 이전의 고대 기하학과 그리스 시대의 기하학을 간략하게 소개하는 것으로 시작하여, 유클리드가 집대성한 기하학원론에 나오는 기하학 내용과 공준(공리) 등에 대하여 흥미로운 수학이야기가 되도록 구성하였다.

2장과 3장에서는 유클리드 기하학으로부터 쌍곡기하학이 태동한 과정과 쌍곡기하학의 모형인 푸앵카레 모형을 소개하였으며, 이어서 4장에서는 유클리드 기하학의 본질을 파악할 수 있는 유클리드 등장사상을 다루었다.

5장에서는 원, 포물선, 타원, 쌍곡선 등 고대 그리스 시대부터 관심을 갖고 연구한 원뿔곡선을 소개하였다.

6장에서는 비유클리드 기하학 중에서 타원기하학(구면기하학)을 소개하고, 유클리드 기하학의 삼각형에서 성립하는 다양한 성질과 타원기하학의 삼각형에서 성립하는 성질들을 비교하였다.

7장에서는 원근법과 관련된 사영기하학에 대하여 다루었다.

본문 내용 중 일부는 중앙대학교의 신해용 교수님과 고려대학교 김영욱 교수님의 강의록에서 가져왔다. 이를 허락해 주신 교수님들께 지면을 빌어 감사드린다. 독자들이 기하학의 발전 과정과 더불어 기하학의 맛을 조금이라도 맛볼 수 있게 되길 기대한다.

끝으로 본 기하학개론 교재가 책으로 발간될 수 있도록 도와준 경문사 조경희 사장님과 편집진에게 감사를 드린다.

표기법

두 점 A와 B에 대하여 AB는 두 점 A, B를 잇는 선분을 나타내고, $\overline{AB}$는 선분 AB의 길이를 나타내는 것으로 한다. 그러나 현재 중학교·고등학교 교과서에서 선분을 나타내는 기호로 AB와 $\overline{AB}$를 혼용해서 사용하고 있듯이 우리도 필요에 따라 혼용해서 사용하기로 한다. 즉, $AB = 5$ 또는 $\overline{AB} = 5$는 선분 AB의 길이가 5임을 의미한다.

차 례

1

그리스의 수학

1.1 고대 기하학

기하학의 역사는 수학의 역사만큼 오래 되었으며 고대수학은 기하학이 전부였다. 기하학적 문제를 논리적인 사고체계에서 처음으로 생각한 것은 고대 그리스인들이지만, 기하학에 대한 관심은 훨씬 이전부터 있었다. 상업이나 농업, 건축이나 공학 등에서 필요한 계산을 하기 위해 기하학을 많이 사용하였다. 헤로도투스(Herodotus, B.C. 484~425)의 기록에 의하면, 기하학이 문명의 한 요소가 된 것은 고대 이집트에서 나일강 범람 후에 행한 토지측량 이후라고 할 수 있다.

메소포타미아, 이집트, 인도, 중국 등 고대 문명에서 기하학은 실험, 관찰, 추측, 직관을 통하여 실제 목적을 위한 기하적 문제의 계산 법칙을 경험적으로 찾아내었다. 예를 들어, B.C. 2000년부터 1600년경까지는 메소포타미아와 중국에서 원주율 π의 값을 3 또는 $3\frac{1}{8}$로 계산한 기록을 볼 수 있고, B.C. 1800년 경의 이집트에서는 $\left(\frac{16}{9}\right)^2$로 계산하고 있다. 이 외에도 넓이, 부피 등 여러 기하학적 또는 수학적 문제에 대한 해법이 고대문명에서 이미 알려져 있었음을 알 수 있다. 예를 들면, 바빌로니아에선 이미 피타고라스 정리의 형태를 알고 있었다.

그러나 고대문명의 이러한 수학적 지식에는 어떠한 한계를 찾을 수 있는데, 위의 예에서도 볼 수 있듯이 그들이 갖고 있는 지식이 때로는 매우 정확하나, 어떤 경우에는 아주 부정확하다는 점을 지적할 수 있다. 이러한 문제점은 그들이 어떤 실제적인 문제의 해법을 제시하고 있으나, 그러한 결과를 정확히 비교 분석할 수 있는 논리적 체계를 갖고 있지 않다는 사실에서 기인한다. 그들의 관심은 '어떻게'(how)에 있었다. 대출의 이자를 어떻게 계산할 수 있는가? 피라미드의 부피를 어떻게 알 수 있는가? 주어진 수의 제곱근을 어떻게 계산할 수 있는가? 등이 이에 속한다. 이러한 한계를 극복하고 논리적인 추론 방법을 도입하여 수학을 포함한 인류 사상 전반에 걸쳐 비약적 발전을 이룬 것이 그리스 시대라 할 수 있다.

연습문제

[1.1.1] 고대 이집트에서는 원의 넓이의 둘레에 대한 비율이 그 원에 외접하는 사각형 넓이의 사각형의 둘레에 대한 비와 같다고 보았다. 지름이 9인 원인 경우에는 π의 값을 얼마로 생각한 것인지 설명하시오.

[1.1.2] '린드 파피루스'에 의하면 원의 넓이는 그 지름의 $\frac{8}{9}$만큼의 길이를 한변으로 하는 정사각형의 넓이와 같다. 이 경우에 π의 값을 얼마로 생각한 것인지 설명하시오.

1.2 고대 그리스의 수학

> 탈레스에게 중요했던 것은 무엇을 아느냐가 아니라 어떻게 아느냐였다. (아리스토텔레스)

고대 그리스(B.C. 800~A.D. 700) 수학의 발전에 대해 알아보자. 그리스인들은 수학을 이용해서 자연을 이해할 수 있다는 것을 깨달았다. 단순히 현상을 기술하는 것뿐만 아니라 감추어진 것을 밝혀내기 위해서 수학을 사용했다. 그들은 "기하학 문제들이 시행착오에 의해서가 아니라 연역적인 추론에 의해 밝혀져야 한다"는 사상을 바탕으로 논리적으로 기하학을 전개하였다. 그들의 관심은 '왜'(why)였다. 왜 그런가? 왜 삼각형의 넓이는 밑변과 높이의 곱의 반값인가? 직각삼각형의 빗변의 제곱은 왜 나머지 변들의 길이의 제곱의 합과 같은가? 등등에 관심이 있었다. 이러한 관점은 그 이전까지의 수학적 내용에 대한 접근 방법과 비교하였을 때 혁명적이라

할 수 있는 발상이자 업적이라 하겠다. 이는 기하학이 도구에서 생각의 연역적 훈련 체계로 변화하였다는 것을 의미한다. 이렇게 발달한 그리스의 기하학은 현대 수학, 더 나아가서는 현대과학의 원형을 제시하고 있다. 탈레스(Thales, B.C. 640~546)에서 시작된 이러한 기하학적 연구는 피타고라스(Pythagoras, B.C. 569~475) 학파와 히포크라테스(Hippocrates of Chios, B.C. 470~410), 에우독소스(Eudoxus, B.C. 408~355) 등의 여러 학자를 거치면서 완성된다. 예를 들어, 기하학적 정리를 최초로 증명한 탈레스는 다음과 같은 사실들을 보였다.

- 원의 지름은 원을 둘로 나눈다.
- 이등변삼각형의 두 밑각의 크기는 서로 같다.
- 서로 만나는 두 직선의 맞꼭짓각의 크기는 서로 같다.
- 한 변의 길이와 두 양 끝각이 같은 두 삼각형은 합동이다
- 반원의 내각은 직각이다.

사모스섬에서 태어난 피타고라스는 어렸을 때 탈레스를 방문했는데 이때 특별한 인상을 받았다고 한다. 피타고라스와 그 학파는 '삼각형 내각의 합은 2직각(= 180°) 이다', '피타고라스 정리' 등을 증명하였다. 한편, 히포크라테스는 두 원의 넓이의 비는 각각의 반지름으로 만든 정사각형의 넓이의 비와 같음을 보였다. 그리고 플라톤(Platon, B.C. 427~347)은 아카데미를 설립하여 수학 문화를 만들었다. 아카데미는 철학과 과학 연구와 교육을 위한 교육 기관이었다. 여기서 처음 10년간은 과학을 공부하게 하여 수학적 생각을 갖도록 하고 그후 5년간은 변증법을 공부하게 하였는데, 이 아카데미는 이후 900년간이나 존속하였다. 한편, 에우독소스는 플라톤의 제자로 처음으로 공리계를 만들었다.

탈레스나 피타고라스, 히포크라테스와 플라톤, 에우독소스 등은 뛰어난 그리스 수학자들이다. 이외에도 수학에 공헌한 다른 사람들도 적지 않다[1)].

그 후에 기하학은 플라톤 학파의 제자 유클리드(Euclid, B.C. 330~270)에 의해

[1)]그들의 이름은 다음과 같다. Panini, Anaxagoras, Zeno of Elea, Oenopides, Leucippus, Antiphon, Theodorus, Hippias, Democritus, Bryson, Archytas, Theaetetus, Thymaridas, Xenocrates, Dinostratus, Heraclides, Aristotle, Menaechmus, Callippus, Aristaeus, Autolycus, Eudemus, Aristarchus, Archimedes 등

서 『원론』(Elements)이라는 수학교과서로 집대성된다. 유클리드의 『원론』은 그 후 2000년을 내려오면서 기하학(수학) 교과서로의 독보적 위치를 차지하게 되고, 그리스 수학자들이 이루어 놓은 기하학적 체계는 유클리드 기하학이라 불리게 된다. 다음 절에서 유클리드의 『원론』에 대하여 좀더 자세히 알아보자.

1.3 유클리드의 원론

B.C. 300년경에 알렉산드리아에서 활동한 그리스 수학자 유클리드(또는 유클레이데스)의 생애에 대해서는 단편적인 몇몇 에피소드를 제외하면 별로 알려져 있지 않다.

다만 그의 저서 『원론』을 통하여 우리는 그의 수학적 통찰력과 지식을 접할 수 있을 뿐이다. 알려진 바에 의하면 그는 프톨레마이오스 1세 재임 중 초빙되어 알렉산드리아 대학에서 수학과의 학과장을 맡아 가르쳤다고 전해진다.

유클리드의 『원론』은 전13권으로 쓰인 기하학 교과서이다. 이 책에는 그때까지의 그리스 수학의 업적들이 총 망라되어 있다. 책의 내용을 간략하게 소개하면 다음과 같다.

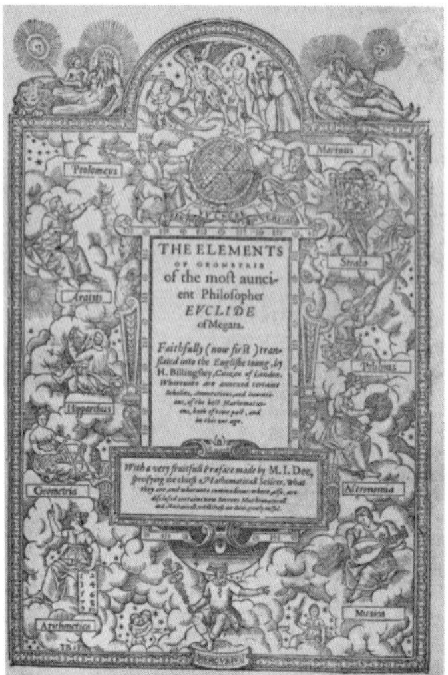

그림 1.1 : Henry Billingsley 경의 유클리드 『원론』의 영어 번역본 속표지(1570년)

권수	주제 및 내용
1권	기하학 기초: 삼각형, 평행선, 넓이 이론
2권	기하 대수학
3권	원이론
4권	내접, 외접 다각형 작도
5권	에우독소스의 비율 이론
6권	기하학에서 닮은 도형과 비율
7권	기초적인 수론
8권	수론 중 연분수
9권	수론
10권	비통약성의 수 (유리수, 무리수)
11권	입체 기하학
12권	넓이, 부피 측정
13권	정다면체

그러나 무엇보다도 시선을 끄는 것은 수학 내용을 구성하는데 있어서 이 책이 취하고 있는 체계이다. 『원론』은 공리적 방법으로 서술되었다. 정의와 공리가 먼저 제시되고 이로부터 정리를 논리적 연역으로 증명하였다. 『원론』은 우선 1권의 서두에 23개의 정의(용어 해설, definition)와 5개의 공준(postulates), 그리고 5개의 공통 개념(common notions)을 제시하고, 그 후에 미리 제시한 공리, 즉 공준과 공통 개념 사용하여 465개의 명제(proposition)를 무미건조하게 차례로 증명하고 있다. 이러한 방식은 철저하게 논리적인 추론에 따르려는 그리스 기하학의 방법론에 충실하고, 이것은 또한 현대수학의 원형을 제시하고 있다고도 할 수 있다. 이 중에서 제1권을 간략하게 살펴보자.

제1권

정의

정의 1. 점은 부분이 없는 것이다.

정의 2. 선은 폭이 없는 길이이다.

정의 3. 선은 점으로 끝난다.

정의 4. 직선은 점들이 균등하게 놓인 것이다.

정의 5. 면은 길이와 폭 만을 가진 것이다.

정의 6. 면의 모서리는 선이다.

정의 7. 평면은 직선이 균등하게 펼쳐진 것이다.

정의 11. 둔각은 직각보다 큰 각이다.

정의 12. 예각은 직각보다 작은 각이다.

정의 15. 원은 한점에서 도형까지 이은 직선의 길이가 모두 같은 평면 도형이다.

정의 23. 평행선은 양쪽으로 끝없이 늘려도 어느 쪽에서도 서로 만나지 않는 같은 평면에 있는 두 직선이다.

공준

다음이 사실이라고 정하자.

P 1. 임의의 점에서 임의의 점으로 직선을 그을 수 있다.

P 2. 선분은 직선으로 연장할 수 있다.

P 3. 임의의 중심과 반지름을 가진 원을 그릴 수 있다.

P 4. 모든 직각은 서로 같다.

P 5. (평행공리) 하나의 직선이 두 직선과 만나서 같은 쪽에 두 직각보다 작은 내각을 만들 때, 이 두 직선은 그것들을 한없이 연장하면 두 직각보다 작은 각이 만들어지는 쪽에서 만난다

공통 개념

C 1. 같은 것에 같은 둘은 서로 같다.

C 2. 같은 것에 같은 것을 더하면 그 더한 전체는 여전히 같다.

C 3. 같은 것에 같은 것을 빼어도 그 나머지는 여전히 같다.

C 4. 포개어 같은 것은 서로 같다.

C 5. 전체는 부분보다 크다.

명제

명제 1. 주어진 선분을 한 변으로 하는 정삼각형을 만들 수 있다.

증명. AB가 주어진 선분이라 하자. 먼저 공준 3에 의하여 점 A를 중심으로 하고 AB를 반지름으로 하는 원을 그린다. 그리고 마찬가지로 점 B를 중심으로 하고 BA를 반지름으로 하는 원을 그린다(그림 1.2). 두 원의 교점을 C라고 하고, 공준 1에 의하여 점 A와 C를 잇고, 점 B와 C를 잇는다. 이제 A가 처음 원의 중심이므로 정의 15에 의하여 $\overline{AC} = \overline{AB}$이다. 또한 점 B가 두 번째 원의 중심이므로 정의 15에 의하여 $\overline{BC} = \overline{BA}$이다. 그런데 $\overline{CA} = \overline{AB}$이고 $\overline{CB} = \overline{AB}$이므로, 공통개념 1에 의해 $\overline{CA} = \overline{CB}$이다. 따라서 세 선분의 길이 $\overline{CA}$, $\overline{AB}$, $\overline{BC}$는 모두 같다. ∎

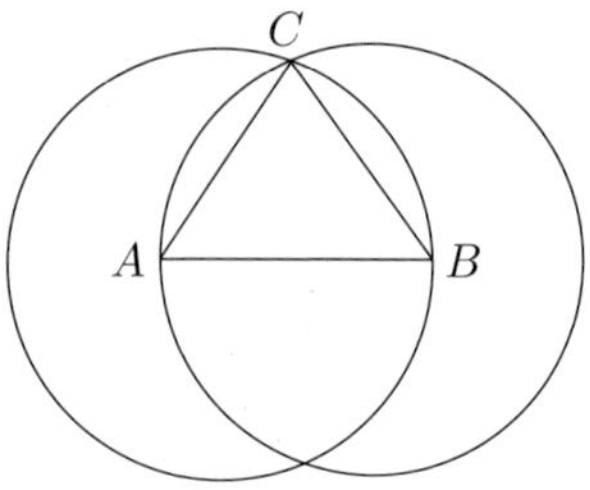

그림 1.2 : 명제 1의 증명

명제 2. 주어진 선분과 같은 선분을 주어진 한 점을 끝점으로 하여 만들 수 있다.

명제 3. 서로 다른 선분이 있을 때 작은 것과 같은 선분으로 큰 것을 자를 수 있다.

명제 4. (SAS) 두 삼각형에서 두 변과 사이에 낀 각의 크기가 서로 같으면 나머지 변과 각들 서로 같다.

명제 5. 이등변삼각형에서 두 밑각의 크기는 서로 같다. 두 밑각이 같은 삼각형은 이등변삼각형이다.

명제 6. 삼각형의 두 각이 같으면, 같은 각의 대변들의 길이는 같다.

명제 10. 주어진 선분을 이등분할 수 있다.

명제 11. 주어진 직선의 한 점에서 직각이 되는 직선을 그릴 수 있다.

명제 12. 직선 위에 있지 않은 점에서 그 직선에 수직인 선을 그릴 수 있다.

명제 17. 어떤 삼각형이든 두 내각의 합은 2직각보다 작다.

명제 23. 각이 주어지면, 한 직선의 한 점에서 출발하여 동일한 각을 만들 수 있다.

명제 27. 두 직선을 동시에 지나는 횡선에 의해 생기는 엇각이 같으면 두 직선은 서로 평행하다.

명제 47. (피타고라스 정리) 직각삼각형에서 빗변의 길이의 제곱은 직각을 포함하는 변들의 길이의 제곱의 합과 같다.

명제 48. (피타고라스 정리의 역) 삼각형에서 한 변을 포함하는 정사각형의 넓이가 다른 두 변을 각각 한 변으로 하는 정사각형들의 넓이의 합과 같으면, 다른 두 변을 포함하는 각은 직각이다.

제 1권은 이렇게 끝난다. 서론도 없고, 해설이나 저자 후기도 없이 무미건조하게 끝나는 것이 원론의 특징이다. 나머지 12권도 마찬가지이다. 유클리드는 재미있거나 아름답거나, 직관적인 증명을 원하지 않았다. 그는 자신의 연역체계를 엄밀하게 유지하는 데에만 관심이 있었을 뿐이다. 피타고라스가 수에 담긴 경이로움을 보여주었다면, 유클리드의 기하학 원론은 더욱 심오한 아름다움, 물샐틈없이 치밀한 수학적 진리 체계를 보여주었다. 유클리드는 수학 지식이 다른 지식과는 성질이 다르다는 것을 보여주었다. 이 책의 명제들은 영원히 참이다. 세월이 흐른다고 덜 확실해지는 일이 없고, 덜 유효해지는 일도 없다.

오늘날에는 공준과 공통 개념을 총칭해서 공리(axiom)라 하고, 『원론』에 제시되어 있는 이러한 체계를 공리계(axiomatic system)라고 부른다. 물론 『원론』이 현대적 의미에서의 엄격한 공리계를 완성하고 있다고 할 수는 없을 것이다. 하지만 이러한 체계의 원형이 『원론』에서 제시되고 있다.

1.4 공리계

어떠한 논증에 우리가 동의하기 위해서 우선 갖추어야 할 기본적 요건들을 생각해 보자. 첫 번째는 용어에 대한 동의가 있어야 할 것이다. 그리고 논리의 근거가 되는 기본적으로 인정되는 명제가 주어져야 할 것이다. 만약 참이라 인정할 아무런 명제를 가지고 있지 않다면 어떤 논증을 위한 근거가 제시될 수 없기 때문이다. 또한 마지막으로 논증의 법칙 즉 논리율에 대한 합의가 있어야 한다. 이러한 기본적인 합의 하에서 우리는 논증을 시작하여 어떤 명제의 진위를 가릴 수 있는 것이다.

기하학적 논증의 체계를 완성하기 위해서도 이러한 합의는 필요하다. 우선 용어의 의미에 대한 합의를 이루기 위해서 우리는 정의를 통하여 각 용어의 의미를 결정한다. 하지만 용어의 정의를 위해서는 또 다른 용어가 필요할 것이고, 따라서 모든 용어의 정의를 한다는 것은 궁극적으로 불가능하다. 그러므로 우리는 **무정의 용어**(undefined term)를 일부 도입해야 한다. 이러한 용어는 그 용어의 의미에 대한 아무런 합의도 필요없고, 다만 그 용어의 사용이 뒤의 공리들에 의해서 제약될 뿐이다. 그리고 기본적으로 증명없이 인정되고 있는 명제들이 필요할 것이다. 이러한 명제들을 우리는 **공리**(axiom)라고 부른다. 이때 공리로 주어진 명제가 참인지 거짓인지는 아무런 의미가 없다. 다만 이러한 명제들이 논리의 전개를 위한 기초로 주어져 있을 뿐이다. 그리고 논리의 전개 법칙으로써 **논리율**이 주어져야 한다. 즉 기하학의 논증을 위한 체계는 무정의 용어, 공리, 논리율의 구성요소를 갖추어야 한다고 하겠다. 이러한 구성요소가 주어져 있을 때 이를 **공리계**라고 한다. 여기서 기하학적 공리계를 논함에 있어서 논리율에 대한 자세한 언급은 피하기로 하겠다. 우리는 일반적으로 인정되는 논증의 법칙들을 사용할 것이고 이에 대한 자세한 분석은 수리논리학 등의 분야에서 깊게 다루어지고 있다. 즉 우리는 집합론과 수리논리의 체계를 인정하기로 한다. 이제 공리계의 예를 하나 들어보자.

(공리계의 예제 1) 무정의 용어 : 점, 선, 위에 있다.

(1) 서로 다른 두 점을 지나는 직선이 유일하게 존재한다.

(2) 한 직선 위에는 적어도 두 점이 존재한다.

(3) 모든 점이 한 직선 위에 있는 것은 아니다.

(4) 적어도 하나의 직선이 존재한다.

위 예에서 "직선이 점을 지난다" 등의 개념은 "위에 있다" 라는 용어를 이용하여 정의한 것이다. 이와 같이, 무정의 용어와 공리 그리고 일반적 논리율에 의해서 하나의 공리계가 주어질 수 있다. 이러한 공리계에서 다음과 같은 명제들이 증명될 수 있을 것이다.

명제: 적어도 세 개의 점이 존재한다.

명제: 두 직선의 교점은 많아야 하나이다.

이제 어떤 공리계가 주어지기 위한 요건을 알아 보았는데, 그렇다면 적당한 무정의 용어와 정의 용어, 그들을 사용한 명제들을 적당히 주기만 하면 의미있는 공리계가 되는 것일까? 가령 공리계의 두 가지 명제가 서로 모순된다면 이러한 공리계는 의미가 없을 것이다. 그러므로 의미있는 공리계를 구성하기 위해서는 공리계가 다음 성질들을 만족해야 한다.

무모순성(consistency): 공리계에서 어떤 명제 p와 p의 부정이 동시에 증명되지 않는다.

이러한 성질 이외에 효율적인 공리계의 구성을 위해서 우리는 다음과 같은 공리계의 성질을 따져보기도 한다.

독립성(independence): 공리계의 어떤 공리도 다른 공리들로부터 증명하거나 그 부정을 증명하는 것이 불가능하다.(즉, 어떤 공리도 다른 공리들로부터 독립적이다.)

완비성(completeness): 공리계의 용어로 주어진 명제 p에 대하여 p 또는 p의 부정 중 하나는 참이다.

예를 들어, 집합론과 수리논리의 체계가 무모순적이고 완비적이라 가정할 때, 위 예제의 공리계는 무모순적이고 독립적이지만 완비적이진 않다. 또 다른 예를 통해 기하학적 공리계의 성질을 확인해 보자. 우리는 다음과 같이 세 점 기하학을 정의할 수 있다.

(공리계의 예제 2) 무정의 용어 : 점, 선, 위에 있다.

공리1. 전부 세 개의 점이 있다.
공리2. 서로 다른 두 점은 단 하나의 직선 위에만 있다.
공리3. 각 직선 위에는 단 두 점만 있다.
공리4. 어떤 세 점도 한 직선 위에 있지 않다.

이 공리계는 무모순적인지 알수 있는가? 집합론을 인정할 때 공리계의 무모순성은 주어진 공리계를 만족하는 모형이 존재하면 확인된다. 세 원소를 갖는 집합

$A = \{a, b, c\}$에 대하여 a, b, c를 점, $\{a, b\}$, $\{b, c\}$, $\{c, a\}$를 직선이라 하고, $a \in l$일때 점 a가 직선 l 위에 있다로 정의한다. 이러한 모형을 생각하면, 즉 다음 도형(diagram)으로 주어지는 모형이 공리계의 모든 공리를 만족하므로 공리계는 무모순적임을 알 수 있다.

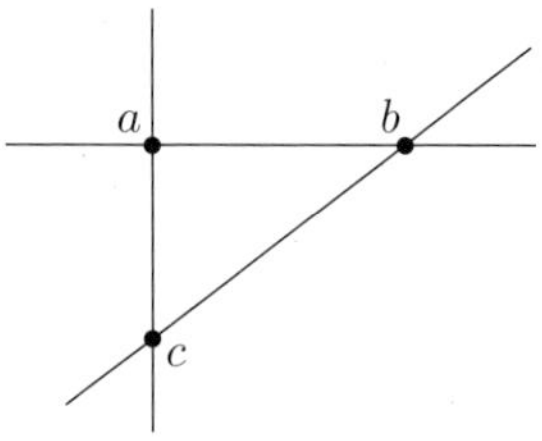

그림 1.3 : 세 원소를 갖는 모형

이제 이 공리계의 독립성을 살펴보자. [공리3]에 의하여 각 직선 위에는 두 개의 점만 있으므로 어떤 세점도 한 직선 위에 있을 수 없다. 그리고 [공리4]는 [공리3]으로부터 증명된다. 즉, 이 공리계는 독립적이 아니다.

예제 2의 공리계는 완비적인 공리계의 예이다. 공리계의 완비성은, 공리계를 만족시키는 모형을 둘 이상 임의로 만들어도 두 모형은 동형임을 보임으로써 확인할 수 있다. 공리계가 완비적이지 않음은, 동형이 아닌 서로 다른 모형을 만들면 확인된다.

공리계의 세 점을 각각 a, b, c라 하면 주어진 [공리2]에 의해 a, b 위에 있는 직선 l, b, c 위에 있는 직선 m, 그리고 a, c 위에 있는 직선 n이 유일하게 존재한다. 그리고 [공리3]에 의하여 모든 직선에는 두 점만이 존재하므로 임의의 직선은 위 세 직선 중 하나이다. 그러므로 이 공리계의 모든 모형은 그림 1.3의 모형과 같은 모양이고 그림 1.3의 모형에서 성립하는 명제는 항상 참이다. 따라서 예제2의 공리계는 완비적이라고 할 수 있다.

마지막으로 이 공리계로부터 도출할 수 있는 참인 명제를 몇 가지 구해보자.

- 전부 세 개의 직선이 존재한다.
- 두 직선은 한 점에서 만난다.
- 한 점 위에는 두 개의 직선이 존재한다.

그러면 여기서 유클리드의 『원론』이 얼마나 완벽한 공리계를 제시하고 있는 지 살펴보기로 하겠다. 우선 『원론』의 체계에서는 무정의 용어에 대한 인식이 없음을 알 수 있다. 그리고 『원론』의 내용을 자세히 분석해보면 명제의 증명 과정에서 공리에서 제시되지 않은 가정들이 사용되고 있는 것을 발견할 수 있다. (물론 이러한 점이 『원론』의 역사적 가치를 줄이는 것은 아니다.) 그리고 이러한 결함들을 교정하여 『원론』의 기하학적 공간(유클리드 공간)을 완벽한 공리계로 재구성하려는 시도가 이루어진 바 있고, 여기서는 힐베르트(Hilbert)의 공리계를 예로 제시하겠다.

유클리드 평면에 대한 힐베르트의 공리군

- 무정의 용어: 점, 직선, 위에 있다(지난다), 사이(between), 합동(congruent)
- 결합공리:

  (1) 서로 다른 임의의 두 점 P, Q에 대하여 P와 Q를 지나는 직선 l이 유일하게 존재한다.

  (2) 한 직선 위에는 적어도 두 점이 존재한다.

  (3) 모든 점이 한 직선 위에만 있는 것은 아니다.

- 순서공리: (기호 "$A * B * C$는 점 B가 두 점 A와 C 사이에 있다"는 것을 의미한다.)

  (1) $A*B*C$이면 A, B, C는 한 직선 위에 있는 서로 다른 세 점이고 $C*B*A$이다.

  (2) 서로 다른 두 점 B, D가 주어질 때 직선 BD 위에

  $$A*B*D, \quad B*C*D, \quad B*D*E$$

  인 세 점 A, C, E가 존재한다.

(3) A, B, C가 한 직선 위에 있는 서로 다른 세 점이면 그 중 오직 한 점만이 다른 두 점 사이에 있다.

- 분리공리: 한 직선 l 위에 있지 않은 임의의 세 점 A, B, C에 대하여

(1) A와 B가 l에 대하여 같은 쪽에 있고, B와 C가 l에 대하여 같은 쪽에 있으면 A와 C는 l에 대하여 같은 쪽에 있다.

(2) A와 B가 l에 대하여 반대 쪽에 있고, B와 C가 l에 대하여 반대 쪽에 있으면 A와 C는 l에 대하여 같은 쪽에 있다.

- 합동공리: (기호 $\cong$는 합동을 뜻한다.)

(1) A와 B가 서로 다른 점이고 A'이 임의의 점이면 A'으로부터 방사된 반직선 r 위에는 $B' \neq A'$이고 $AB \cong A'B'$인 점 B'이 유일하게 존재한다.

(2) $AB \cong CD$이고 $AB \cong EF$이면 $CD \cong EF$이다. 특히 모든 선분은 그 자신과 합동이다.

(3) $A * B * C$, $A' * B' * C'$이고 $AB \cong A'B'$, $BC \cong B'C'$이면 $AC \cong A'C'$이다.

(4) 임의의 $\angle BAC$(각의 정의에 의해 두 반직선 $\overrightarrow{AB}$와 $\overrightarrow{AC}$는 반향반직선이 아니다)와 점 A'으로부터 방사된 임의의 반직선 $\overrightarrow{A'B'}$이 주어질 때 직선 $\overleftrightarrow{A'B'}$에 관하여 한 쪽에서 $\angle B'A'C' \cong \angle BAC$인 반직선 $\overrightarrow{A'C'}$가 유일하게 존재한다.

(5) $\angle A \cong \angle B$이고 $\angle A \cong \angle C$이면 $\angle B \cong \angle C$이다. 특히 모든 각은 자신과 합동이다.

(6) (SAS) 두 삼각형에서 대응하는 두 변과 그 사잇각이 각각 서로 합동이면 두 삼각형은 합동이다.

- 아르키메데스(Archimedes)의 공리:

임의의 두 선분 AB와 CD에 대하여 선분 CD를 A로부터 방사된 반직선 $\overrightarrow{AB}$ 위에 n번 계속 이어 붙일 때 $n \cdot CD \cong AE$인 점 E가 존재하여 B가 A와 E 사이에 오도록 하는 어떤 자연수 n이 존재한다.

- 데데킨트(Dedekind)의 공리:

  한 직선 l 위의 모든 점의 집합이 공집합이 아닌 두 부분집합의 합집합 $\Sigma_1 \cup \Sigma_2$로서 Σ_1의 어떤 점도 Σ_2의 두 점 사이에 있지 않고 또 그 반대도 성립한다고 하자. 그러면 $P_1 * O * P_2$이기 위한 필요충분조건은 $P_1 \in \Sigma_1, P_2 \in \Sigma_2, O \neq P_1, P_2$인 점 O가 l 위에 유일하게 존재한다.

- 힐베르트의 평행공리:

  한 직선 l과 l 위에 있지 않은 한 점 P에 대하여 P를 지나고 l과 평행한 직선이 많아야 하나 존재한다.

참고 1.1

(1) 순서공리 (3)은 직선이 순환되지 않음을 보장한다.

(2) 꼭짓점이 A인 각의 정의: 점 A로부터 방사된 반향이 아닌 두 반직선 $\overrightarrow{AB}$, $\overrightarrow{AC}$와 점 A를 한 조로 하는 집합을 $\angle BAC$라고 한다. 이때 $\overrightarrow{AB}$, $\overrightarrow{AC}$를 각의 변이라고 한다. 따라서 $\angle BAC$는 각$\angle CAB$와 같다.

(3) 합동공리의 (4)에서 한쪽에서는 C'이 유일하지만, 다른 쪽에도 존재할 수 있다.

(4) 연속공리는 아르키메데스의 공리와 데데킨트의 공리를 합한 것을 말한다.

(5) 데데킨트의 공리는 다음의 예를 보면 쉽게 이해할 수 있다.

$$\mathbb{R} = (-\infty, a) \cup [a, \infty).$$

이때 $O = a$이다.

(6) 데데킨트의 공리가 왜 필요한지 살펴보자. 예를 들면, "한 원이 다른 원의 내부의 한 점과 외부의 한 점을 가지면 두 원은 두 점에서 교차한다." 라는 사실은 데데킨트 공리의 결과이다(연습문제 [1.4.4] 참조).

이와 같이 완성된 힐베르트의 공리계를 통해서 유클리드 공리계가 과연 무모순적인지 또는 완비적인지 하는 문제를 생각해 볼 수 있는데, 집합론의 체계가 무모순적이고 완비적임을 가정한다면 이를 확인할 수 있다. 하지만 이것이 유클리드 기하가 근본적으로 무모순적이고 완비적임을 의미하는 것은 아니다. 사실 집합론의 체계가 무모순이고 완비적임을 확인하는 일은 훨씬 더 어려운 문제이다. 실수계를 포함하는 어떤 공리계가 정말로 무모순인지 또는 완비적인지를 확인하는 것은 원천적으로 불가능하다는 것이 증명되어 있다 (괴델의 불완전성의 정리).

독립성의 문제에 있어서 유클리드가 제시한 제5공리(평행공리)가 다른 공리(암묵적인 가정을 포함하여)들로부터 독립적인가 하는 문제는 오랜 역사를 두고 의문시되어 연구되었는데 이에 대한 자세한 내용은 다음 장으로 미루겠다.

연습문제

[1.4.1] (공리계의 예1)은 왜 무모순적이고 독립적인지 설명하시오.

[1.4.2] 다음의 유한 기하학을 이용한 공리계를 생각한다.

무정의 용어 : 점, 선, 위에 있다.

공리1. 전부 네 개의 점이 있다.
공리2. 서로 다른 두 점은 단 하나의 직선 위에만 있다.
공리3. 각 직선 위에는 단 두 점만 있다.

이는 유한 기하학이므로 우리가 알고 있는 유클리드 직선은 존재하지 않는다. 그럼에도 점과 직선을 정의할 수는 있다. 이 경우 직선은 두 점으로 이루어진다.

(a) 이 공리계는 무모순적인가?

(b) 이 공리계는 독립적인가?

[1.4.3] 어떤 공리계의 공리가 다음과 같이 주어졌다.

> 무정의 용어 : 점, 선, 위에 있다.
>
> 공리1. 임의의 두 점을 잇는 직선이 적어도 하나 존재한다.
>
> 공리2. 임의의 두 점을 잇는 직선이 많아야 하나 존재한다.
>
> 공리3. 두 직선은 적어도 한 점에서 만난다.
>
> 공리4. 각 직선은 적어도 세 점을 포함한다.
>
> 공리5. 임의의 직선에 대해 그 직선 위에 있지 않은 점이 존재한다.
>
> 공리6. 적어도 한 직선이 존재한다.

(a) 다음 그림은 위 공리계 중 어느 한 공리가 다른 공리에 대해 독립적이라는 사실을 밝혀준다(여기서는 원 C_1, C_2 가 '직선' 이다). 어떤 공리가 그러한가? 설명하시오. (P_1, P_2, P_3, P_4, P_5 는 점이다.)

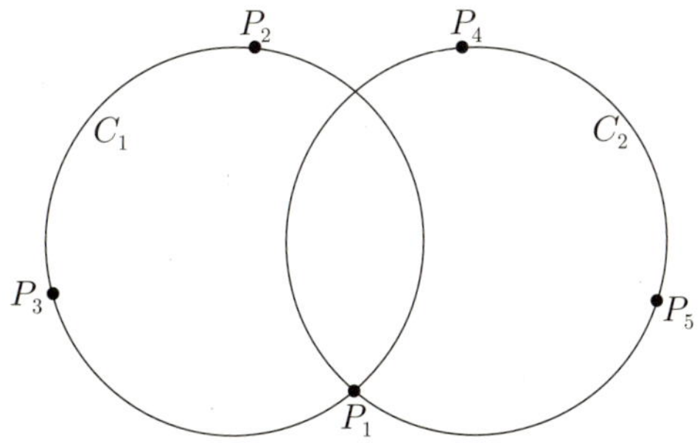

그림 1.4 : 문제 [1.4.3]

(b) 공리 2가 다른 공리에 대해 독립적임을 보이시오.

[1.4.4] 다음은 데데킨트의 공리를 이용하여 명제 "한 직선이 어떤 원의 내부의 한 점과 외부의 한 점을 가지면 이 직선과 원은 두 점에서 교차한다"를 증명한 것이다.

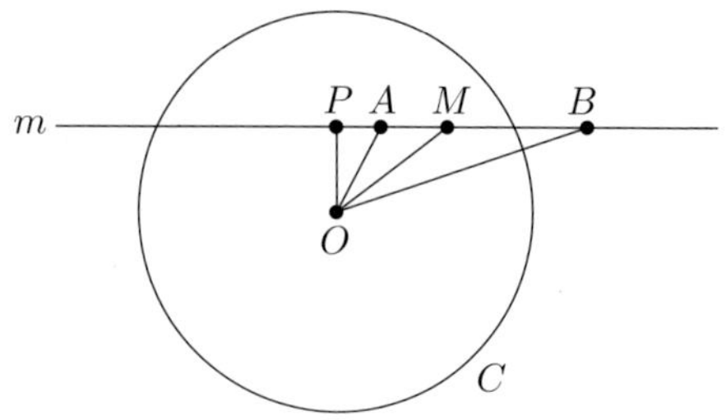

그림 1.5 : 문제 [1.4.4]

증명. 중심이 O인 원 C에 대해 직선 m의 한 점 A가 원의 내부에 있고, m의 다른 점 B가 원의 외부에 있다고 하자(그림 1.5). 원의 정의에 의하여 원의 반지름의 길이 r에 대하여 $\overline{OA} < r$이고, $\overline{OB} > r$이 된다. 점 O에서 직선 m에 내린 수선의 발을 P라 하면, 명제 12에 의해 $\overline{OP} < \overline{OA}$이므로 $\overline{OP} < r$이다. 따라서 P는 원 C의 내부점이다. 이제 선분 $\overline{AB}$는 두 부분으로 나뉜다. 즉, $\overline{OH} < r$인 점 H와 $\overline{OK} \geq r$인 점 K이다. 그런데 점 O에서 선분 AB에 긋는 사선의 길이는 점 P에서의 거리에 따라 커지거나 작아진다. 그러므로 점 P에서 볼 때, 선분 AB의 점 중에서 원의 내부점 이전의 점들(앞 부분)은 모두 원의 내부점이고, 원주 위의 점이나 외부 점 뒤쪽에 있는 점들(뒷부분)은 외부점이 된다. 이제 데데킨트의 공리를 이용하면, 선분 PB 위에는 앞 부분에 속하는 모든 점보다 뒤에 있고, 뒷 부분보단 앞에 있는 점 M이 있게 된다. 이제 $\overline{OM} = r$임을 보이면 되는데, 이는 직선 m에 같은 성질을 만족하는 점이 있는데, 이는 점 P에 관하여 M에 대칭인 점이기 때문이다. ∎

위의 증명에서 $\overline{OM} = r$임을 보임으로써 증명을 완성하시오.

2

비유클리드 기하학의 발견

2.1 중립기하학

유클리드 기하학은 유클리드 공리군 또는 연속공리를 포함한 힐베르트 공리군을 기초로 하고 있다. 이 중에서 유클리드의 제5공리인 '평행공리'에 대하여 알아보자.

정의 2.1. 두 직선 l과 m이 만나지 않을 때, 즉 공유점을 갖지 않을 때 두 직선은 **평행하다**(parallel)고 하고, 기호 $l \parallel m$로 나타낸다.

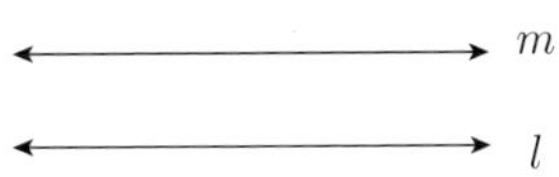

그림 2.1 : 평행선

정의 2.2. 직선 t가 두 직선 l, m과 서로 다른 점에서 만날 때, t를 직선 l과 m의 **횡선**(橫線, transversal)이라고 한다.

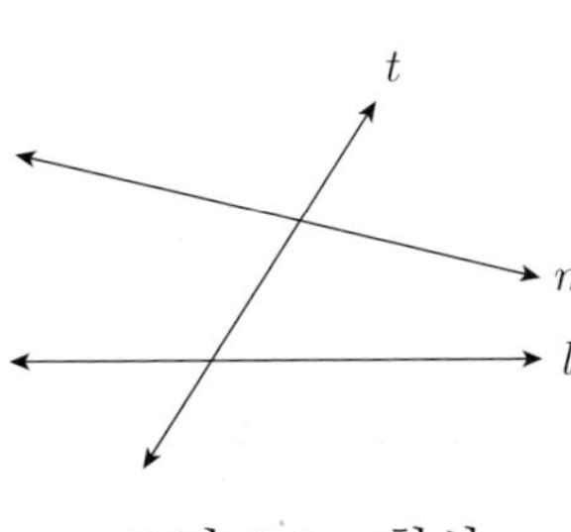

그림 2.2 : 횡선

공리 2.3 (유클리드 제5공리; 평행공리). 두 직선 l과 m의 횡선 t에 대하여 t의 한 쪽에서 만들어지는 두 내각의 합이 2직각($= 180°$)보다 작으면 직선 l과 직선 m은 같은쪽에서 만난다.

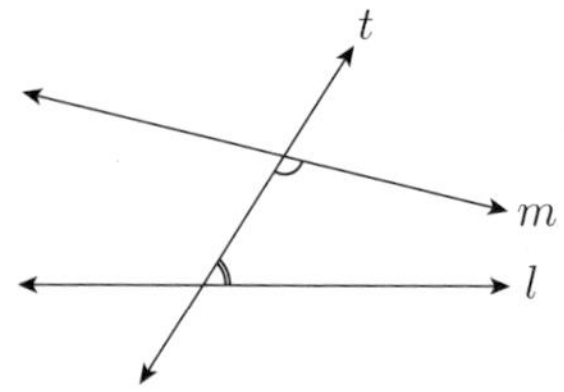

그림 2.3 : 내각의 합이 180° 보다 작은 두 직선

유클리드의 평행공리를 설명하기 위해서는 횡선에 의해 만들어지는 내각과 직선에 의해 주어지는 반평면의 개념을 정의해야만 하지만, 여기서는 직관적으로 받아들이기로 한다.[1)]

유클리드의 제5공리인 평행공리는 다른 공리들에 비해 복잡하고 자명해 보이지도 않는다. 이런 이유로 그리스 시대부터 평행공리는 지속적으로 연구 대상이 되어 왔다. 다시 말해서, 그리스 시대 이후 여러 수학자들이 나머지 공리들로부터 평행공리를 증명하려고 무수히 많은 시도를 하였으며, 결과적으로 모두 실패하였다. 즉 평행공리가 다른 공리들로부터 독립적이지 아님을 증명하려고 시도한 것이다. 러시아의 수학자 로바쳅스키(Lobachevsky)의 "기하학의 원리에 관하여"가 1829년에 등장할 때까지 많은 수학자들이 이러한 시도를 하였다. 그러나 평행공리의 증명을 주장한 많은 경우에 있어서 평행공리와 동치인 가정을 무의식적으로 사용하고 있음을 발견할 수 있다. 특히 우리는 유클리드의 『원론』에서 유클리드 자신도 평행공리에 대하여 불만족스럽게 생각한 사실을 발견할 수 있는데 『원론』의 내용을 전개함에 있어서 유클리드는 평행공리의 사용을 최대한 자제하고 있음을 볼 수 있다. 예를 들면 처음의 28개 명제의 증명에서 평행공리는 전혀 언급조차 하지 않는다.

[1)] 평행공리를 그대로 옮기면 다음과 같다: 하나의 직선이 두 직선과 만나서 같은 쪽에 2직각보다 작은 각을 만들때 이 두 직선은 그것들을 한없이 연장하면 2직각보다 작은 각이 만들어지는 쪽에서 만난다.

That, if a straight line falling on two straight lines makes the interior angles on the same side less than two right angles, the two straight lines, if produced indefinitely, meet on that side on which are the angles less than the two right angles.

중립기하학이란 유클리드 평행공리도, 또는 평행공리의 부정도 사용하지 않는 기하학을 말한다. 이 정의에 따르면, 유클리드『원론』의 처음 28개 명제는 중립기하학에서 성립하는 정리가 된다. 앞으로 2절에서 유클리드 제5공리가 힐베르트의 평행공리와 동치임을 증명할 예정이다. 그러므로 중립기하학을, 힐베르트의 공리계에서 평행공리를 뺀 공리계에서 성립하는 기하학이라고 정의할 수 있다.

중립기하학에서 성립하는 성질에 대하여 알아보자. 이를 위하여 직관적으로 알고 있는 각에 대한 정의를 제시하기로 한다.

정의 2.4. $\overrightarrow{AB}$와 $\overrightarrow{AC}$가 꼭짓점 A에서 방사된 서로 다른 반직선이고 $\overleftrightarrow{AB} = \overleftrightarrow{AC}$일 때, $\overrightarrow{AB}$와 $\overrightarrow{AC}$를 **반향반직선**(opposite rays)이라고 한다(그림2.4).

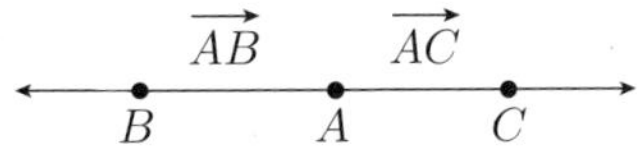

그림 2.4

정의 2.5. 반향반직선이 아닌 두 반직선 $\overrightarrow{AB}$, $\overrightarrow{AC}$와 점 A를 한 조로 하는 쌍을 꼭짓점이 A인 **각**(angle)이라고 한다. 이때 반직선 $\overrightarrow{AB}$와 반직선 $\overrightarrow{AC}$를 각 A의 **변**(side)이라고 한다(그림 2.5).

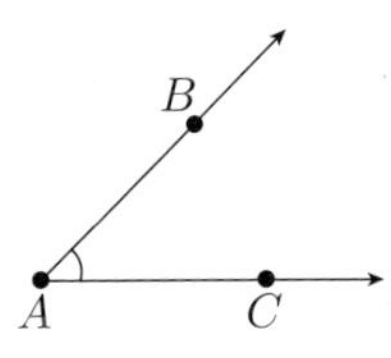

그림 2.5

두 반직선 $\overrightarrow{AB}$, $\overrightarrow{AC}$와 점 A로 주어지는 꼭짓점이 A인 **각**을 ∠A, ∠BAC 또는 ∠CAB로 나타낸다.

정의 2.6. 두 각 ∠BAD와 ∠CAD에 대하여 $\overrightarrow{AD}$가 공통변이고 나머지 두 변 $\overrightarrow{AB}$와 $\overrightarrow{AC}$가 반향반직선일 때, 각 ∠BAD와 ∠CAD가 서로 **보각**(補角, supplementary angles)이라고 한다.

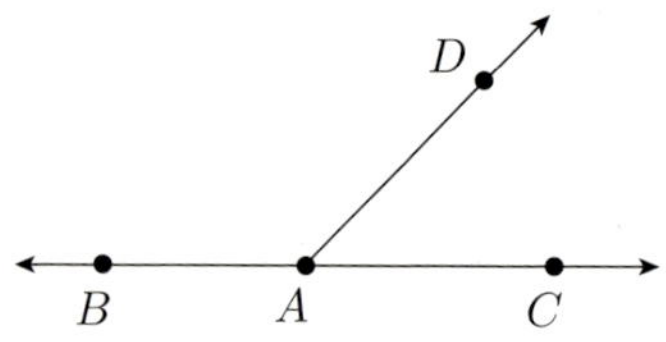

그림 2.6

유클리드의 네 번째 공리는 각에 관한 내용으로 일반적으로 각은 그 크기로 정의할 수 있다. 그러나 보각과 무정의 용어인 합동을 사용하면 각의 크기를 말하지 않더라도 직각을 정의할 수 있다.

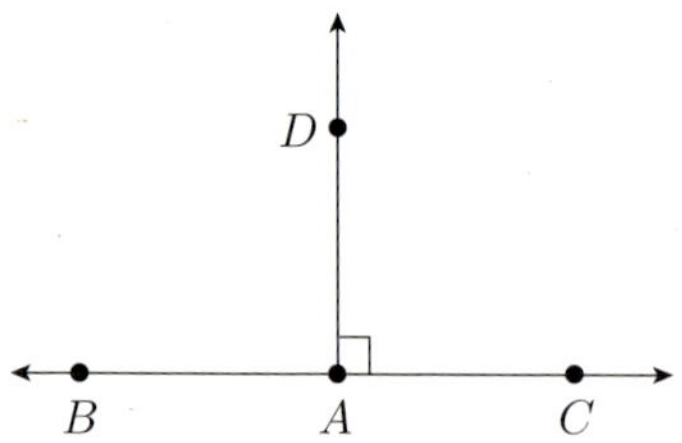

그림 2.7 : 직각

정의 2.7. 각 $\angle BAD$가 그의 보각과 합동일 때, 각 $\angle BAD$를 **직각**(**直角**, right angle)이라고 한다.

정의 2.8. 두 각 $\angle ABC$, $\angle DEF$에 대하여 $\angle ABC \cong \angle GEF$이고 반직선 $\overrightarrow{EG}$가 두 반직선 $\overrightarrow{ED}$와 $\overrightarrow{EF}$ 사이에 있을 때, $\angle ABC < \angle DEF$로 나타낸다.

정의 2.9. 두 선분 AB, CD에 대하여 $AB \cong CE$이고 $C * E * D$인 점 E가 존재할 때, $AB < CD$ 또는 $CD > AB$로 나타낸다.

정리 2.10. 합동인 각들의 보각들도 합동이다.

따름정리 2.11. 맞꼭짓각은 서로 합동이다.

정리 2.12. 모든 직각은 합동이다.

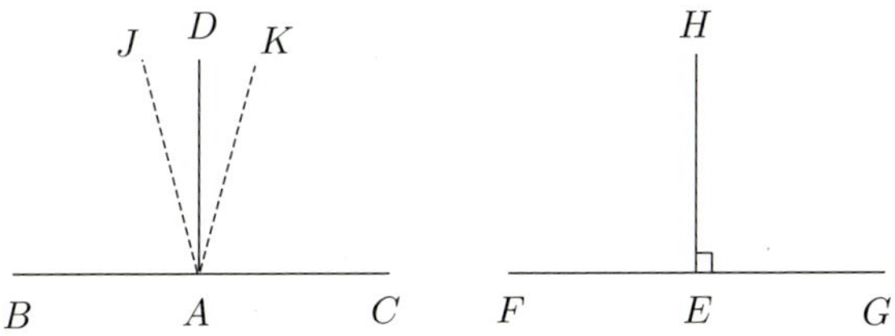

그림 2.8

증명. 각 $\angle BAD$와 각 $\angle FEH$가 직각이라 하고 그 보각을 각각 $\angle CAD$, $\angle GEH$라고 하자. 결론을 부정하여 $\angle BAD \not\cong \angle FEH$라고 가정하고 $\angle FEH < \angle BAD$라고 하자. 그러면 합동공리 4에 의해

$$\angle BAJ \cong \angle FEH \tag{2.1.1}$$

인 반직선 $\overrightarrow{AJ}$가 두 반직선 $\overrightarrow{AB}$와 $\overrightarrow{AD}$ 사이에 존재한다. 특히, $\angle BAJ < \angle CAJ$이다.

각 $\angle CAJ$는 각 $\angle BAJ$의 보각이고 각 $\angle GEH$는 각 $\angle FEH$의 보각이므로 정리 2.10에 의해

$$\angle CAJ \cong \angle GEH \cong \angle FEH \tag{2.1.2}$$

이 성립한다. 한편 $\angle BAJ \cong \angle FEH < \angle BAD \cong \angle CAD$, 즉 $\angle BAJ < \angle CAD$이므로

$$\angle BAJ \cong \angle CAK \tag{2.1.3}$$

인 반직선 $\overrightarrow{AK}$가 두 반직선 $\overrightarrow{AD}$와 $\overrightarrow{AC}$ 사이에 존재한다. 따라서

$$\angle BAJ \cong \angle FEH \cong \angle CAJ, \quad \angle CAD > \angle CAK \tag{2.1.4}$$

이다. 또

$$\angle CAJ \cong \angle BAJ \cong \angle CAK \tag{2.1.5}$$

이므로 식 (2.1.4)와 (2.1.5)에 의해

$$\angle \mathrm{CAD} > \angle \mathrm{CAJ} \tag{2.1.6}$$

이 성립한다. 그런데 반직선 $\overrightarrow{\mathrm{AJ}}$가 두 반직선 $\overrightarrow{\mathrm{AB}}$와 $\overrightarrow{\mathrm{AD}}$ 사이에 놓여 있고, 또 반직선 $\overrightarrow{\mathrm{AB}}$와 반직선 $\overrightarrow{\mathrm{AD}}$는 반향반직선이므로 반직선 $\overrightarrow{\mathrm{AD}}$는 두 반직선 $\overrightarrow{\mathrm{AJ}}$와 $\overrightarrow{\mathrm{AC}}$ 사이에 놓여 있다. 따라서

$$\angle \mathrm{CAJ} > \angle \mathrm{CAD} \tag{2.1.7}$$

이다. 이는 식 (2.1.6)에 모순이므로 $\angle \mathrm{BAD} \cong \angle \mathrm{FEH}$가 성립한다.

∎

정리 2.12는 유클리드의 네번째 공리이다. 유클리드 공리군에 대한 연속 개념이 부족하여 힐베르트가 이를 보완하기 위해 순서공리와 합동공리를 추가하였다. 이로부터 유클리드의 네번째 공리를 증명할 수 있게 되었다. 결과적으로 힐베르트 공리군은 유클리드 공리군의 미흡한 부분을 채우는 공리체계이기는 하지만, 유클리드 공리군의 미흡한 부분만을 보완하는 공리군은 아니다. 그럼에도 불구하고 현대 기하학에서 힐베르트 공리군은 완전한 기하 공리체계로 받아들여지고 있다.

정리 2.13. 임의의 직선 l과 임의의 점 P에 대하여 P를 지나서 l과 수직인 직선이 존재한다.

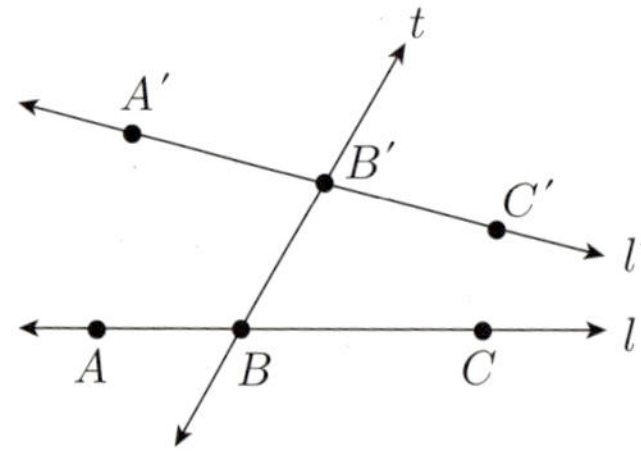

그림 2.9

정의 2.14. 직선 t가 직선 l과 점 B에서 만나고 직선 l'과 점 B′에서 만나는 횡선이라고 하자. 직선 l 위의 점 A, C가 $\mathrm{A} * \mathrm{B} * \mathrm{C}$일 때, A, A′과 C, C′이 직선 t에 대하여 같은쪽에

있고 $A' * B' * C'$인 점 A', C'을 직선 l'에서 택하자. 이때

$$\angle A'B'B, \quad \angle ABB', \quad \angle C'B'B, \quad \angle CBB'$$

을 **내각**(interior angle)이라고 한다. 또 두 쌍

$$(\angle ABB', \angle C'B'B), \quad (\angle A'B'B, \angle CBB')$$

을 **엇각**(alternate interior angles)의 쌍이라고 한다.

정리 2.15 (엇각정리). 한 횡선에 의해서 잘린 두 직선이 합동인 엇각을 가지면 그 두 직선은 평행하다.

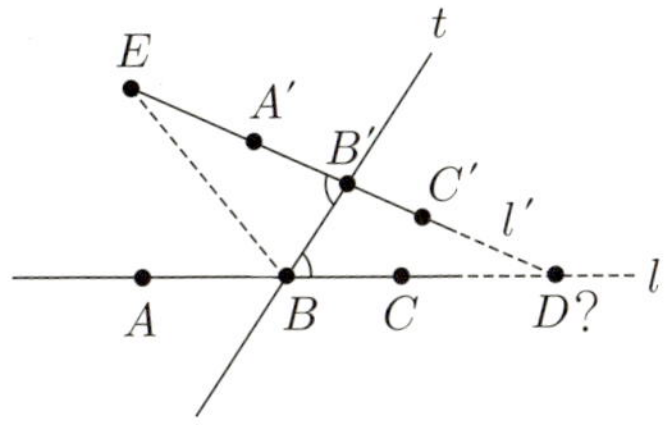

그림 2.10

증명. $\angle A'B'B = \angle CBB'$이라고 하자. 만약 l과 l'이 점 D에서 만난다면 $B'E = BD$인 $\overrightarrow{B'A'}$ 위의 점 E가 존재한다. 그러면 $\triangle B'BD \cong \triangle BB'E$이다(SAS 합동). 특히 $\angle DB'B = \angle EBB'$이다. $\angle DB'B$는 $\angle EB'B$의 보각이므로 $\angle EBB'$은 $\angle DBB'$의 보각이다. 따라서 E는 l 위에 있게 된다. 이는 두 점을 잇는 직선이 하나라는 공리에 모순된다. 그러므로 두 직선 l과 l'은 서로 평행하다. ∎

따름정리 2.16. 한 직선 밖의 한 점을 지나는 그 직선의 평행선이 적어도 하나 존재한다.

정리 2.17 (외각정리). 삼각형의 외각은 두 내대각보다 크다.

증명. 만약 $\angle BAC = \angle ACD$이면 엇각정리(정리 2.15)에 의해서 $\overrightarrow{AB}$와 $\overrightarrow{CD}$는 평행인데 B에서 만나기 때문에 모순이다.

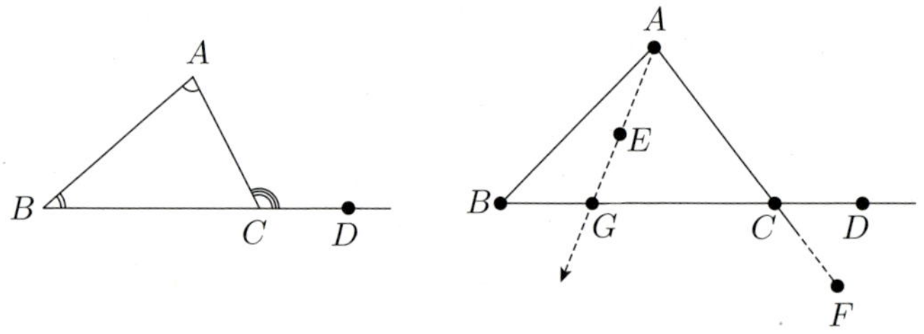

그림 2.11

이제 $\angle BAC > \angle ACD$라고 가정하자. 그러면 $\angle ACD = \angle CAE$인 반직선 $\overrightarrow{AE}$가 $\overrightarrow{AB}$와 $\overrightarrow{AC}$ 사이에 존재한다. 이 반직선 $\overrightarrow{AE}$는 점 G에서 $\overrightarrow{BC}$와 만난다. 그러면 엇각정리에 의해서 직선 $\overrightarrow{AE}$와 $\overrightarrow{CD}$는 평행이다. 이는 모순이다. 따라서 $\angle BAC < \angle ACD$이다. ∎

따름정리 2.18. 삼각형의 두 내각의 합은 2직각보다 작다.

정리 2.19 (사케리-르장드르(Saccheri-Legendre) 정리). 삼각형의 내각의 합은 2직각보다 작거나 같다.

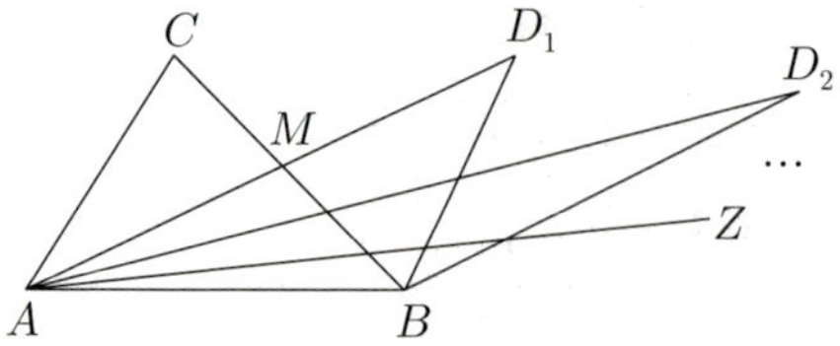

그림 2.12

증명. 삼각형 ABC의 내각의 합이 2직각에 $\angle BAZ$ 만큼 더한 것과 같다고 하고, $\angle BAC$가 세 내각 중 가장 작다고 하자. BC의 중점 M에 대해 $\overrightarrow{AM}$를 잡고, 이 반직선 위에서 $AM = MD_1$이 되는 점 D_1을 잡는다. 그러면 $\triangle CMA$는 $\triangle BMD_1$과 합동이다(SAS 합동). $\angle BAM + \angle CAM = \angle BAC$이므로, 둘 중 하나는 $\frac{1}{2}\angle BAC$보다 작거나 같다. 따라서 $\angle BAD_1$이나 $\angle BD_1A$ 둘 중 하나는 $\frac{1}{2}\angle BAC$보다 작다. 한편,

$$\begin{aligned}\angle BAC + \angle ABC + \angle BCA &= \angle BAD_1 + \angle BD_1A + \angle ABC + \angle MBD_1 \\ &= \angle BAD_1 + \angle BD_1A + \angle ABD_1\end{aligned}$$

이다. 즉, $\triangle ABD_1$의 내각의 합은 $\triangle ABC$의 내각의 합과 같지만 한 각은 $\triangle ABC$의 가장 작은 각의 반보다 작다. 이 과정을 n번 계속 반복하면, 가장 작은 각이 $(1/2^n)\angle BAC$보다 작은 삼각형을 얻을 수 있다. n이 커지면 가장 작은 각이 $\angle BAZ$보다 작게 만들 수 있다. 그렇게 얻은 삼각형의 내각의 합은 여전히 2직각 더하기 $\angle BAZ$이다. 그렇게 되기 위해선 다른 두 각의 합이 2직각을 넘어야 한다. 이는 삼각형의 두 내각의 합이 2직각보다 작다는 따름정리 2.18에 모순된다. ∎

이 밖에도 중립기하학에서는 ASA 합동, SSS 합동 등이 성립한다. 이에 대한 증명은 생략하기로 한다.

다음은 각의 크기와 선분의 길이를 수로 나타낼 수 있다는 것을 보인 것으로, 이를 실수의 성질을 이용하여 증명할 수도 있지만, 여기서는 공리로 받아들이기로 한다.

각의 크기 공리 각 $\angle A$에 대하여 다음 성질을 만족시키는 각의 크기 $(\angle A)^\circ$를 대응시키는 유일한 방법이 존재한다.

(i) $(\angle A)^\circ$는 $0 < (\angle A)^\circ < 180^\circ$인 실수이다. 그리고 $\angle A^\circ = \angle B^\circ \Leftrightarrow \angle A \cong \angle B$이다.

(ii) $(\angle A)^\circ = 90^\circ \Leftrightarrow \angle A$는 직각이다.

(iii) 반직선 $\overrightarrow{AC}$가 각 $\angle DAB$의 내부에 있으면

$$(\angle DAB)^\circ = (\angle DAC)^\circ + (\angle CAB)^\circ$$

(iv) 실수 x가 $0 < x < 180°$이면 $(\angle A)° = x°$인 각 $\angle A$가 존재한다.

(v) 각 $\angle B$가 각 $\angle A$의 보각이면 $(\angle A)° + (\angle B)° = 180°$

(vi) $(\angle A)° > (\angle B)° \Leftrightarrow \angle A > \angle B$

위의 공리에 의해 앞으로는 각의 크기를 각과 혼용하여 같은 기호를 사용하기로 한다. 즉 $(\angle A)° = \angle A$로 나타내기로 한다.

선분의 길이 공리 단위선분(unit segment)이라고 불리는 한 선분 OI가 주어지면 각각의 선분 AB에 대하여 다음 성질을 만족시키는 선분의 길이 $\overline{AB}$를 대응시키는 유일한 방법이 존재한다.

(i) $\overline{AB}$는 양수이고 $\overline{OI} = 1$이다.

(ii) $\overline{AB} = \overline{CD} \Leftrightarrow AB \cong CD$

(iii) $A * B * C \Leftrightarrow \overline{AC} = \overline{AB} + \overline{BC}$

(iv) $\overline{AB} < \overline{CD} \Leftrightarrow AB < CD$

(v) 임의의 양수 x에 대하여 $\overline{AB} = x$인 선분 AB가 존재한다.

연습문제

[2.1.1] 중립기하학에서 각의 크기 공리를 사용하지 않고 정리 2.10이 성립함을 증명하시오.

[2.1.2] 3차원 공간 안에 있는 구면에서는 중립기하학이 성립하지 않는 이유를 예를 들어 설명하시오.

[2.1.3] 따름정리 2.11을 증명하시오.

[2.1.4] 정리 2.13을 증명하시오.

2.2 평행공리 연구의 역사

유클리드 이후에 이루어진 평행공리에 대한 연구 내용 중 중요한 것들을 간추려 본다면 다음의 수학자들을 지목할 수 있을 것이다. 우선 프톨레마이오스(Ptolemy, 83~163)는 평행공리의 증명에서는 평행공리와 동치인 힐베르트의 평행공리를 묵시적으로 사용하고 있다. 그 후 Proclus는 "평행선 사이의 거리가 일정하다"는 사실을 묵시적으로 사용해서 평행공리를 증명한 바 있다. 그 다음으로 중요한 발전으로 13세기 Nasiraddin은 "내각의 합이 2직각인 삼각형이 존재한다"는 사실을 이용해서 평행공리의 증명을 하였는데 이러한 명제들은 모두 유클리드의 평행공리와 동치인 명제들이다.

17세기 이후에 유럽에서 이러한 평행공리의 문제는 다시 관심을 받고 연구되기 시작한다. 17세기 영국의 월리스(Wallis)는 유클리드의 네 가지 공준을 그대로 두고 제5공리(평행공리)를 다음과 같이 바꿔도 유클리드 『원론』의 모든 내용을 증명할 수 있음을 보였다. "임의의 삼각형 ABC와 직선 DE에 대하여 삼각형 ABC와 닮음삼각형 DEF가 존재한다." 다섯 번째 공준을 직선이 아니라 삼각형에 대한 진술로 표현해도 괜찮다는 점은 좋은 지적이지만, 그렇다고 해서 새로 제시된 새로운 공리가 평행공리보다 결코 더 간단하거나 자명해 보이지는 않는다.

그 이후에 평행공리의 증명의 시도에 있어서 괄목할만한 성과를 이룬 경우로 우리는 사케리(Saccheri, 1667~1733)를 들어야 할 것이다. 이탈리아 수도승이자 수학자인 사케리는 유클리드 『원론』의 귀류법에 심취하였다. 그리고 그는 평행공리를 귀류법을 통하여 증명하려고 시도하였다. 즉 평행공리의 부정을 가정하고 모순을 유도하려고 시도한 것이다. 그는 소위 사케리 사각형(Saccheri quadrilateral)이라 불리는 다음의 사각형을 이용하였다.

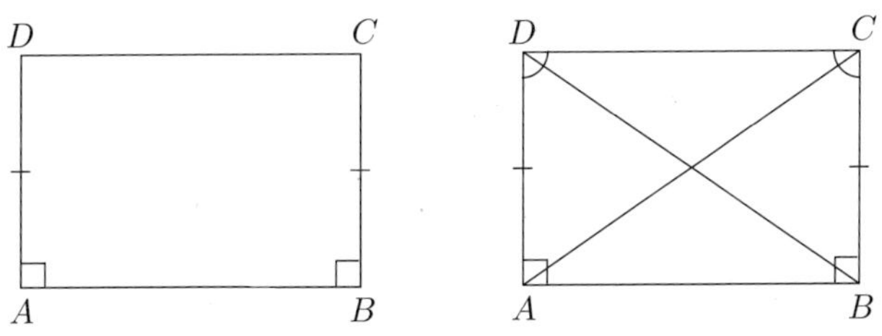

그림 2.13 : 사케리 사각형

$\overline{AD} = \overline{BC}$ 이고 $\angle A = \angle B = 90°$ 인 사각형 ABCD를 생각하자. 그러면 (평행공리의 사용없이) $\angle C = \angle D$라는 사실을 보일 수 있다. 이는 $\triangle CAB \cong \triangle DBA$이고(SAS합동), $\angle CAD = \angle CBD$이므로, SAS합동에 의해 $\triangle CDB$와 $\triangle DCA$가 합동이기 때문이다. 이

제 세 가지 경우가 생긴다. $\angle C = \angle D$가 $90°$인 경우(HRA[2]), 둔각인 경우(HOA[3]), 예각인 경우(HAA[4])이다. 만약 $\angle C = \angle D = 90°$ 임을 보이면 이를 이용하여 평행공리를 증명할 수 있다.

만약 둔각이면(HOA), 사각형의 합은 $360°$보다 크게 되므로 모순이 생긴다(이는 정리 2.19의 결과에서 유도할 수 있다). 이제 $\angle C$가 예각인 경우(HAA)를 살펴보자. 이에 대해서 사케리는 많은 재미있는 결과들을 유도하면서도 모순을 발견할 수 없었다. 다만 "예각 가정은 직선의 본질에 어긋난다"라는 애매한 결론을 통하여 예각 가정을 부정하고 있다.

그 이후에 스위스의 람베르트(Lambert, 1728~1777)는 사케리의 사각형과 유사한 람베르트 사각형(Lambert quadrilateral)을 갖고 사케리와 같은 논리를 전개하여 예각 가정하에 많은 발전된 정리들을 발견한다. 람베르트 사각형이란 네 개의 각 중 세 각이 직각인 사각형을 말한다. 그러나 그는 평행공리의 증명을 주장하지는 않았다. 즉 모순의 발견을 주장하지는 않았고 이렇게 예각 가정하에서 주어지는 자신의 기하학적 명제들을 "가상의 반경을 갖는 구의 기하학(pseudosphere of imaginary radius)"이라고 불렀다. 그러나 이러한 내용의 성과가 평행공리가 유클리드의 다른 공리들과 독립적이라는 사실을 의미하고 있음을 인식하기 위해서는 19세기에 보다 개방적이고 혁신적인 사상을 갖은 천재적인 수학자의 출현을 기다려야 했다.

참고로 평행공리 이외에 나머지 공리들[5]을 가정할 때 유클리드의 평행공리와 동치인 명제들로는 다음과 같은 것을 들 수 있다.

- 힐베르트의 평행공리

- 모든 삼각형의 내각의 합은 $180°$이다.

- 내각의 합이 $180°$인 삼각형이 존재한다.

[2] the hypothesis of the right angle

[3] the hypothesis of the obtuse angle

[4] the hypothesis of the acute angle

[5] 물론 암묵적으로 가정되고『원론』에 주어져 있지 않은 가정들을 포함한 것이다. 예를 들어 힐베르트 공리군에서 평행공리를 제외한 나머지를 말한다.

- 직사각형이 존재한다.

다음 정리는 유클리드의 평행공리와 힐베르트의 평행공리가 서로 같다는 것을 말한다.

정리 2.20. *유클리드의 평행공리와 힐베르트의 평행공리는 동치이다.*

증명. 먼저 아래 그림에서 $\angle 1 + \angle 2 < 180°$ 라고 가정하자. 이때 $\angle 1$과 $\angle 3$은 보각이므로 $\angle 1 + \angle 3 = 180°$ 이다. 따라서 $\angle 2 < 180° - \angle 1 = \angle 3$ 이다. 이때 합동공리 4에 의해 C$'$을 $\angle$C$'$B$'$B와 $\angle 3$이 같게 되도록 잡는다. 그러면 엇각정리(정리 2.15)에 의해 $\overrightarrow{\mathrm{B'C'}}$은 l과 평행하다. 그런데 m은 $\overrightarrow{\mathrm{B'C'}}$과 같지 않으므로 m은 l 과 만나야 한다. 왜냐하면 힐베르트의 평행공리에 의하여 많아야 하나 존재하기 때문이다. 그러면 힐베르트의 평행공리에 의하여 직선 t의 C$'$이 있는 쪽에서 만나야 한다.

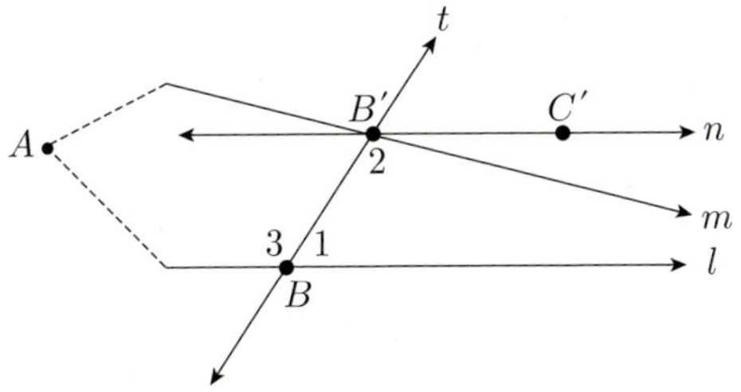

그림 2.14

만약 그렇지 않으면 A에서 만날텐데, 그러면 $\angle 2$는 $\triangle$ABB$'$의 외각이다. 그런데 이는 인접하지 않은 내각 $\angle 3$보다 작다. 이는 외각정리(정리 2.17)에 모순이다.

역으로, 정리 2.13에 근거하여 t가 점 P를 지나 l에 수직한 선이라 하고, m은 점 P를 지나 t에 수직한 선이라 하자(그림 2.15 참조).

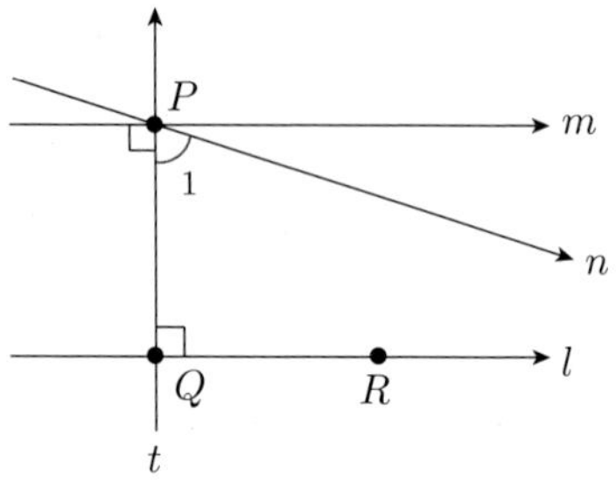

그림 2.15

그러면 엇각정리(정리 2.15)에 의하여 m이 l에 평행하다. n이 P를 지나는 다른 직선이라고 하자. 우리는 n이 l과 만난다는 것을 보여야 한다. $\angle 1$이 예각이라고 할 수 있다(그렇지 않으면 둔각이 된다). 그러면 $\angle 1 + \angle \mathrm{PQR} < 90^\circ + 90^\circ = 180^\circ$이다. 그러므로 유클리드 평행공리가 만족되고, n은 l을 만나게 된다. 그러므로 m은 유일한 평행선이다. ∎

연습문제

[2.2.1] 사케리 사각형의 변 CD의 중점과 아래 변 AB의 중점을 이은 선분은 두 선분 AB, CD에 각각 직교함을 증명하시오.

[2.2.2] □ABCD은 그 두 밑각 ∠A, ∠B가 직각인 사변형이다. 만약 $\angle \mathrm{D} < \angle \mathrm{C}$이면, $\mathrm{AD} > \mathrm{BC}$임을 증명하라.

[2.2.3] 람베르트 사각형에서 세 직각이 아닌 나머지 각에 대하여,

(1) 이 각이 둔각일 수 없음을 보이시오.

(2) 만약 이 각이 예각이면, 이 각에 인접하는 두 변의 길이는 각각의 대변의 길이보다 큼을 증명하시오.

2.3 비유클리드 기하학의 발견

유클리드의 평행공리는 유클리드 평면 또는 좌표평면에서 성립하는 사실이다. 하지만 이 사실은 우리가 사는 지구에서는 성립하지 않는다. 직선 l이 지구의 적도이고 점 P

가 북극점이라고 상상해보자. 북극점을 지나는 선은 모두 경도선일 것이다. 그런데 모든 경도선은 적도와 교차한다. 따라서 북극점을 지나면서 적도에 평행하는 직선은 존재하지 않는다. 이렇게 구형의 구면에서는 제5공리가 성립하지 않는다. 1 9세기부터 수학자들은 평면과 구면을 아우르는 더 폭넓은 이론을 찾기 시작하였다.

19세기초 러시아 수학자 로바첸스키(Lobachevsky, 1792~1856)와 헝가리 수학자 볼리아이(J. Boliyai, 1802~1860)등에 의해 다음과 같은 사실이 발견되었다.

> 평행공리가 다른 공리로부터 독립적이고 평행공리의 부정을 가정함으로써 유클리드 기하학과는 다른 그러나 마찬가지로 타당한 기하학의 체계가 성립한다.

이는 그 당시까지 절대적인 공간의 개념으로 여겨지던 유클리드적인 공간개념을 뒤집는 혁명적인 발견이었다고 할 수 있다.

로바첸스키는 1829년 "기하학의 원리에 관하여" 라는 논문을 통하여 이러한 연구를 발표하였고, 볼리아이는 1831년 독립적으로 그의 부친인 Wolfgang Boliyai의 저서 『Tentament』의 부록에 "절대공간의 과학"이라는 제목으로 발표하였다. 이들은 위의 논문을 통하여 또한 그 이후의 연구를 통하여 **유클리드의 평행공리를 부정하면 새로운 기하학의 체계를 성립시킬 수 있고, 이렇게 주어지는 기하학은 유클리드 기하학 만큼 또는 그 이상으로 합리적이고 타당한 기하학적 공간을 제시한다**고 주장하였던 것이다. 이들에 의해 주어진 기하학을 우리는 쌍곡기하학이라고 부른다. 이러한 주장은 발견 이상의 혁명적인 진전이었다고 할 수 있다. 이로써 인간은 그 이전까지의 절대적인 공간의 테두리를 벗어날 수 있었던 것이다.

사실 그 당시의 여러 정황과 증거들을 볼 때 비유클리드 기하학의 존재를 처음으로 인식한 사람은 당시 절대적인 권위를 갖고 있던 최고의 수학자이며 수학의 황제라고 불리우는 가우스였을 것이다. 가우스의 업적은 출간되지 않은 노트와 메모, 편지 등에 남아있다. 다음 구절은 그의 심정을 대변하는 글이다.

> 삼각형의 내각의 합이 180° 보다 작다는 가정은, 우리가 알고 있는 세상과는 다르지만 여전히 무모순적인 흥미로운 기하학을 만들어 낸다.

이는 유클리드 기하학의 절대성을 부인한다. 하지만 그는 유클리드의 권위를 부인하여 동료들과 불화를 일으키고 싶지 않았기에 자신의 이러한 발견을 발표하지 않았고, 볼리아이나 로바쳅스키가 비유클리드 기하학의 발견을 발표한 뒤에도 이들의 적극적 후원자가 되어주지도 않았다. 그러한 이유로 일반적으로 비유클리드 기하학 발견의 영광은 가우스를 제외한 위의 두 수학자에게 주어지곤 한다. 이러한 발견의 과정에 있었던 드라마와 같은 긴박한 이야기는 인류의 사상과 인식의 발전 과정에 대하여 시사하는 바가 많으나 여기서는 이에 대한 자세한 이야기는 줄이도록 하겠다.

하지만 로바쳅스키나 볼리아이의 발표가 직접적으로 유클리드의 평행공리가 독립적이라는 사실을 증명한 것은 아니다. 이에 대한 증명은 뒤에 쌍곡기하학의 모형을 유클리드 공간을 이용하여 만듦으로써 유클리드의 평행공리가 독립적이라는 사실을 쉽게 증명될 수 있었는데 이를 통해 쌍곡기하학이 적어도 유클리드 기하학 만큼 무모순적이라는 사실을 보일 수 있다.

비유클리드 기하학의 발견이 발표된 직후 당시 수학계에서 이를 전적으로 지지하고 이의 의의에 대하여 다함께 동조한 것은 아니지만 이러한 발견은 "과연 우리가 기하학적 대상을 어떻게 잡아야 하는가"하는 질문을 가져다 주었다. 이러한 질문에 대하여 비전을 제시한 사람이 바로 독일의 수학자 리만(Rieman, 1826~1866)이다. 리만의 스승인 가우스는 리만이 괴팅겐 대학 교수로 취임할 때 발표한 강연 제목을 "기하학의 기초를 이루는 가설들에 관하여"로 정해주었다. 리만은 1854년 그의 강연에서 기하학적 공간이라 불리고 연구되어야할 공간이 갖추어야 할 일반적인 구조에 대한 제안을 하였다. 이를 통해 리만기하학과 일반적인 핀슬러(Finsler) 기하학이 생겨난다. 이 강연은 유클리드 기하학과 비유클리드 기하학을 아우르는 통합적 이론을 수립함으로써 평행공리의 문제에서 촉발된 기하학의 패러다임 전환을 강화시켰다.

리만의 이론에서 핵심적인 개념은 공간의 곡률이다. 어떤 곡면의 곡률이 0이라면 그것은 평평한 곡면, 즉 유클리드 평면과 같다. 이때는 유클리드『원론』의 결론들이 모두 유효하다. 그러나 어떤 곡면의 곡률이 양수이거나 음수이면, 굽은 곡면, 즉 비유클리드 곡면이 된다. 이때는 유클리드『원론』의 많은 결과들이 성립하지 않는다. 이처럼 리만이 이룬 발전의 바탕에는 그 이전에 가우스를 중심으로 발전한 곡면 이론의 이론적

배경이 중요한 역할을 하고 있지만, 그에 못지 않게 비유클리드 기하학의 발견을 통한 사상적 해방의 영향도 아주 중요하였다고 하겠다. 이러한 리만의 결과는 후에 일반 상대성이론의 이론적 기초가 된다.

연습문제

[2.3.1] 임마뉴엘 칸트는 그의 책 "순수이성비판"(1781)에서 유클리드 공간의 개념은 결코 경험적인 근원이 아니라 피할 수 없는 사고의 필연성이라고 주장했다. 그런데 비유클리드 기하학의 발견은 이러한 칸트의 견해를 논박하는 것처럼 보인다. 실제로 그러한 지를 논하시오.

3

쌍곡기하학

3.1 쌍곡공리

정의 3.1. 쌍곡기하학(hyperbolic geometry)이란 기존의 기하학의 공리(힐베르트 공리계)를 그대로 인정하고 다만 힐베르트의 평행공리를 이에 대한 부정으로 대체시켜 얻은 기하학을 일컫는다.

힐베르트의 평행공리의 부정은 평행선이 아예 존재하지 않거나 평행선이 둘 이상 존재하는 것이다. 하지만 평행공리를 제외하고 중립기하학에서 이미 평행선의 존재가 증명되었으므로, 평행공리의 부정은 다음이 될 것이다.

쌍곡공리(hyperbolic axiom): 한 직선 l 위에 있지 않은 점 P를 지나서 l과 평행인 직선이 적어도 둘 존재하는 점 P와 직선 l이 존재한다.

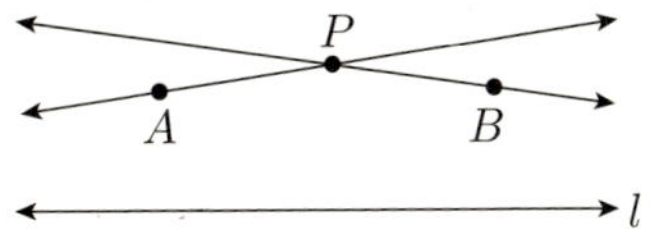

그림 3.1 : 쌍곡공리

즉 쌍곡기하학은 중립기하학에 쌍곡공리가 더해져 이루어진 것이다. 다음은 쌍곡기하학에서 성립하는 사실이다.

도움정리 3.2. 내각의 합이 180° 보다 작은 삼각형이 존재한다.

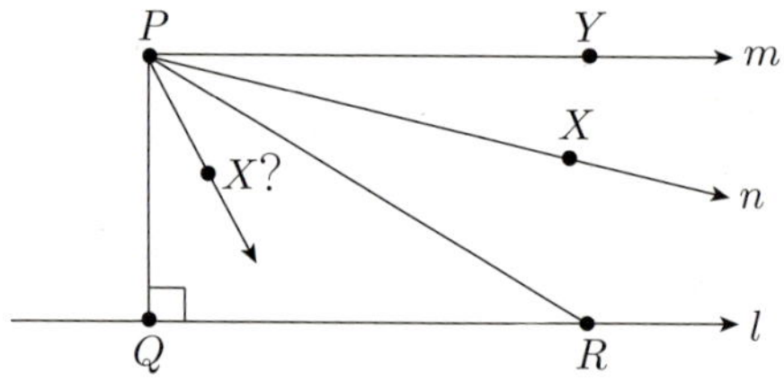

그림 3.2

증명. 직선 l 과 점 P가 l 위에 있지 않은 점이면서 두 평행선이 P를 지날 수 있다고 하자. 이는 쌍곡공리에 의해 가능하다. 먼저 l 에 수직한 직선 $\overleftrightarrow{PQ}$를 만들고 $\overleftrightarrow{PQ}$에 수직인 직선 m을 잡는다. 이는 엇각정리에 의해서 l에 평행하다. 이제 n을 P를 지나는 다른 평행선이라고 하면, $\overleftrightarrow{PX}$는 $\overleftrightarrow{PQ}$와 $\overleftrightarrow{PY}$ 사이의 반직선이 된다.

그러면 아르키메데스 공리의 응용으로 우리는 l 위에 점 R이 $\overleftrightarrow{PQ}$에 대해 X와 Y가 있는 쪽에 존재하여 $\angle QRP < \angle XPY$가 되게 할 수 있다(연습문제 [3.1.1] 참고). 그러면 $\overleftrightarrow{PR}$은 $\angle QPX$ 안에 있게 된다. 만약 그렇지 않으면 $\overleftrightarrow{PX}$는 $\overleftrightarrow{QR}$와 만나야 하는데 이는 n이 l과 만나지 않는다는 사실에 모순이 된다. 따라서 $\angle RPQ < \angle XPQ$이고, $\angle QRP + \angle RPQ < \angle XPY + \angle XPQ = 90°$이다. 그러므로 $\triangle QRP$의 내각의 합은 180° 보다 작다. ∎

쌍곡공리와 도움정리 3.2를 이용하면, 쌍곡기하학에서 "임의의 직선 l과 l 위에 있지 않은 임의의 점 P에 대하여 P를 지나서 l에 평행인 직선이 적어도 두 개 존재한다"는 것을 증명할 수 있다. 더 나아가 쌍곡기하학에서는 "모든 삼각형의 내각의 합이 2직각보다 작다"라는 명제도 증명할 수 있다. 이들의 증명은 생략한다.

연습문제

[3.1.1] 도움정리 3.2의 증명에서 $\angle QRP \leq \angle XPY$ 인 l 위의 점 R를 잡을 수 있음을 보이시오.

[3.1.2] 쌍곡기하학에서 직사각형을 만들 수 있는가? 있다면 왜 그런지, 아니라면 왜 아닌지를 논하시오.

3.2 푸앵카레 모형

가우스, 볼리아이, 로바쳅스키 등에 의하여 비유클리드 기하학이 만들어졌지만 사람들은 이러한 기하학 또는 이러한 기하학이 성립하는 공간은 단순히 관념적인 것이며 실제로 존재할 수 있는 공간이라고는 여기지 않았다. 실제로 이러한 점에 대한 생각이 바뀌게 된 것은 아인슈타인(Einstein)에 의한 상대성 이론이 나오고 물리학의 실험을 통하여 우리가 사는 세상이 유클리드가 생각했던 것과 같이 평평하지 못하다는 사실이 밝혀진 후이다. 그러나 이보다 조금 더 일찍 푸앵카레[1)]는 비유클리드 기하학의 모형을 만드는 과정에서 다음과 같은 재미있는 생각을 했다.

둥근 원으로 된 방을 만들고 방에 냉난방장치를 하여 각 지점에서의 온도를 적절히 유지할 수 있게 한다. 그리고 방 안에서 생활하는 새로운 종류의 사람을 생각하는데, 이 사람은 보통 사람과 유사하지만 그 피부 및 구조는 매우 탄력이 좋은 물질로 되어 있고 내부는 (이상적인) 기체로 이루어져 있다고 하자. 즉, 우리의 몸이 물(액체)로 차있는 것에 비하여 이 사람들은 공기로 차있다. 특히 이 사람들의 몸은 주위의 열에 매우 민감하게 반응하여 항상 주변의 온도와 자신의 몸의 내부의 온도를 일치시킨다. (이러한 조건은 이 사람의 움직임이 매우 느리다고 가정하면 된다.)

이제 이 사람이 방 안에서 돌아다닐때 어떠한 일이 일어나는 지에 대해 알아보기로 하자. 우선 이 사람이 걸어갈 때 주위의 기온이 낮은 곳에서는 이 사람의 몸의 부피가 줄어들고, 따라서 이 사람의 보폭도 줄어든다. 그러니까 같은 거리를 가려고 해도 이 사람은 더 많은 걸음을 걸어야 한다. 이뿐만 아니라 이 사람이 보기에는 같은 거리도

[1)]Jules Henri Poincaré (1854~1912); 프랑스의 수학자

추운 곳에서는 더 멀게 느껴진다 (그럴 수밖에 없다. 맞는가?). 즉, 이런 사람이 살며 느끼는 거리는 보통 사람이 보아서 느끼는 거리와는 다른 거리이다. 여기서 의문이 하나 생긴다. 우리 거리가 옳은 것인가? 아니면 그 사람의 거리가 옳은 것인가?

우리는 이 방의 온도를 조절하여 이 사람의 세상을 여러 가지로 바꾸어 놓기로 하자. 이제 온도를 적절히 잘 맞추어 다음과 같이 되도록 한다. 이 방이 단위 원이라고 생각한다. 즉, 이 방의 반지름의 길이를 단위 1로 잡는다. 이 방의 각 점의 위치를 복소수를 써서 나타내면 $\{(x,y)\,|\,x^2+y^2<1\}$이다. 각 점에서의 온도를 바꾸어, 점 (x,y)에서 이 사람의 팔다리의 길이가 이 사람이 원점에 있을 때의 길이의 $(1-x^2-y^2)$배가 되도록 맞춘다. 이때 방은 이 사람에게 어떤 곳이라고 느껴질까?

이 사람이 점 (x,y)에 서 있을 때 이 부근은 이 사람에게는 각 방향으로 원래 크기의 $1/(1-x^2-y^2)$배 만큼 크게 느껴진다. 따라서 이 사람이 방의 경계 $\{(x,y)\,|\,x^2+y^2=1\}$에 가까이 가면 갈수록 이 사람이 작아지고 상대적으로 이 방은 커진다. 실제로 이 사람은 아무리 열심히 걸어도 이 방의 끝(경계)까지 갈 수 없게 된다. (매우 효과적으로 이 사람을 가둘 수 있다.)

이제 이 사람이 한 점 (x,y)에서 다른 점 (x',y')으로 가려고 한다. 어떤 길을 따라가는 것이 가장 빠른 길인가라는 문제를 생각하여 보자. 직관적으로 두 점을 잇는 직선거리가 우리에게는 가장 빠른 길이지만 이 사람에게는 그렇지 못하다. 이 사람에게는 두 점을 잇는 선분보다 조금 더 중심점에 가깝게 돌아가는 것이 낫다. 중심점에 가까워지면 가까울수록 이 사람이 커지므로 거리는 조금 돌아가도 걷는 걸음수가 줄어들어 더 가깝게 느껴지기 때문이다. 위에 주어진 배율(?)은 푸앵카레가 찾아낸 매우 특수한 함수이다. 이렇게 배율이 변하면 이 사람이 가장 빨리 갈수있는 길은 모두 원호 모양이 된다. 특히 이 원호들은 방의 경계와 항상 수직으로 만나야 한다. (원점을 지나야 하는 경우는 직선이 된다.)

위에서 언급한 둥근 원으로 만든 방이 반지름의 길이가 1인 푸앵카레 모형이다. 반지름의 길이가 r인 푸앵카레 모형은 평면에서 중심이 원점 O이고 반지름의 길이가 r인 원 γ의 내부를 말한다. 구체적으로 다음과 같이 정의된다.

정의 3.3. 푸앵카레 모형은 다음과 같은 성질 1~4를 만족시키는 것을 말한다.

성질 1. 점은 유클리드 평면에서 주어진 원 γ의 내부 점들로 정의된다.

성질 2. 푸앵카레 직선은 주어진 원 γ와 직교하는 원의 γ 내부의 부분(개호), 또는 γ의 중심을 지나는 현(지름)으로 정의된다.

성질 3. "점이 푸앵카레 직선 위에 있다"는 개념과 "점 A가 두 점 B, C 사이에 있다"는 개념은 유클리드 평면에서 해석한다.

성질 4. 아래 그림과 같이 푸앵카레 선분 AB의 길이는

$$d_H(\mathrm{A}, \mathrm{B}) = \left|\log\left(\frac{\mathrm{AP}}{\mathrm{BP}} \cdot \frac{\mathrm{BQ}}{\mathrm{AQ}}\right)\right|$$

로 정의된다. 이때 AP... 등은 A, P 사이의 유클리드 거리를 의미하고, P, Q는 푸앵카레 직선 AB(γ와 직교하는 원의 호)의 연장과 γ가 만나는 점이다. 또한, 서로 교차하는 두 푸앵카레 직선 사이의 각의 크기는 그들 사이의 유클리드 각으로 정의된다. 즉 두 접선 사이의 각이다. 두 선분(각)의 합동은 그들의 크기가 같을 때이다. 이때

$$d_H(\mathrm{A}, \mathrm{B}) = \left|\log\left(\frac{\mathrm{AP}}{\mathrm{BP}} \cdot \frac{\mathrm{BQ}}{\mathrm{AQ}}\right)\right| = d_H(\mathrm{B}, \mathrm{A})$$

이다. 즉, P, Q를 바꾸어도 되고, 따라서 $d_H(\mathrm{A}, \mathrm{B})$는 잘 정의된다.

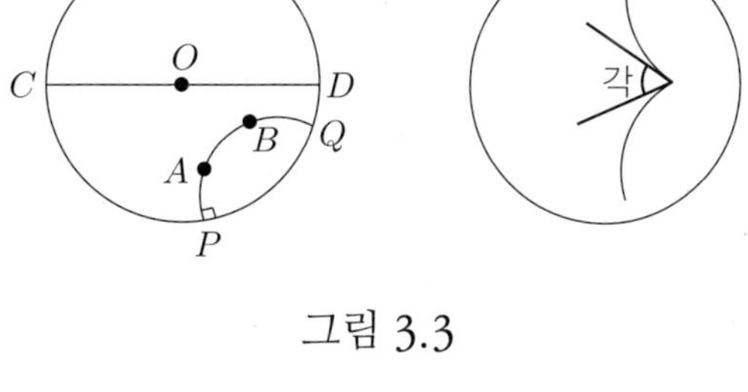

그림 3.3

위와 같이 정의된 푸앵카레 모형은 쌍곡기하학의 모든 공리들을 만족한다는 사실을 보일 수 있다. 즉 유클리드 기하의 힐베르트 공리군 중에 평행공리를 제외한 모든 공리와 평행공리의 부정이 성립한다. 즉 푸앵카레 모형은 쌍곡기하학의 모형이 된다.

이로써, 『유클리드 기하학이 무모순이면 쌍곡기하학도 무모순이다』 라는 "초수학적 정리"가 증명된다. 위의 증명을 위해 우선 유클리드 평면상의 원에 대한 반전에 대해 알아보자. 이는 설명을 위한 보조수단으로 사용될 것이다.

정의 3.4. γ를 중심이 O이고 반지름의 길이가 r인 원이라고 하자. 임의의 점 $\mathrm{P} \neq \mathrm{O}$에 대하여 γ에 대한 P의 반점(inverse) P′은 $\mathrm{OP} \cdot \mathrm{OP}' = r^2$인 반직선 $\overrightarrow{\mathrm{OP}}$ 위의 유일한 점이다. 여기서 OP는 한 고정된 측정단위에 대한 선분 $\overline{\mathrm{OP}}$의 (유클리드) 길이를 표시한다.

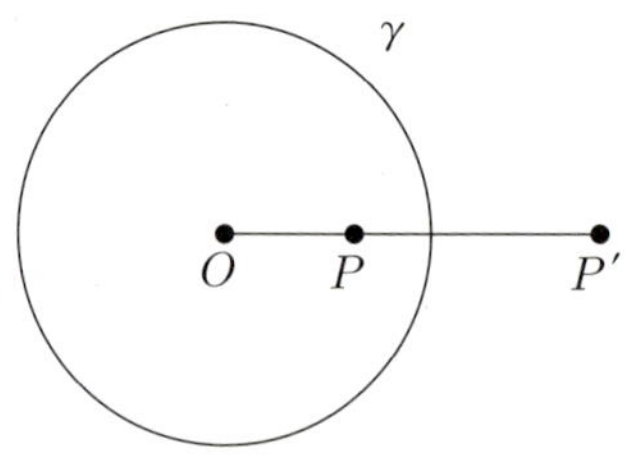

그림 3.4

점 $\mathrm{P} \neq \mathrm{O}$에 대하여 반점 P′을 대응시키는 함수를 **반전사상**(inversion)이라고 한다. 반전은 반점들의 집합으로 반전사상의 치역에 해당한다. 우리는 위 정의에 의해 반전사상에 관한 다음 성질을 확인할 수 있다.

도움정리 3.5. 원 γ에 대한 반전사상의 성질을 살펴보면 다음과 같다.

(1) $\mathrm{P} = \mathrm{P}'$이기위한 필요충분조건은 P가 반전원 γ 위에 있는 것이다.

(2) P가 γ의 내부에 있으면 P′은 γ의 외부에 있고, P가 γ의 외부에 있으면 P′은 γ의 내부에 있다.

(3) $(\mathrm{P}')' = \mathrm{P}$

(4) P가 γ의 내부에 있고, TU가 점 P를 지나고 직선 OP와 수직인 γ의 현이라고 하자. 그러면 현 TU의 극, 즉 T와 U에서의 접선들의 교점은 P의 반점 P′

이다. 즉 P′은 T와 U에서의 γ의 접선의 교점이다.

(5) 원 δ가 원 γ와 직교하기 위한 필요충분조건은 $P \in \delta$, $P \notin \gamma$인 어떤 P에 대하여 $P' \in \delta$인 것이다. 이는 "모든 $P \in \delta$에 대하여 $P' \in \delta$이다", "δ의 반전은 δ이다." 등과 동치명제이다.

증명. (1), (2), (3)은 반전의 정의로부터 성립한다.

(4)를 증명하자. 점 T에서 원 γ에 접하는 접선과 직선 OP의 교점을 Q라고 하자.

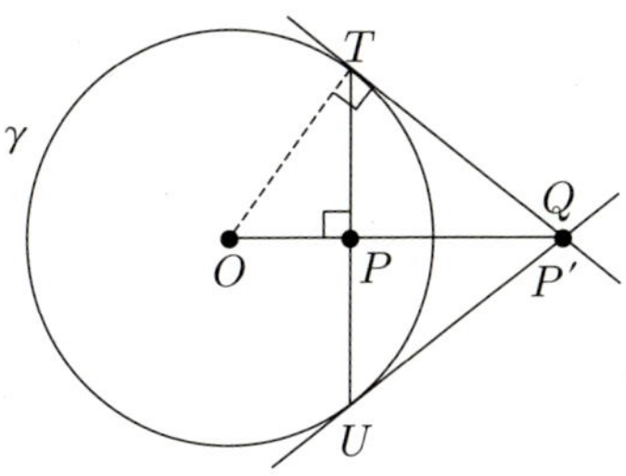

그림 3.5

주어진 조건에 의하여 두 삼각형 △OPT와 △OTQ는 닮음삼각형이다. 그리고 $OT = r$이므로

$$\frac{OP}{r} = \frac{r}{OQ}$$

따라서 Q는 P의 반점 P′이 된다. 같은 이유에 의해 U에서의 접선도 Q를 지난다.

끝으로, (5)를 증명하자.

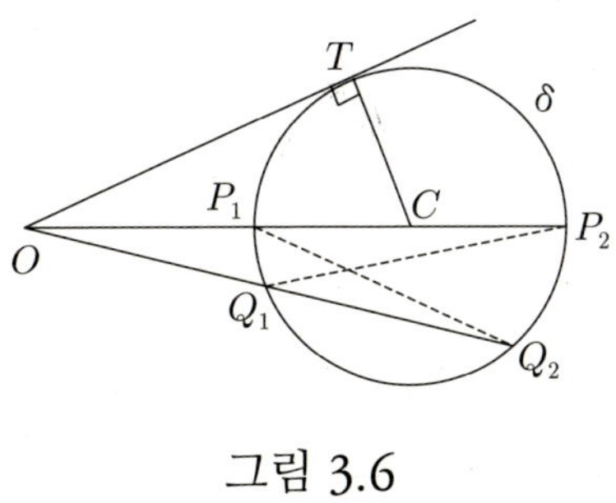

그림 3.6

원 δ의 중심을 C라고 하고, P_1, P_2는 $\overrightarrow{OC}$와 원 δ의 교점이라고 하자. 점 O가 원 δ 밖에 있고, $\overrightarrow{OT}$가 T에서 δ에 접하는 반직선일 때 $OT^2 = OP_1 \cdot OP_2$이다. 왜냐하면,

$\angle \mathrm{OT}C = 90^\circ$ 이고

$$\begin{aligned} \mathrm{OT}^2 &= \mathrm{OC}^2 - \mathrm{CT}^2 = (\mathrm{OC} - \mathrm{CT})(\mathrm{OC} + \mathrm{CT}) \\ &= (\mathrm{OC} - \mathrm{CP}_1)(\mathrm{OC} + \mathrm{CP}_2) \\ &= \mathrm{OP}_1 \cdot \mathrm{OP}_2 \end{aligned}$$

이기 때문이다. 역으로 $r^2 = \mathrm{OP}_1 \cdot \mathrm{OP}_2$ 이면 $\mathrm{OC}^2 - \mathrm{CT}^2 = r^2 = \mathrm{OT}^2$ 이어야 하는데 그러면 원 δ는 원 γ에 직교하게 된다.

이제 $\mathrm{OP}_1 \cdot \mathrm{OP}_2 = \mathrm{OQ}_1 \cdot \mathrm{OQ}_2$ 가 성립하게 되는데, 이는 $\angle \mathrm{P}_2\mathrm{OQ}_1 = \angle \mathrm{Q}_2\mathrm{OP}_1$ 이기 때문이다. 같은 호에 해당하는 각은 같으므로 $\angle \mathrm{P}_1\mathrm{Q}_2\mathrm{Q}_1 = \angle \mathrm{P}_1\mathrm{P}_2\mathrm{Q}_1$ 임을 알 수 있다. 따라서 $\triangle\, \mathrm{OP}_1\mathrm{Q}_2$ 와 $\triangle\, \mathrm{OQ}_1\mathrm{P}_2$ 는 닮음삼각형이고,

$$\frac{\mathrm{OP}_1}{\mathrm{OQ}_1} = \frac{\mathrm{OQ}_2}{\mathrm{OP}_2}$$

이다. $\mathrm{OT}^2 = r^2 = \mathrm{OP}_1 \cdot \mathrm{OP}_2 = \mathrm{OQ}_1 \cdot \mathrm{OQ}_2$ 로부터 P_2는 P_1의 반점, Q_2는 Q_1의 반점이다. ∎

연습문제

[3.2.1] 푸앵카레 원반에서 도움정리 3.5의 증명처럼, 원점이 아닌 점 A를 지나면서 원점 O를 지나는 직선 l에 대해 적어도 두 개의 평행선이 존재함을 보이시오.

[3.2.2] P가 γ의 외부에 있을때 Q를 선분 OP의 중점이라고 하자. 또 σ를 중심이 Q 이고 반지름이 OQ = QP인 원이라고 하자. 그러면 σ는 두 점 T와 U에서 γ를 자른다고 하자. 이때 $\overleftrightarrow{\mathrm{PT}}$와 $\overleftrightarrow{\mathrm{PU}}$는 γ에 접하고 P의 반점 P′은 $\overleftrightarrow{\mathrm{TU}}$와 $\overleftrightarrow{\mathrm{OP}}$의 교점이 된다는 것을 보이시오.

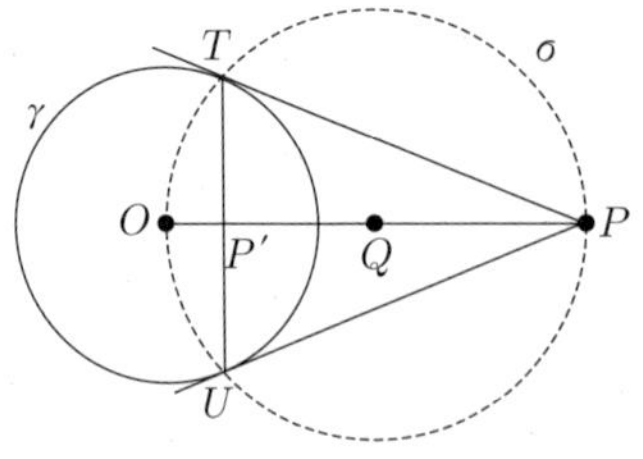

그림 3.7 : 문제 [3.2.2]

3.3 쌍곡기하학의 모형

이제 푸앵카레 모형에서 쌍곡기하학의 공리군, 즉 힐베르트의 공리 중 평행공리를 쌍곡공리로 대체한 공리들이 성립하는지 확인해 보자.

첫번째로 결합공리 (1)을 확인하자. P, Q가 푸앵카레 모형 γ 내부의 두 점일 때, 도움정리 3.5 (5)에 의해 P, Q를 지나고 γ와 직교하는 호 또는 중심을 지나는 현이 유일하게 존재한다. 왜냐하면, P, Q를 지나는 다른 호가 있다면 P, Q의 반점이 둘다 서로 다른 두 원 위에 있어야 하는데, 이는 모순이다.

둘째, 결합공리 (2), (3)과 순서공리 (1), (2), (3) 등은 자명하다. 이제 합동공리 (1)을 증명하기 위해 푸앵카레 직선 PQ 위의 한 점 A를 고정하자(그림 3.8).[2)]

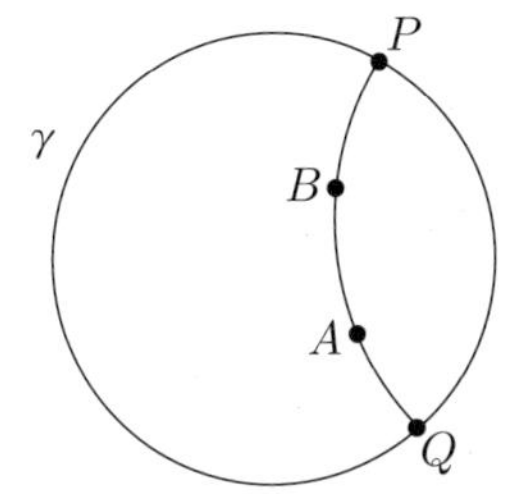

그림 3.8 : A, B를 지나는 푸앵카레 직선

점 B가 점 A에서 점 P 방향으로 푸앵카레 직선 PQ를 따라 연속적으로 움직일 때, $\frac{\mathrm{AP}}{\mathrm{AQ}}$는 일정하지만, BP는 0으로 한없이 가까이 가고 BQ는 PQ로 한없이 접근한다. 그러므로, 이로부터 분리공리를 확인할 수 있다. 푸앵카레 모형의 푸앵카레 직선 δ (지름, 또는 직교하는 원)에 의해 나누어진 두 영역 중 한쪽에서 두 점을 A, B로 잡자. 푸앵카레 선분$\overline{AB}$와 δ와의 교점은 많아야 하나이다(결합 (1)). 만약 교점이 있다면 δ와 $\overline{AB}$는 이 점에서 접해야 한다. 그러면 합동 (4)의 증명에 의하여 $\overline{AB}$는 δ의 선분이므로 모순이다. 이로부터 분리공리가 확인된다. $\frac{\mathrm{AP}}{\mathrm{BP}} \cdot \frac{\mathrm{BQ}}{\mathrm{AQ}}$는 1에서 ∞로 연속적으로 증가한다. 즉, $\left|\log\left(\frac{\mathrm{AP}}{\mathrm{BP}} \cdot \frac{\mathrm{BQ}}{\mathrm{AQ}}\right)\right|$는 0에서 ∞로 연속적으로 증가한다. 따라서 점 A

2) PQ가 푸앵카레 모형 γ의 푸앵카레 직선이라는 것은, $\mathrm{P}, \mathrm{Q} \in \gamma$이고 유클리드 선분 PQ가 원 γ의 지름이거나, 두 점 P, Q를 지나는 유클리드 원이 γ와 직교한다는 것을 의미한다.

로부터 임의의 주어진 거리의 선분 AB를 잡을 수 있다. 이로부터 합동공리 (1)의 증명이 가능하다.

합동공리 (2)는 자명하다. 한편, 합동공리 (3)을 증명하기 위하여 푸앵카레 모형 γ에서 $A * B * C$라 하자. 그러면,

$$\begin{aligned} d_H(A,B) + d_H(B,C) &= \left|\log \frac{AP}{AQ}\cdot\frac{BQ}{BP}\right| + \left|\log \frac{BP}{BQ}\cdot\frac{CQ}{CP}\right| \\ &= \log\left(\frac{AP}{AQ}\cdot\frac{BQ}{BP}\cdot\frac{BP}{BQ}\cdot\frac{CQ}{CP}\right) \\ &= \log\left(\frac{AP}{AQ}\cdot\frac{CQ}{CP}\right) = d_H(A,C) \end{aligned}$$

위 등식이 성립하는 이유는,

$$\frac{AP}{BP} > 1,\ \frac{BQ}{AQ} > 1,\ \frac{BP}{CP} > 1,\ \frac{CQ}{BQ} > 1$$

이기 때문이다. 이를 푸앵카레 거리의 가법성이라고 한다. 이로부터 합동공리 (3)이 증명된다.

합동공리 (4)를 증명하자. 이를 위하여 푸앵카레 모형 위의 점 $A \neq O$에 대하여, A를 지나고 O를 지나지 않는 임의의 직선 l이 주어졌을 때, γ와 직교하며 직선 과 점 A에서 접하는 유일한 원 δ를 구하면 된다. 도움정리 3.5 (5)에 의하여 δ는 $\overleftrightarrow{AA'}$의 수직이등분선과 A에서의 l의 수선과의 교점 C를 중심으로 하고 반지름이 CA인 원이다. 그리고 위의 원 δ는 도움정리 3.5 (5)에 의하여 γ와 직교한다. 이로부터 합동공리 (4)를 증명할 수 있다.

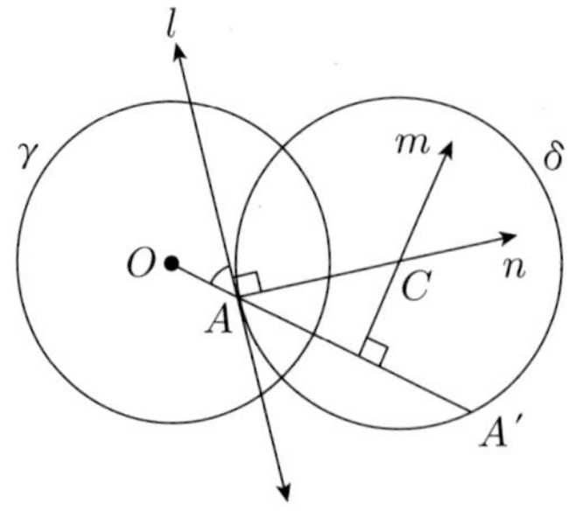

그림 3.9 : 합동공리 (4)

이로부터 분리공리를 확인할 수 있다. 푸앵카레 모형의 푸앵카레 직선 δ (지름, 또는 직교하는 원)에 의해 나누어진 두 영역 중 한쪽에서 두 점을 A, B로 잡자. 푸앵카레 선분$\overline{AB}$와 δ와의 교점은 많아야 하나이다(결합 (1)). 만약 교점이 있다면 δ와 $\overline{AB}$는 이 점에서 접해야 한다. 그러면 합동 (4)의 증명에 의하여 $\overline{AB}$는 δ의 선분이므로 모순이다. 이로부터 분리공리가 확인된다.
한편, 합동공리 (5)는 자명하다. 그리고 아르키메데스의 공리는 합동공리 (1)과 (3)의 증명에 의해 확인 가능하고, 데데킨트의 공리는 자명하다.

쌍곡공리의 증명을 위해 푸앵카레 모형 γ와 직교하는 호(푸앵카레 직선) δ와 γ와의 교점을 P, Q라 하자. 그러면 γ의 중심 O와 P를 지나는 현과 O와 Q를 지나는 현은 O를 지나고 δ와 평행이다.

위와 같이 푸앵카레 모형에서 합동공리 (6)을 제외한 힐베르트 공리군의 모든 공리들을 손쉽게 확인할 수 있다. 끝으로 합동공리 (6), 즉 SAS를 확인하기 위해 반전사상에 대한 중요한 성질들을 살펴보자. 아래 도움정리들은 SAS 공리를 증명하기 위해서 필요할 뿐만 아니라, 그 자체로 푸앵카레 모형에서의 기하학적 내용을 확인하는 데도 아주 유용하게 쓰일 것이다.

도움정리 3.6. γ가 중심이 O이고 반지름의 길이가 r인 원일 때, γ에 대한 반전사상에 의하여

(1) O를 지나는 직선은 자기 자신으로 사상된다.

(2) O를 지나지 않는 직선은 O를 지나는 원으로, O를 지나는 원은 O를 지나지 않는 직선으로 사상된다.

(3) O를 지나지 않는 원은 O를 지나지 않는 원으로 사상된다.

(4) γ와 직교하는 원 δ는 자기 자신으로 사상되고, 이때 δ의 내부점은 δ의 내부점으로 사상된다.

증명. (1)은 자명하다. 이때 중심 O에 대응되는 반점은 주어진 직선의 무한점에 해당한다고 생각할 수 있다.

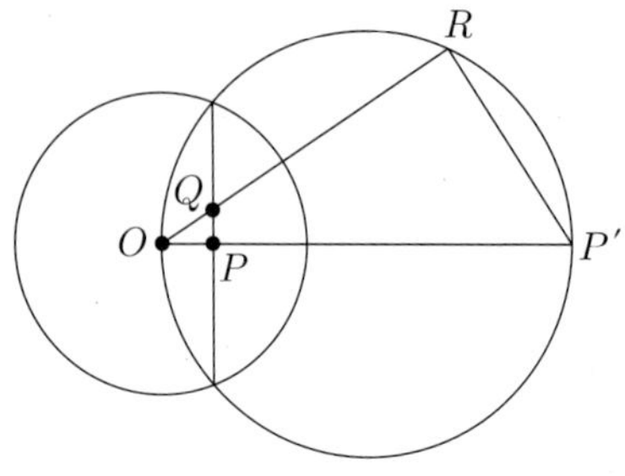

그림 3.10 : (2)의 증명

(2) R를 Q의 반점이라 하면 $\mathrm{OQ} \cdot \mathrm{OR} = r^2 = \mathrm{OP} \cdot \mathrm{OP}'$ 이므로 $\mathrm{OQ} : \mathrm{OP}' = \mathrm{OP} : \mathrm{OR}$ 이다. 즉 $\triangle\,\mathrm{OPQ}$와 $\triangle\,\mathrm{ORP}'$은 닮음이다. 따라서 $\angle \mathrm{ORP}' = 90°$ 이다. 임의의 U에 대해 그 반점 U′에 대한 각의 크기가 90° 라는 의미는 반점들의 집합이 O와 P′을 지나는 원이 된다는 의미이므로 O를 지나는 원으로 사상된다. 따라서 O를 지나는 원은 O를 지나지 않는 직선으로 사상된다.

(3) O를 지나지 않는 원 δ의 중심이 C, 반지름의 길이를 s라 하자. 그림 3.11에서 두 경우 모두 $\triangle\mathrm{OPB}$와 $\triangle\mathrm{OAQ}$는 닮음삼각형이다.

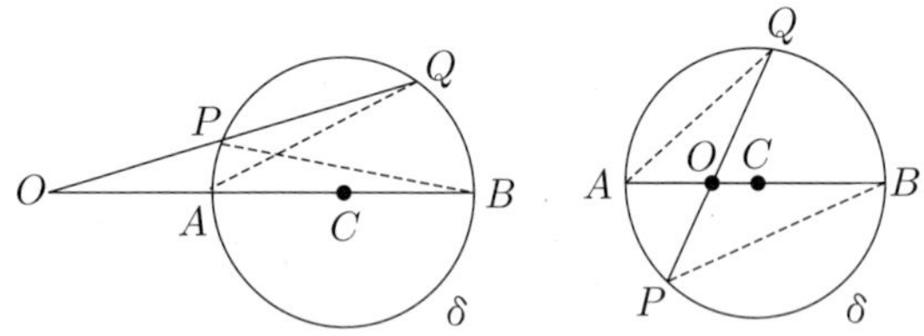

그림 3.11 : (3)의 증명

그러므로, $\dfrac{\mathrm{OP}}{\mathrm{OA}} = \dfrac{\mathrm{OB}}{\mathrm{OQ}}$, 즉 $\mathrm{OP} \cdot \mathrm{OQ} = \mathrm{OA} \cdot \mathrm{OB}$이다.
따라서 O가 δ의 외부점일 때는 $\mathrm{OP} \cdot \mathrm{OQ} = \mathrm{OC}^2 - s^2$이고, O가 δ의 내부점일 때는 $\mathrm{OP} \cdot \mathrm{OQ} = s^2 - \mathrm{OC}^2$이 된다.

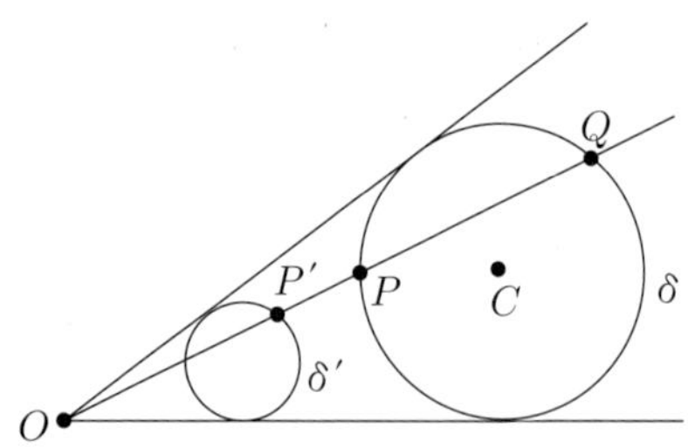

그림 3.12 : 점 O가 δ의 외부점인 경우

먼저 점 O가 δ의 외부점일 때, 그림 3.12에서 P의 반점 P′에 대하여

$$\mathrm{OP'} = \frac{r^2}{\mathrm{OP}} = \frac{r^2}{\mathrm{OP}} \cdot \frac{\mathrm{OQ}}{\mathrm{OQ}} = \frac{r^2}{\mathrm{OC}^2 - s^2} \cdot \mathrm{OQ}$$

이 성립하고, O가 원점인 좌표계를 잡으면 δ의 임의의 점 P의 반점 P′은

$$k = \frac{r^2}{\mathrm{OC}^2 - s^2}$$

에 대하여 $k\delta = \{k\mathrm{X} \,|\, \mathrm{X} \in \delta\}$인 원 위의 점이다. 이로부터 δ의 반전이 원 $k\delta$임을 확인할 수 있다.

마찬가지로, O가 δ의 내부점일 때도 δ의 반전이 원 $k\delta$ (단, $k = \frac{r^2}{s^2 - \mathrm{OC}^2}$)임을 보일 수 있다.

(4) δ가 δ로 사상되는 것은 도움정리 3.5 (5)에 의해 자명하다. 이제 δ의 내부점이 δ의 내부점으로 사상됨을 보이자. P가 δ의 내부에 있고, P′이 γ에 대한 반점이라고 하자. $\overrightarrow{\mathrm{OP}}$가 Q와 Q′에서 δ와 만난다고 하자. 여기서 $\mathrm{OQ} < \mathrm{OQ'}$이 되도록 잡자. 그러면 $\mathrm{OQ} \cdot \mathrm{OQ'} = r^2 = \mathrm{OP} \cdot \mathrm{OP'}$이다. P가 Q와 Q′ 사이에 있으므로 $\mathrm{OQ} < \mathrm{OP} < \mathrm{OQ'}$이고 역수를 취하면

$$\frac{r^2}{\mathrm{OQ}} > \frac{r^2}{\mathrm{OP}} > \frac{r^2}{\mathrm{OQ'}}$$

이다. 즉, $\mathrm{OQ'} > \mathrm{OP'} > \mathrm{OQ}$가 성립하므로 P′은 두 점 Q와 Q′ 사이에 있으므로 δ의 내부에 있다. 이 사실은 $\mathrm{OQ'} < \mathrm{OP} < \mathrm{OQ}$인 경우에도 성립한다. ∎

도움정리 3.7. γ가 중심이 O인 원일 때, γ에 대한 반전사상에 의해

(1) 각의 크기는 보존되고 방향은 바뀐다.

(2) A, B, P, Q가 O와 다른 네 점이고 A′, B′, P′, Q′이 각각 그들의 반점이면

$$\frac{\mathrm{AP}}{\mathrm{BP}} \cdot \frac{\mathrm{BQ}}{\mathrm{AQ}} = \frac{\mathrm{A'P'}}{\mathrm{B'P'}} \cdot \frac{\mathrm{B'Q'}}{\mathrm{A'Q'}}$$

증명. (1) 다음 그림을 참조하여 증명할 수 있다.

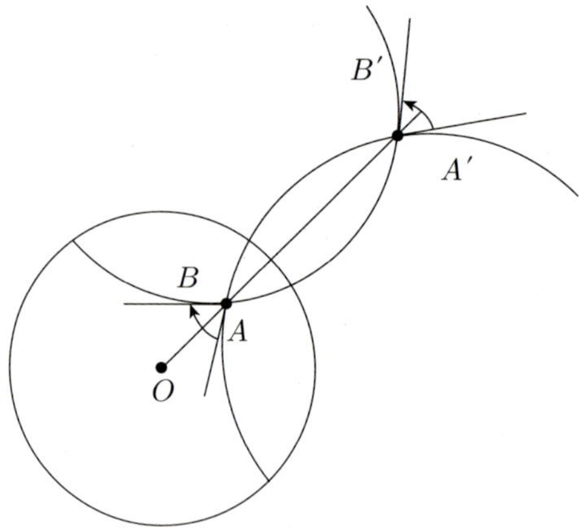

그림 3.13 : (1)의 증명

(2)는 연습문제 [3.3.1]을 참조한다. ∎

> **도움정리 3.8.** ϵ이 푸앵카레 원 γ와 직교하는 원일 때, ϵ에 대한 반전사상에 의해 γ를 자기자신 γ로 사상하고, γ의 내부는 γ의 내부로 사상된다. 또한, 푸앵카레 직선은 푸앵카레 직선으로 사상되고 푸앵카레 길이를 보존한다.

증명. 첫 번째 성질은 도움정리 3.6의 (4)에 의해서 자명하다. E를 ϵ의 중심이라고 하자. A와 B가 γ의 내부에 있고 P와 Q가 A와 B를 지나는 푸앵카레 직선의 끝점이면, ϵ에 대한 반전사상에 의해 푸앵카레 직선 PQ를 A′과 B′을 지나는 푸앵카레 직선으로 사상된다. 왜냐하면 도움정리 3.6에 의해 A, B를 지나면서 γ에 직교하는 원 δ를 ϵ에 대해 반전시키면 다음과 같은 두 가지 경우가 발생한다:

i) δ가 E를 지나지 않을 경우: E를 지나지 않는 원으로 사상되고

ii) δ가 E를 지날 경우: E를 지나지 않는 직선으로 사상된다.

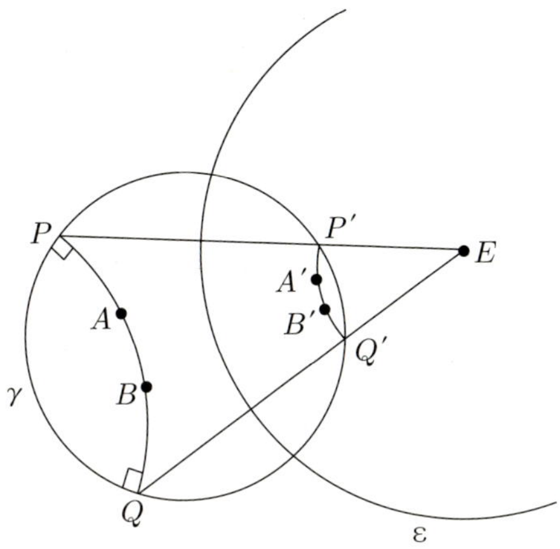

그림 3.14

i)의 경우에는 도움정리 3.7 (1)에 의해 각의 크기가 보존된다 (그림 3.14 참조).
ii)의 경우, 즉 δ가 E를 지날 경우 ϵ에 대한 δ의 반전은 γ와 직교하는 직선이 되므로, 자명하게 γ의 지름, 즉 푸앵카레 직선이 된다. 끝으로 도움정리 3.7 (2)에 의해 $d_H(\mathrm{A},\mathrm{B}) = d_H(\mathrm{A}',\mathrm{B}')$이 된다. ∎

도움정리 3.9. 중심이 O이고 반지름의 길이가 r인 푸앵카레 원 γ의 내부의 점 A에 대하여 $d_H(\mathrm{O},\mathrm{A}) = \rho$이면 다음 식이 성립한다:

$$\mathrm{OA} = r\frac{e^\rho - 1}{e^\rho + 1}$$

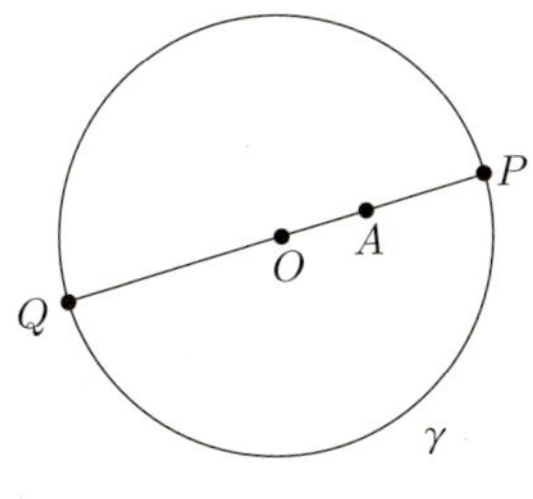

그림 3.15

증명.

$$\rho = \log\left(\frac{\mathrm{OP}}{\mathrm{AP}} \cdot \frac{\mathrm{AQ}}{\mathrm{OQ}}\right)$$

이므로

$$e^{\rho} = \frac{\mathrm{OP}}{\mathrm{AP}} \cdot \frac{\mathrm{AQ}}{\mathrm{OQ}} = \frac{\mathrm{AQ}}{\mathrm{AP}} = \frac{r+\mathrm{OA}}{r-\mathrm{OA}} > 1$$

∎

위의 도움정리에 의해 푸앵카레 길이가 같으면 유클리드 길이도 같음을 알 수 있다.

SAS 공리의 증명

이제 푸앵카레 모형에서 SAS 합동공리가 성립함을 확인해보자. 중심이 O이고 반지름의 길이가 r인 원 γ에 대한 푸앵카레 모형을 생각하자.

단계 1 푸앵카레 선분에 의한 푸앵카레 삼각형 $\triangle \mathrm{ABC}$에 대하여 $\mathrm{A} \neq \mathrm{O}$일 때, A'을 γ에 대한 A의 반점이라 하자. A'을 중심으로 하고 반지름의 길이가 $s = \sqrt{(\mathrm{OA}')^2 - r^2}$인 원 ϵ을 잡으면 ϵ은 γ와 두 점에서 만나고 각 교점 P에서 $\mathrm{OP}^2 + r^2 = (\mathrm{OA}')^2$이므로 두 원은 직교한다. 이때

$$(\mathrm{A}'\mathrm{A})(\mathrm{A}'\mathrm{O}) = (\mathrm{A}'\mathrm{O} - \mathrm{AO})(\mathrm{A}'\mathrm{O}) = (\mathrm{A}'\mathrm{O})^2 - r^2 = s^2$$

이므로 O는 ϵ에 대한 A의 반점이다. 그러므로 도움정리 3.7, 3.8에 의하여 ϵ에 대한 A, B, C의 반전 O, B', C'에 의한 삼각형 $\triangle \mathrm{OB}'\mathrm{C}'$은 $\triangle \mathrm{ABC}$와 합동이다(그림 3.16 참조).

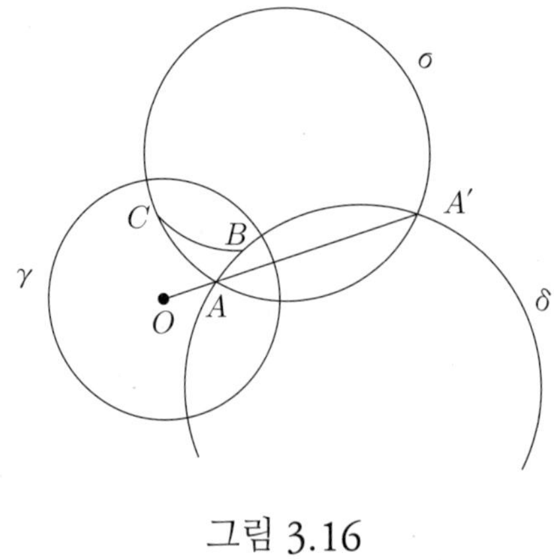

그림 3.16

단계 2 $\angle A = \angle X$이고 $d_H(A,B) = d_H(X,Y)$, $d_H(A,C) = d_H(X,Z)$인 임의의 두 푸앵카레 삼각형 $\triangle ABC$와 $\triangle XYZ$에 대하여, (1)에 의해 $\triangle ABC$, $\triangle XYZ$와 각각 합동인 삼각형 $\triangle OB'C'$과 $\triangle OY'Z'$가 존재한다. 두 삼각형 $\triangle OB'C'$ $\triangle OY'Z'$에 대하여 네 선분 OB', OC', OY', OZ'은 γ의 지름의 일부이고,

$$d_H(O,B') = d_H(O,Y'), \quad d_H(O,C') = d_H(O,Z'), \quad \angle B'OC' = \angle Y'OZ'$$

이다. 그러므로 도움정리 3.9에 의해 $OB' = OY'$이고 $OC' = OZ'$이다. 그러므로 유클리드 평면의 적당한 회전이동 또는 γ의 지름에 대한 대칭이동에 의하여 점 B', C'을 Y', Z'으로 보낼 수 있고, B', C'을 지나는 푸앵카레 직선은 Y', Z'을 지나는 푸앵카레 직선으로 보내진다. 이에 의해 $\triangle OB'C'$과 $\triangle OY'Z'$은 합동이고, 그러므로 $\triangle ABC$와 $\triangle XYZ$도 합동이다(그림 3.17 참조). 따라서 B', C'을 지나고 γ와 직교하는 원은 Y', Z'을 지나고 γ와 직교하는 원과 겹쳐진다. □

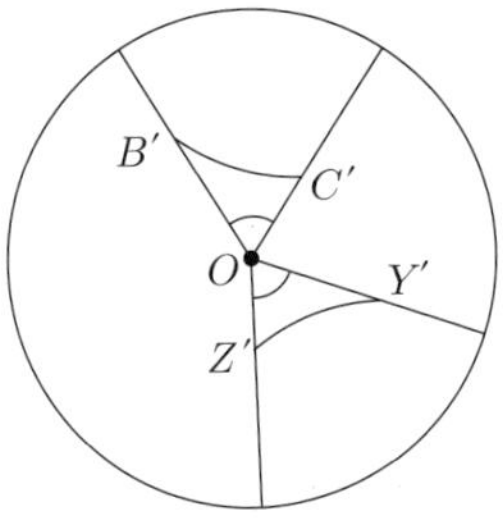

그림 3.17

> **따름정리 3.10.** 푸앵카레 모형의 중심에서 한 점까지의 유클리드 거리 s와 푸앵카레 거리 ρ에는 다음과 같은 관계식이 성립한다:
>
> $$s = r \tanh \frac{\rho}{2}$$

사실, s와 ρ에는 다음과 같은 관계식이 성립한다:

$$d\rho = \frac{2\,r\,ds}{r^2 - s^2}$$

다시 말해, s가 r에 가까와질 때, $d\rho$은 무한대에 이르게 된다. 즉 줄자가 경계에 다다르면 점점 큰 거리를 나타내게 된다.

지금까지 푸앵카레 모형에서 쌍곡기하학의 공리군이 성립함을 증명하였다. 지금까지의 모든 증명은, 다음과 같은 상대적인 정리를 증명한 것과 같다.

> **정리 3.11.** 유클리드 공리계가 무모순적이면 쌍곡공리계도 무모순적이다

연습문제

[3.3.1] 도움정리 3.7 (2)를 증명하시오.

[3.3.2] T와 U가 대칭점이 아닌 γ 위의 점이라 하고 P를 $\overleftrightarrow{TU}$의 극이라고 하자. 이때 PT = PU, ∠PTU = ∠PUT, OP⊥TU 임을 보이시오. 그러므로 P를 중심으로 하고 반지름이 PT = PU인 원 δ가 T와 U에서 γ와 직교하게 된다.

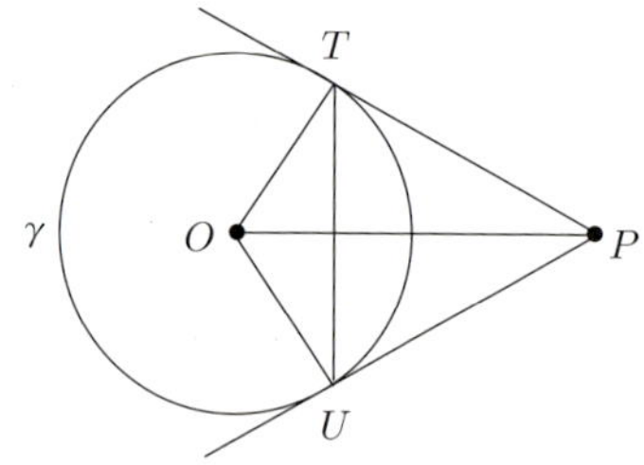

그림 3.18 : 문제 [3.3.2]

[3.3.3] 원 γ와 직교하는 두 원 ϵ과 δ가 두 교점 P, Q에서 만나면, P, Q를 잇는 직선은 γ의 중심 O를 지남을 증명하시오.

3.4 푸앵카레 모형 위의 기하학

앞에서 푸앵카레 모형이 쌍곡기하학의 모형이 됨을 확인하였다. 그러므로 쌍곡기하학의 완비성과 관련하여, 유클리드평면 경우의 직교 좌표와 마찬가지로 푸앵카레 모형을 좌표로 이해하여 모든 모형이 동형임을 확인할 수 있다. 그러므로,

"유클리드 기하가 완비적이면 쌍곡기하도 완비적이다."

라는 정리가 성립한다. 또한 쌍곡기하학에서 성립하는 모든 정리들은 이 모형을 통하여 검증할 수 있다. 실제로 유클리드 기하학에서 배웠던 기하학 정리들에 대응하는 다양한 내용들이 유사한 형태로 푸앵카레 모형에서 성립함을 확인할 수 있다.

이 절에서는 푸앵카레 모형에서 성립하는 일부 기하학 명제들을 확인하여 푸앵카레 모형에서 어떠한 기하학이 펼쳐지는지 살펴보기로 한다. 앞으로 푸앵카레 모형을 나타내는 γ는 중심이 원점 O이고 반지름의 길이가 r인 원을 나타내기로 한다. [3]

정리 3.12. 임의의 직선 l과 l 밖의 한 점 A에 대하여, 점 A를 지나고 직선 l과 평행한 직선은 무수히 많다.

증명. 도움정리 3.8에 의해 $\mathrm{A} = \mathrm{O}$이고 l은 점 O를 지나지 않는 푸앵카레 직선이라고 가정해도 된다. (왜냐하면 푸앵카레 모형 γ에서 임의의 점을 원점 O로 보내고 푸앵카레 직선을 푸앵카레 직선으로 보내는 일대일 사상이 존재하기 때문이다).

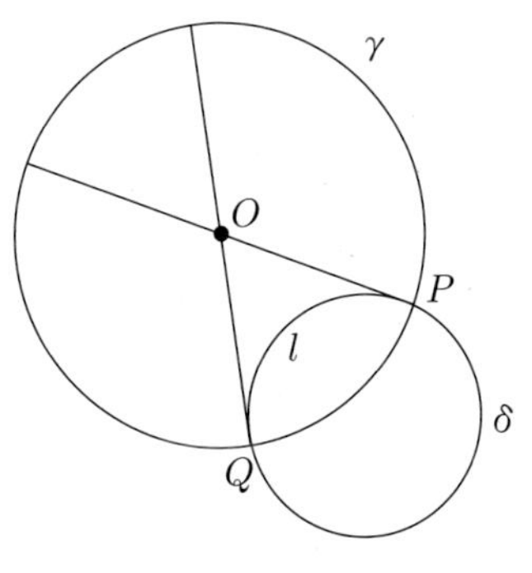

그림 3.19

l이 점 O를 지나지 않으므로 l은 γ와 두 점 P, Q에서 직교하는 원 δ의 호이다. 그러므로 유클리드 직선 $\overleftrightarrow{\mathrm{OP}}, \overleftrightarrow{\mathrm{OQ}}$는 δ의 접선이고 $\overleftrightarrow{\mathrm{OP}} \neq \overleftrightarrow{\mathrm{OQ}}$이다. 따라서 두 직선 $\overleftrightarrow{\mathrm{OP}}, \overleftrightarrow{\mathrm{OQ}}$

---

[3] 실제로 반지름의 길이가 1인 단위만만을 생각해도 충분하다. γ의 반지름의길이가 r일 때, $f(X) = \frac{1}{r}X$의 변환에 의해 γ를 단위원으로 보내면 γ와 단위원 사이에 푸앵카레 직선, 푸앵카레 길이와 각의 크기 등 모든 해석이 일치한다. 즉, γ의 반지름의 길이에 관계없이 모든 원반 모형은 동형이다.

사이에 점 O를 지나고 직선 l과 만나지 않는 직선(지름)은 무수히 많다. ∎

정리 3.13. 임의의 삼각형의 내각의 합은 $180°$ 보다 작다.

증명. 도움정리 3.8에 의해 임의의 삼각형 $\triangle \mathrm{ABC}$는 한 꼭짓점이 푸앵카레 모형 γ의 중심 O인 삼각형 $\triangle \mathrm{OB'C'}$과 합동이다. $\mathrm{B'}, \mathrm{C'}$과 O는 한 직선 위에 있지 않으므로 푸앵카레 직선 $\mathrm{B'C'}$은 γ와 직교하는 어떤 원 δ의 호이다.

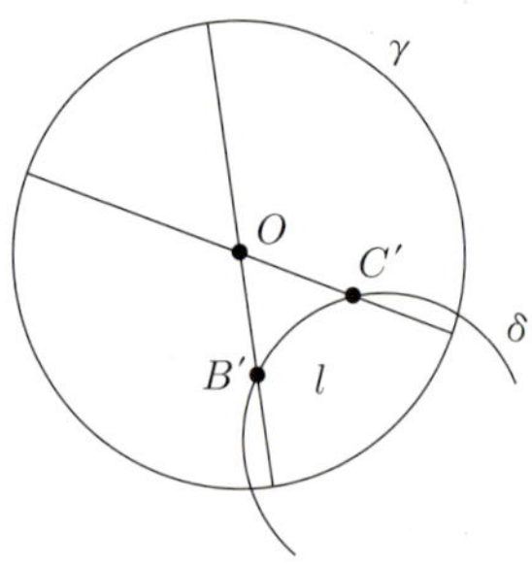

그림 3.20

삼각형 $\triangle \mathrm{OB'C'}$의 내각 $\angle \mathrm{B'}$은 직선 $\overleftrightarrow{\mathrm{OB'}}$과 $\mathrm{B'}$에서 δ의 접선이 이루는 각이므로 $\angle \mathrm{B'} < \angle \mathrm{OB'C'}$이다. 마찬가지로 $\angle \mathrm{C'} < \angle \mathrm{OC'B'}$이므로 내각의 합은

$$\angle \mathrm{O} + \angle \mathrm{B'} + \angle \mathrm{C'} < \angle \mathrm{O} + \angle \mathrm{OB'C'} + \angle \mathrm{OC'B'} = 180°$$

이다. ∎

중립기하학에서 엇각정리(정리 2.15)가 성립하므로 쌍곡기하학에서도 엇각정리가 성립한다.

정리 3.14. 한 직선에 교차하는 두 직선의 엇각이 같으면 두 직선은 서로 평행하다.

증명. 푸앵카레 모형 위의 직선 l에 교차하는 두 푸앵카레 직선 m_1과 m_2에 대하여 도움정리 3.8에 의해 l과 m_1의 교점이 γ의 중심 O라고 가정해도 된다. 그러면 l과

m_1은 푸앵카레 모형의 지름이고 m_2는 O를 지나지 않는 푸앵카레 직선이므로 l의 한 점 P를 지나고 γ에 직교하는 어떤 (유클리드) 원 δ의 호이다. 이때 점 O와 선분 OP는 원 δ의 외부에 있다.

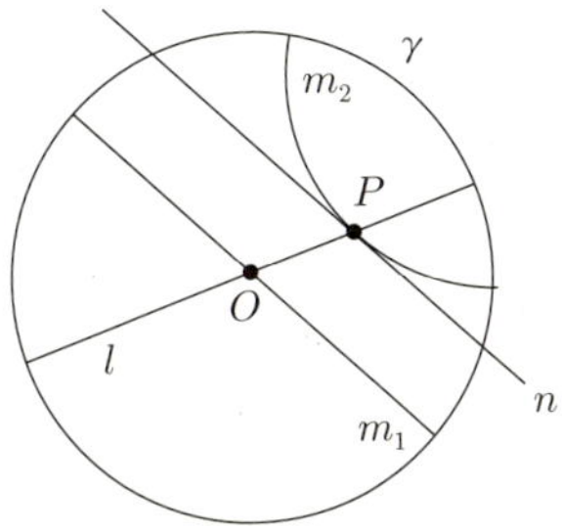

그림 3.21

점 P에서 원 δ의 접선을 n이라 하면 엇각정리에 의해 n과 m_1은 서로 평행하다. 또한 원 δ는 직선 n에 대하여 점 O 및 직선 m_1과 다른 쪽에 위치한다. 그러므로 δ와 m_1은 만나지 않는다. 즉, m_2와 m_1은 서로 평행하다. ∎

> **정리 3.15.** 두 쌍곡삼각형에서 대응되는 세 내각이 각각 같으면 두 삼각형은 합동이다.

증명. $\triangle$ABC와 $\triangle$A′B′C′의 대응하는 세 각이 각각 같다고 하자. 대응하는 세 쌍의 변 AB와 A′B′, BC와 B′C′, AC와 A′C′가 모두 다르면, 어느 한 삼각형의 두 변이 다른 삼각형의 대응되는 변들보다 크다. 따라서 AB $<$ A′B′, AC $<$ A′C′이라 가정할 수 있고, 도움정리 3.8에 의하여 A $=$ A′ $=$ O라 가정할 수 있다.

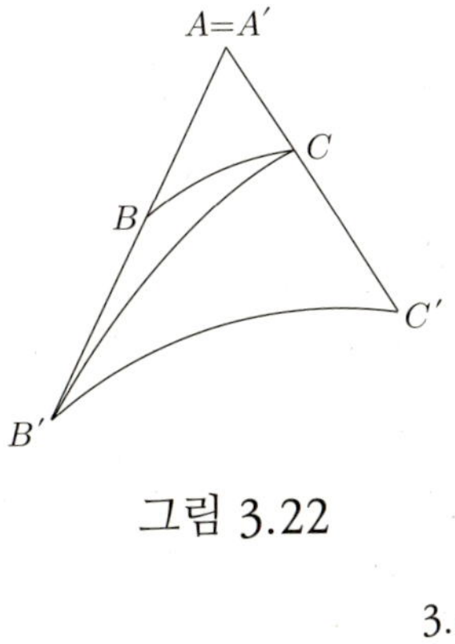

그림 3.22

이제 두 삼각형 $\triangle\,\mathrm{BCB}'$와 $\triangle\,\mathrm{CB}'\mathrm{C}'$에 대하여 두 삼각형의 내각의 합을 구하면

$$\begin{aligned}
&(\angle\mathrm{CBB}' + \angle\mathrm{BCB}' + \angle\mathrm{BB}'\mathrm{C}) \\
&\qquad +(\angle\mathrm{CB}'\mathrm{C}' + \angle\mathrm{B}'\mathrm{CC}' + \angle\mathrm{CC}'\mathrm{B}') \\
&= \angle\mathrm{CBB}' + (\angle\mathrm{BB}'\mathrm{C} + \angle\mathrm{CB}'\mathrm{C}') + (\angle\mathrm{BCB}' + \angle\mathrm{B}'\mathrm{CC}') + \angle\mathrm{CC}'\mathrm{B}' \\
&= \angle\mathrm{CBB}' + \angle\mathrm{BB}'\mathrm{C}' + \angle\mathrm{BCC}' + \angle\mathrm{CC}'\mathrm{B}' \\
&= \left(\angle\mathrm{CBB}' + \angle\mathrm{ABC}\right) + \left(\angle\mathrm{BCC}' + \angle\mathrm{ACB}\right) = 360^\circ
\end{aligned}$$

그러므로 두 삼각형 $\triangle\,\mathrm{BCB}'$과 $\triangle\,\mathrm{CB}'\mathrm{C}'$ 중 하나는 내각의 합이 180°보다 크거나 같다. (위에서 CB'은 각 $\angle\mathrm{BB}'\mathrm{C}'$과 각 $\angle\mathrm{BCC}'$의 내부의 선분이다). 이는 정리 3.13에 모순이므로 대응되는 세 쌍의 변 중 적어도 하나는 같다. $\mathrm{AB} = \mathrm{AB}'$이라고 하자. 이때 $\mathrm{B} = \mathrm{B}'$에서 출발하여 C와 C'에 도달하는 푸앵카레 직선이 다르면 $\angle\mathrm{B} = \angle\mathrm{B}'$이라는 조건에 모순이므로 $\mathrm{C} = \mathrm{C}'$이어야 한다. 따라서 SAS 합동조건에 의해 두 삼각형 $\triangle\,\mathrm{ABC}$와 $\triangle\,\mathrm{A}'\mathrm{B}'\mathrm{C}'$은 서로 합동이다. ∎

위 정리는 아래 [정리 3.16 (2)]에 대한 따름정리로도 확인할 수 있다. 참고로 반지름의 길이가 1인 푸앵카레 모형 위에 있는 삼각형 ABC의 세 꼭짓각의 크기가 각각 α, β, γ일 때 이 삼각형 $\triangle\,\mathrm{ABC}$의 넓이는 $\pi - (\alpha + \beta + \gamma)$가 된다. 이의 증명은 생략하기로 한다.

3.5 쌍곡삼각함수와 쌍곡등장사상

푸앵카레 모형에서도 유클리드 평면의 피타고라스 정리 등과 같은 삼각형의 변과 각 사이의 관계에 관한 유사한 정리를 만들 수 있다. 먼저 일반적으로 푸앵카레 모형에서 다음과 같은 삼각 공식이 성립한다.[4)]

[4)]앞의 쌍곡평면의 공리계에서는 선분의 길이에 대한 개념이 없고 다만 두 선분이 합동인지의 개념만 있을 뿐이다. 선분의 길이를 실수로 주기 위해서는 단위길이를 결정해 주어야 하는데 푸앵카레 모형은 이 단위 길이를 적당히 결정해 준 것으로 생각할 수 있다. 단위 길이를 다르게 잡으면 즉 모든 선분의 길이를 k배가 되도록 한다면 푸앵카레 모형에서 $d(\mathrm{A},\mathrm{B}) = k\left|\log\left(\frac{\overline{\mathrm{AP}}}{\overline{\mathrm{BP}}}\frac{\overline{\mathrm{BQ}}}{\overline{\mathrm{AQ}}}\right)\right|$로 잡는 것이 된다. 이때 유클리드 평면의 경우와 달리 선분의 길이가 관련된 코사인 법칙과 같은 삼각공식들이 달라짐을 알 수 있다.

정리 3.16. 푸앵카레 모형의 쌍곡삼각형 $\triangle$ABC에서

$$\angle \mathrm{A} = A, \quad \angle \mathrm{B} = B, \quad \angle \mathrm{C} = C$$

이고

$$d_H(\mathrm{B}, \mathrm{C}) = a, \quad d_H(\mathrm{A}, \mathrm{C}) = b, \quad d_H(\mathrm{A}, \mathrm{B}) = c$$

이면 다음이 성립한다:

(1) $\dfrac{\sin A}{\sinh a} = \dfrac{\sin B}{\sinh b} = \dfrac{\sin C}{\sinh c}$

(2) $\cos A = -\cos B \cos C + \sin B \sin C \cosh a$

(3) $\cosh a = \cosh b \cosh c - \sinh b \sinh c \cos A$

증명. 푸앵카레 모형의 γ가 $\mathbb{R}^2$의 원점 O를 중심으로 하고 반지름의 길이가 r인 원일 때, 즉 $\gamma = \{(x, y) \,|\, x^2 + y^2 = r^2\}$일 때, A $=$ O, B $= (d, 0)$, $0 < d < r$인 쌍곡삼각형 $\triangle$ABC만 생각하면 된다. 변 BC가 γ와 직교하는 원 δ의 호라 하면 δ는 B와 B$' = (r^2/d, 0)$을 지나고 δ의 중심 E는 선분 BB$'$의 수직이등분선과 B를 지나고 x축과의 각이 $\frac{\pi}{2} - \angle$B인 직선의 교점이다.[5)]

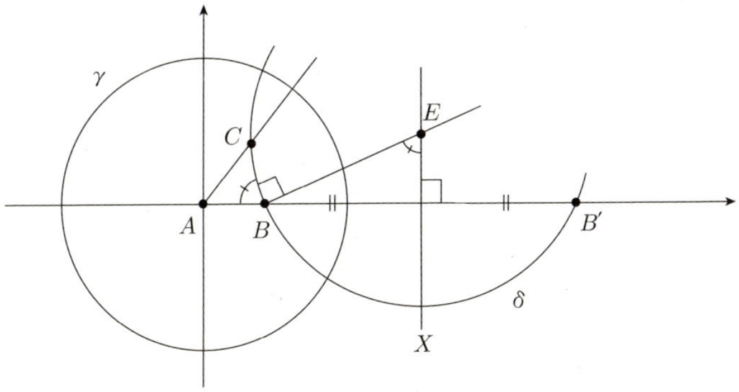

그림 3.23

[5)] $\angle$ABC $+ \angle$EBB$' = \angle$BEX $+ \angle$EBB$' = 90^\circ$이다.

따라서 E의 좌표는 $\mathrm{E} = \left(\dfrac{r^2+d^2}{2d}, \dfrac{r^2-d^2}{2d}\dfrac{\cos B}{\sin B}\right)$이고, δ의 반지름의 길이는 $\rho = \dfrac{r^2-d^2}{2d}\dfrac{1}{\sin B}$이다. 이때 $d_H(A,B) = c$이므로 $d = r\,\dfrac{e^c-1}{e^c+1}$이고,

$$\frac{r^2+d^2}{2d} = r\,\frac{e^{2c}+1}{e^{2c}-1} = r\,\frac{\cosh c}{\sinh c}, \quad \frac{r^2-d^2}{2d} = r\,\frac{1}{\sinh c}$$

그러므로

$$\mathrm{E} = r\left(\frac{\cosh c}{\sinh c}, \frac{\cos B}{\sinh c \sin B}\right), \quad \rho = \frac{r}{\sinh c \sin B}$$

이제 $\triangle \mathrm{ABC}$를 $\mathrm{A} = \mathrm{O}$를 중심으로 $-\angle\mathrm{A}$만큼 회전한 삼각형 $\triangle \mathrm{AB'C'}$에서 변 $\mathrm{B'C'}$을 이루는 원 δ'의 중심과 반지름의 길이는 같은 방법으로 다음과 같이 주어진다.

$$\mathrm{E}' = r\left(\frac{\cosh b}{\sinh b}, -\frac{\cos C}{\sinh b \sin C}\right), \quad \rho' = \frac{r}{\sinh b \sin C}$$

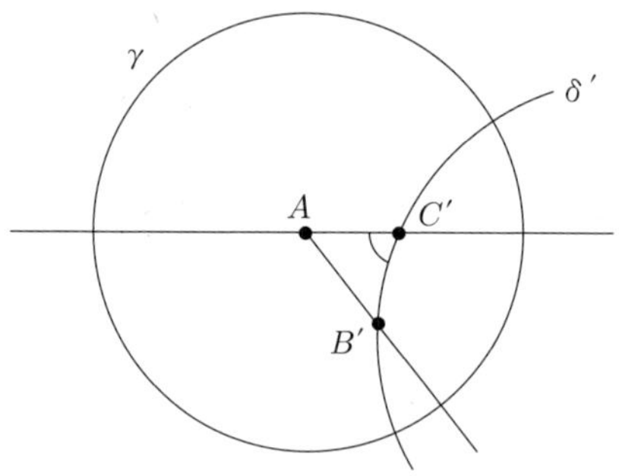

그림 3.24

δ'을 $\angle A$만큼 회전하면 δ가 되므로

$$\begin{pmatrix} \cos A & -\sin A \\ \sin A & \cos A \end{pmatrix} \begin{pmatrix} \frac{\cosh b}{\sinh b} \\ -\frac{\cos C}{\sinh b \sin C} \end{pmatrix} = \begin{pmatrix} \frac{\cosh c}{\sinh c} \\ \frac{\cos B}{\sinh c \sin B} \end{pmatrix}$$

이고, $\rho = \rho'$이므로

$$\frac{1}{\sinh b \sin C} = \frac{1}{\sinh c \sin B}$$

이 성립한다. 즉, 임의의 쌍곡삼각형 △ABC에 대하여 다음 식이 성립한다:

$$\cos A \frac{\cosh b}{\sinh b} + \sin A \frac{\cos C}{\sinh b \sin C} = \frac{\cosh c}{\sinh c} \tag{3.5.1}$$

$$\sin A \frac{\cosh b}{\sinh b} - \cos A \frac{\cos C}{\sinh b \sin C} = \frac{\cos B}{\sinh c \sin B} \tag{3.5.2}$$

$$\sinh c \sin B = \sinh b \sin C. \tag{3.5.3}$$

(1) 식 (3.5.3)에서 $\dfrac{\sin B}{\sinh b} = \dfrac{\sin C}{\sinh c}$이고, 이 식은 A, B, C의 역할을 바꾸어도 성립하므로, 다음 식이 성립한다:

$$\frac{\sin A}{\sinh a} = \frac{\sin B}{\sinh b} = \frac{\sin C}{\sinh c}$$

(2) 식 (3.5.2), (3.5.3)에서

$$\sin A \frac{\cosh b}{\sinh b} - \cos A \frac{\cos C}{\sinh b \sin C} = \frac{\cos B}{\sinh c \sin B} = \frac{\cos B}{\sinh b \sin C}$$

이므로

$$\sin A \sin C \cosh b - \cos A \cos C = \cos B$$

이다. 따라서 (2)가 성립한다. 이때 A, B, C의 역할이 바뀌어도 성립한다.

(3) $\cos A \times$ (3.5.1)$+ \sin A \times$(3.5.2)를 계산하면,

$$\frac{\cosh b}{\sinh b} = \frac{\cosh c}{\sinh c} \cos A + \frac{\cos B}{\sinh c} \frac{\sin A}{\sin B}$$

따라서 (1)에 의해

$$\frac{\cosh b}{\sinh b} = \frac{\cosh c}{\sinh c} \cos A + \frac{\cos B}{\sinh c} \frac{\sinh a}{\sinh b}$$

그러므로

$$\cosh b \sinh c = \sinh b \cosh c \cos A + \sinh a \cos B \tag{3.5.4}$$

A와 B의 역할을 바꾸면

$$\cosh a \sinh c = \sinh a \cosh c \cos B + \sinh b \cos A \tag{3.5.5}$$

이제 $\cosh c \times (3.5.4)$ - (3.5.5)를 계산하면,

$$\begin{aligned} \cosh c \cosh b \sinh c - \cosh a \sinh c &= (\sinh b \cosh^2 c - \sinh b) \cos A \\ &= \sinh b (\cosh^2 c - 1) \cos A \\ &= \sinh b \sinh^2 c \cos A \end{aligned}$$

따라서

$$\cosh c \cosh b - \cosh a = \sinh b \sinh c \cos A$$

이므로 (3)이 성립한다.

∎

일반적으로 푸앵카레 모형에서는 유클리드 평면의 피타고라스 정리가 성립하지 않고, 다음과 같은 쌍곡 피타고라스 정리가 성립한다. 이는 정리 3.16 (3)으로부터 보일 수 있다.

따름정리 3.17. 푸앵카레 모형에서 $\triangle \mathrm{ABC}$가 $\angle \mathrm{A} = 90^\circ$ 인 쌍곡직각삼각형이면

$$\cosh a = \cosh b \cosh c$$

이 외에도 푸앵카레 모형에서 선분의 길이와 각의 크기로부터 곡선의 길이나 영역의 넓이 등과 같은 개념을 정의 할 수 있고, 이에 대한 많은 정리들도 유도할 수 있다. 하지만 이러한 내용은 생략하기로 하겠다. 다만 앞 절에서 중요하게 이용 되었던, 푸앵카레 모형에서 자신으로 가는 특별한 사상, 즉 쌍곡길이를 보존하는 사상에 대하여 다시 한 번 정리해보자.

이제 푸앵카레 모형 위의 등장사상들을 살펴보고자 한다. 푸앵카레 모형 D, 즉 푸앵카레 모형의 원 γ의 내부를 D라고 할 때, D에서 자신으로 가는 사상 $f : D \to D$가 푸앵카레 직선을 푸앵카레 직선으로 보내고, 푸앵카레 선분의 길이와 각의 크기를

보존할 때, f를 **푸앵카레 등장사상**이라 한다. 앞 절에서 이미 이러한 성질을 갖는 사상의 예들을 몇몇 확인하였다. 이를 정리해보면

(1) δ가 γ와 직교하는 원일 때, $\mathrm{P} \in D$에 대하여 $f_\delta(\mathrm{P})$를 δ에 대한 P의 반점으로 정의하면 f_δ는 푸앵카레 등장사상이다. (δ에 대한 반전이동)

(2) l 이 γ 의 중심을 지나는 직선일 때, $\mathrm{P} \in D$에 대하여 $f_l(\mathrm{P})$를 l 에 대한 대칭점으로 정의하면 f_l는 푸앵카레 등장사상이다. (l 에 대한 대칭이동)

(3) $\mathrm{P} \in D$에 대하여 $f_\theta(\mathrm{P})$를 γ의 중심 O를 중심으로 시계방향으로 θ도 회전한 점으로 정의하면 f_θ는 푸앵카레 등장사상이다. (O를 중심으로한 회전이동)

일반적으로 푸앵카레 등장사상의 합성함수도 푸앵카레 등장사상이다. 또 다음 정리에 의하면 D 위의 임의의 푸앵카레 등장사상은 위의 세 가지 푸앵카레 등장사상들의 합성으로 주어짐을 알 수 있다.

정리 3.18. 임의의 푸앵카레 등장사상 f는 적당한 δ, l, θ에 대하여 f_δ, f_l, f_θ의 합성사상이다.

이 절은 다음과 같은 Poicare의 말을 인용하고 마치도록 한다.

"한 기하학이 다른 기하학보다 더 진리에 가깝다고 말할 수는 없다.
더 편리하다고 말할 수 있을 뿐이다."

예를 들면, 유클리드 기하학은 평평한 종이를 사용하는 학생들에게 적절한 기하학이고, 쌍곡기하학은 천제나 우주를 연구하는 사람들에게 적절한 기하학이며, 6장에서 배울 구면기하학은 비행기를 모는 조종사나 항해하는 항해사에게 적절한 기하학이다. 물리학자들은 처음에는 뉴턴의 물리학을 받아들이면서 유클리드 공간을 생각했다. 하지만 지금은 아인슈타인의 상대성이론을 받아들이면서 시공간이 평평하지 않고 휘어있다고 생각한다. 이러한 연구들은 비유클리드 기하학의 발견과 가우스, 리만을 거쳐 발달한 곡면이론의 결과물이다.

연습문제

[3.5.1] 푸앵카레 모형 위에서 평행한 두 직선을 지나는 직선으로 만들어지는 두 엇각은 같은가?

[3.5.2] 중심이 O이고 반지름의 길이가 1인 푸앵카레 모형 δ 위의 쌍곡삼각형 $\triangle$ABC 에서

$$\angle C = 90^\circ, \quad d_H(B, C) = a, \quad d_H(A, C) = b$$

이고 C = 0일 때,

(1) 푸앵카레 직선 AB를 이루는 원의 중심을 a, b로 표현 하시오

(2) 푸앵카레 직선 AB와 δ의 교점 P, Q의 좌표를 구하고, 이를 이용하여 $d_H(A, B)$를 구하시오.

[3.5.3] 푸앵카레 모형 위의 쌍곡삼각형 $\triangle$ABC에서

$$\angle C = \theta, \quad d_H(B, C) = d_H(A, C) = b$$

일 때, $d_H(A, B)$를 구하시오.

4

유클리드 기하학

직선이나 원, 구 등의 기하학적 대상을 포함하고 있는 공간을 유클리드 공간이라고 한다. n-차원 유클리드 공간 $\mathbb{E}^n$은 적당한 직교 좌표축을 도입하면 집합

$$\mathbb{R}^n = \{(x_1, x_2, \cdots, x_n) \,|\, x_i \in \mathbb{R}\}$$

과 동일시할 수 있다. 특히, $\mathbb{R}^n$에는 점을 나타내는 좌표가 있고 원점을 생각할 수 있다. 이런 이유로 $\mathbb{R}^n$을 n-차원 좌표공간이라고 한다. 이때 $\mathbb{R}^n$의 두 점 $X = (x_1, x_2, \cdots, x_n)$과 $Y = (y_1, y_2, \cdots, y_n)$ 사이의 **거리**(distance) $d(X, Y)$는

$$d(X, Y) = ||X - Y|| = \sqrt{\sum_{i=1}^{n}(x_i - y_i)^2}$$

로 주어진다.

결과적으로 유클리드 공간의 한 모형으로 n-차원 좌표공간 $\mathbb{R}^n$을 생각할 수 있다. 예를 들어, $\mathbb{E}^2$의 모형으로 $\mathbb{R}^2$를 생각할 때, 점은 집합 $\mathbb{R}^2$의 원소이고, 직선은 좌표가 어떤 일차식 $ax + by + c = 0$을 만족시키는 원소 $(x, y) \in \mathbb{R}^2$로 이루어진 $\mathbb{R}^2$의 부분집합으로 생각할 수 있다. 또한, 유클리드 공간에서 무정의 용어로 사용한 "위에 있다", "사이(between)에 있다" 등의 개념과 각의 합동도 자연스럽게 정의할 수 있고, 선분의 합동은 위에서 정의한 '거리' 개념을 가지고 정의할 수 있다. 실제로, 두 점 사이의 거리가 정의되면, 이로부터 곡선의 길이를 생각할 수 있고, 각의 크기는 각의

꼭짓점을 중심으로 반지름이 1인 원을 그어 그 각 내부에 있는 호의 길이로 정의한다.

이와 같은 방법으로 좌표평면 $\mathbb{R}^2$를 유클리드 평면으로 생각하면 $\mathbb{R}^2$은 유클리드 평면의 모든 공리를 만족시키는 모순이 없는 모형임을 확인할 수 있다.[1)]

4.1 사인법칙과 코사인법칙

기하학에서 무정의 용어로 사용되는 점과 선 이외에 가장 간단한 도형은 삼각형이다. 그리고 삼각형에서 성립하는 다양한 형태의 삼각함수는 유클리드 기하학뿐만 아니라, 쌍곡기하학과 구면기하학에서도 매우 중요한 내용이다.

삼각형 ABC를 기호로 △ABC와 같이 나타낸다. △ABC에서 ∠A와 마주 보는 변 BC를 ∠A의 대변이라 하고, ∠A를 변 BC의 대각이라고 한다. 일반적으로 삼각형 ABC에서 ∠A, ∠B, ∠C의 대변의 길이를 차례대로 a, b, c로 나타낸다.

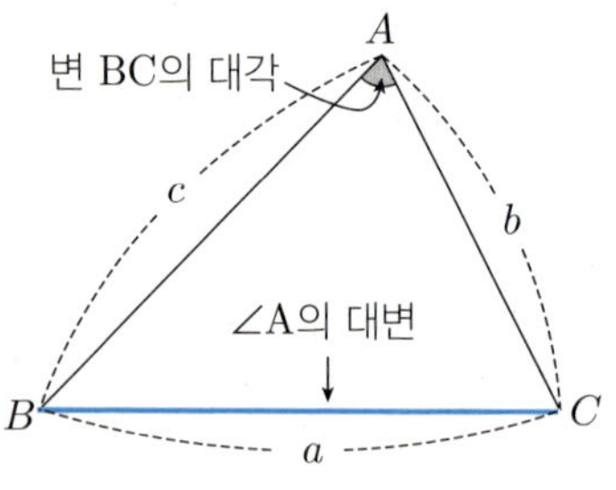

그림 4.1

사인 법칙 (The law of sines)

△ABC에 대하여 다음이 성립한다:

$$\frac{a}{\sin A} = \frac{b}{\sin B} = \frac{c}{\sin C}$$

1) 실수 체계에 모순이 없는 한 유클리드 평면의 공리계도 모순이 없다는 것을 의미한다.

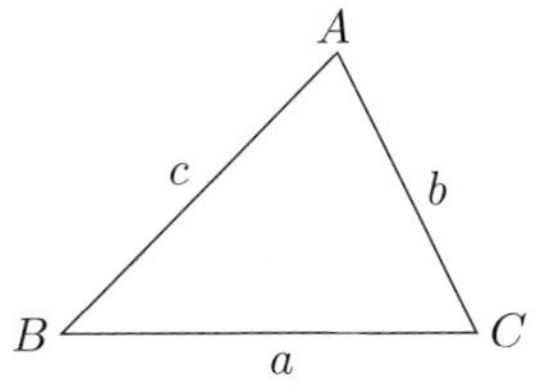

그림 4.2

증명. 삼각형 ABC의 넓이는

$$\triangle\text{ABC의 넓이} = \frac{1}{2}a\cdot c\cdot\sin B = \frac{1}{2}a\cdot b\cdot\sin C = \frac{1}{2}b\cdot c\cdot\sin A$$

따라서

$$\frac{a\,b\,c}{2\,\triangle\,\text{ABC}} = \frac{a}{\sin A} = \frac{b}{\sin B} = \frac{c}{\sin C}$$

■

코사인 법칙 (The law of cosines)

△ABC에 대하여 다음이 성립한다:

$$a^2 = b^2 + c^2 - 2bc\cos A$$

$$b^2 = a^2 + c^2 - 2ac\cos B$$

$$c^2 = a^2 + b^2 - 2\,ab\,\cos C$$

증명. 세번째 등식만 증명하기로 한다. 점 A에서 직선 BC에 내린 수선의 발을 H라고 하자. B*H*C인 경우

$$\overline{\text{AH}} = b\sin C,\quad \overline{\text{CH}} = b\cos C,\quad \overline{\text{BH}} = a - b\cos C$$

삼각형 ABH에 피타고라스 정리를 적용하면 다음 식을 얻는다:

$$(a - b\,\cos C)^2 + b^2\,\sin^2 C = c^2.$$

B*C*H인 경우와 H*B*C인 경우도 비슷한 방법으로 증명할 수 있다. ■

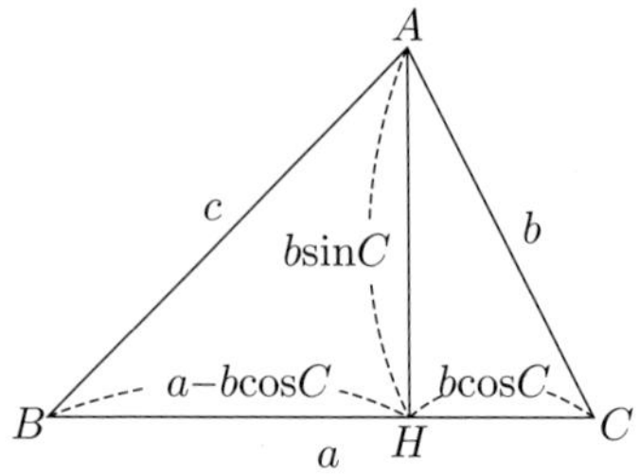

그림 4.3

연습문제

[4.1.1] 삼각형 ABC의 외접원의 반지름의 길이를 R이라 할 때,

$$\frac{a}{\sin A} = 2R$$

임을 보이시오. (도움말: ∠A가 예각, 직각, 둔각인 경우로 나누어서 생각한다.)

[4.1.2] 삼각형 ABC가 다음 등식을 만족시킬 때, 이 삼각형은 어떤 삼각형인지 말하시오.

$$\sin^2 A = \sin^2 B + \sin^2 C$$

[4.1.3] 삼각형 ABC에서 다음이 성립함을 보이시오.

$$c = a\cos B + b\cos A$$

4.2 유클리드 공간과 등장사상

3장의 Poincaré 원반모형에서 원 γ에 직교하는 원에 대한 반전이 Poincaré 원반을 자기 자신으로 보내는 쌍곡 거리를 보존하는 사상임을 보였고, 이러한 성질이 쌍곡 기하의 여러 내용을 확인하는 데 매우 유용하게 사용되었다. 유클리드 공간에서도 유클리드 거리를 보존하는 사상을 생각할 수 있는데, 이를 등장사상(isometry)라고 한다.

정의 4.1. 유클리드 공간 $\mathbb{E}^n = \mathbb{R}^n$에서 일대일대응 $f : \mathbb{E}^n \to \mathbb{E}^n$이 임의의 두 점 P, Q $\in \mathbb{E}^n$에 대하여 $d(f(\mathrm{P}), f(\mathrm{Q})) = d(\mathrm{P}, \mathrm{Q})$를 만족시킬 때, f를 **등장사상**(isometry)이라고 한다.

유클리드 공간에서 두 점 사이의 거리 개념으로부터 각의 크기를 어떻게 정의할 수 있는지 위에서 설명하였는데, 일반적으로 두 점 사이의 거리 개념이 주어져 있는 경우, 이로부터 "직선" "평면" "넓이" "부피" 등 모든 기하학적 개념들을 설명할 수 있다. 따라서 유클리드 공간의 등장사상은 항상 직선을 직선으로 보내고, 각의 크기를 보존한다. 즉, 등장사상은 기하학적 대상의 모양과 크기를 보존한다.[2)]

등장사상의 성질

성질 1. f가 유클리드 등장사상이면, 임의의 두 점 P, Q에 대하여 P와 Q를 잇는 선분 $\overline{\mathrm{PQ}}$는 두 점 $f(\mathrm{P})$, $f(\mathrm{Q})$를 잇는 선분으로 사상된다. 즉, $f(\overline{\mathrm{PQ}}) = \overline{f(\mathrm{P})f(\mathrm{Q})}$이다.

그림 4.4

증명. 만약 $f(\overline{\mathrm{PQ}})$가 두 점 $f(\mathrm{P})$와 $f(\mathrm{Q})$를 잇는 직선이 아닌 곡선이면, 어떤 점 R가 $\overline{\mathrm{PQ}}$ 위에 존재하여 $f(\mathrm{R})$가 $\overline{f(\mathrm{P})f(\mathrm{Q})}$ 밖에 존재하게 된다. 그러면 $d(\mathrm{P}, \mathrm{R}) + d(\mathrm{R}, \mathrm{Q}) = d(\mathrm{P}, \mathrm{Q})$이지만, $d(f(\mathrm{P}), f(\mathrm{R})) + d(f(\mathrm{R}), f(\mathrm{Q})) \neq d(f(P), f(\mathrm{Q}))$이게 된다. 이는 모순이다. □

성질 2. 등장사상은 각의 크기를 보존한다.

아래 그림에서 θ는 1 라디안(radian)을 나타낸다. 이와 같이 각은 호의 길이나 거리로 정의할 수도 있다.

[2)] 쌍곡평면의 반전에 대해서도 쌍곡 거리를 보존한다는 사실로부터 쌍곡직선을 쌍곡직선으로 보내고, 각의 크기가 보존된다는 것을 확인할 수 있다.

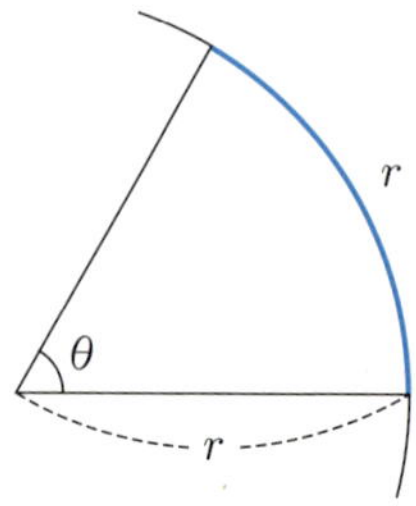

그림 4.5

성질 3. 등장사상의 합성은 등장사상이다.

증명. 합성함수 $g \circ f$에 대하여 다음 식이 성립한다.

$$\begin{aligned} d(\mathrm{P}, \mathrm{Q}) &= d(f(\mathrm{P}), f(\mathrm{Q})) = d(g(f(\mathrm{P})), g(f(\mathrm{Q}))) \\ &= d(g \circ f(\mathrm{P}), g \circ f(\mathrm{Q})). \quad \square \end{aligned}$$

성질 4. 등장사상 $f : \mathbb{E}^n \to \mathbb{E}^n$에 대하여

(1) f의 역함수 f^{-1}도 등장사상이다.

(2) 반지름의 길이가 r인 원 C에 대하여 $f(C)$도 반지름의 길이가 r인 원이다.

정리 4.2. 두 등장사상 $f, g : \mathbb{E}^n \to \mathbb{E}^n$과 서로 다른 두 점 $\mathrm{A}, \mathrm{B} \in \mathbb{E}^n$에 대하여 $f(\mathrm{A}) = g(\mathrm{A})$이고 $f(\mathrm{B}) = g(\mathrm{B})$이면 직선 $\overleftrightarrow{\mathrm{AB}}$ 위의 임의의 점 P에서 $f(\mathrm{P}) = g(\mathrm{P})$이다.

증명. f와 g가 등장사상이므로 직선 $\overleftrightarrow{\mathrm{AB}}$ 위의 임의의 점 P에 대하여 $\mathrm{A} * \mathrm{P} * \mathrm{B}$이면

$$d(f(\mathrm{A}), f(\mathrm{P})) = d(\mathrm{A}, \mathrm{P}) = d(g(\mathrm{A}), g(\mathrm{P})) = d(f(\mathrm{A}), g(\mathrm{P}))$$

이고

$$d(f(\mathrm{P}), f(\mathrm{B})) = d(\mathrm{P}, B) = d(g(\mathrm{P}), g(\mathrm{B})) = d(g(\mathrm{P}), f(\mathrm{B}))$$

또, 위의 **성질 1**의 증명에 의해 $f(\mathrm{A}) * f(\mathrm{P}) * f(\mathrm{B})$이고 $f(\mathrm{A}) * g(\mathrm{P}) * f(\mathrm{B})$이므로 $f(\mathrm{P}) = g(\mathrm{P})$이다. 다른 두 경우 $\mathrm{P} * \mathrm{A} * \mathrm{B}$와 $\mathrm{A} * \mathrm{B} * \mathrm{P}$인 경우에도 같은 방법으로 보일 수 있다. ∎

정리 4.3. $\mathbb{E}^2$의 두 등장사상이 한 직선 위에 있지 않은 세 점에서 일치하면 두 등장사상은 서로 같다.

증명. 유클리드 등장사상 f와 g가 한 직선 위에 있지 않은 세 점 $\mathrm{A}, \mathrm{B}, \mathrm{C}$에서 일치하면 정리 4.2에 의해 세 직선 $\overleftrightarrow{\mathrm{AB}}$, $\overleftrightarrow{\mathrm{BC}}$, $\overleftrightarrow{\mathrm{AC}}$에서 일치한다. P가 유클리드 평면의 임의의 점이면 점 P를 지나고 세 직선 $\overleftrightarrow{\mathrm{AB}}$, $\overleftrightarrow{\mathrm{BC}}$, $\overleftrightarrow{\mathrm{AC}}$의 합집합과 서로 다른 두 점 X, Y에서 만나는 직선이 존재한다. $f(\mathrm{X}) = g(\mathrm{X}), f(\mathrm{Y}) = g(\mathrm{Y})$이므로 정리 4.2에 의해 $f(\mathrm{P}) = g(\mathrm{P})$이다. ∎

등장사상 f가 점 P에서 $f(\mathrm{P}) = \mathrm{P}$일 때, 점 P를 고정시킨다고 하고 이때 P를 등장사상 f의 **고정점**(fixed point)이라고 한다. 고정점의 정의와 정리 4.3에 의해 다음 정리가 성립한다.

따름정리 4.4. 등장사상 f가 한 직선 위에 있지 않은 세 점을 고정시키면 f는 항등사상이다.

정의 4.5. 유클리드 공간 $\mathbb{E}^n$의 두 부분집합 A, B에 대하여 $f(A) = B$인 등장사상 $f : \mathbb{E}^n \to \mathbb{E}^n$이 존재할 때, A와 B는 서로 **합동**(congruent)이라고 하고, 기호로 $A \cong B$와 같이 나타낸다.

위에서 유클리드 공간의 등장사상을 정의하고 기본적인 성질에 대하여 알아보았는데, 고등학교에서 다루고 있는 평행이동, 회전이동, 대칭이동 등이 대표적인 유클리드 평면의 등장사상이라고 할 수 있다. 다음 절에서 이러한 등장사상에 대하여 간단히 살펴보고, 일반적인 유클리드 등장사상이 어떻게 주어지는지 알아보도록 하겠다.

연습문제

[4.2.1] 어떤 함수 f가 $f(\overline{PQ}) = \overline{f(P)f(Q)}$이면 f가 일대일 함수임을 증명하시오.

[4.2.2] 등장사상의 **성질 4**를 증명하시오.

4.3 유클리드 평면 $\mathbb{E}^2$의 등장사상

유클리드 평면 $\mathbb{E}^2$의 기본적인 등장사상인 평행이동, 회전이동, 대칭이동을 정의하고 이들의 성질을 알아보자.

[i] **평행이동**: 유클리드 평면에 주어진 벡터 v가 있을 때, 평면의 각 점 P를 v만큼 이동하는 사상을 벡터 v에 의한 평행이동(translation)이라 하고, T_v로 쓴다. 즉, 각 P에 대하여 $T_v(\mathrm{P})$는 P를 v만큼 이동한 점이다. 좌표평면 $\mathbb{R}^2$에서 $v = (v_1, v_2)$라 하면 다음이 성립한다:

$$T_v(x_1, x_2) = (x_1 + v_1, x_2 + v_2).$$

평행이동의 성질

성질 1. 임의의 두 벡터 v, w에 대하여 $T_v \circ T_w = T_{v+w}$이다.

성질 2. $(T_v)^{-1} = T_{-v}$이다.

성질 3. T_v는 등장사상이다.

증명. 임의의 두 점 P, Q에 대하여

$$\begin{aligned} d(T_v(\mathrm{P}), T_v(\mathrm{Q})) &= d(\mathrm{P}+v,\ \mathrm{Q}+v) = ||\mathrm{P}+v-(\mathrm{Q}+v)|| \\ &= ||\mathrm{P}-\mathrm{Q}|| = d(\mathrm{P},\ \mathrm{Q}) \end{aligned}$$

□

[ii] **회전이동**: 점 C와 각도 ϕ에 대하여, $R_{\mathrm{C},\phi}$는 C를 중심으로 하고 ϕ각 만큼 반시계 방향으로 회전하는 이동이다. 회전이동에는 다음과 같은 성질이 있다.

(1) $(R_{\mathrm{C},\phi})^{-1} = R_{\mathrm{C},-\phi}$. 이때, $\{R_{\mathrm{C},\phi} \mid \mathrm{C}$ 고정 $\}$는 군(group)이 된다.

(2) $\mathrm{C} = \mathrm{O}$일 때 회전이동은 다음과 같이 주어진다.

$$R_{\mathrm{O},\phi} = \begin{pmatrix} \cos\phi & -\sin\phi \\ \sin\phi & \cos\phi \end{pmatrix} \quad \text{즉, } R_{\mathrm{O},\phi}\begin{pmatrix} P_1 \\ P_2 \end{pmatrix} = \begin{pmatrix} \cos\phi & -\sin\phi \\ \sin\phi & \cos\phi \end{pmatrix}\begin{pmatrix} P_1 \\ P_2 \end{pmatrix}.$$

(3) $\mathrm{C} \neq \mathrm{O}$일 때 회전이동은 아래와 같이 주어진다.

$$R_{\mathrm{C},\phi} = T_{\mathrm{C}} \circ R_{\mathrm{O},\phi} \circ T_{-\mathrm{C}}, \text{ or } R_{\mathrm{C},\phi}(P) = R_{\mathrm{O},\phi}(\mathrm{P} - \mathrm{C}) + \mathrm{C}$$

(4) $R_{\mathrm{C},\phi}$는 등장사상이다.

증명. 임의의 두 점 P, Q에 대하여 다음 식이 성립한다.

$$\begin{aligned} d(R_{\mathrm{C},\phi}(\mathrm{P}), R_{\mathrm{C},\phi}(\mathrm{Q})) &= \|R_{\mathrm{O},\phi}(\mathrm{P} - \mathrm{C}) - R_{\mathrm{O},\phi}(\mathrm{Q} - \mathrm{C})\| \\ &= \|R_{\mathrm{O},\phi}(\mathrm{P} - \mathrm{Q})\| = \|\mathrm{P} - \mathrm{Q}\| = d(\mathrm{P}, \mathrm{Q}) \end{aligned}$$

단, $R = R_{\mathrm{O},\phi}$이고, 세 번째 등식은 R의 직교성(orthogonality)을 이용한다. 즉, $\|x\|^2 = x^T x$이고 $R^T R = I$이므로, $x = P - Q$일 때,

$$\|Rx\|^2 = (Rx)^T Rx = x^T R^T Rx = x^T x = \|x\|^2$$

이다. □

[iii] **대칭이동**: 직선 l이 주어져 있다고 하자. 임의의 점 P에 대하여 $\rho_l(\mathrm{P})$는 점 P를 직선 l에 대해 대칭이동한 것이다. 이는 P를 지나는 l의 수직선 위에서 직선 l에 대해 P와 반대편에 있고, 직선 l까지의 거리가 $d(\mathrm{P}, l) := \inf\{d(\mathrm{P}, \mathrm{X}) \mid \mathrm{X} \in l\}$과 같은 점이다. 대칭이동하는 방법에는 다음과 같이 세가지 방법이 있다.

(i) $\mathbb{E}^2$를 포함하는 3-차원에서 l을 축으로 180° 회전시킨다.

(ii) P가 l 위에 있지 않으면 l 위의 두 점을 중심으로 하고 P를 지나는 두 원을 그리면 만나는 교점 중 하나가 대칭점 P′이다.

(iii) x-축을 l이라면

$$\rho_l(x,y) = (x,-y) = \begin{pmatrix} 1 & 0 \\ 0 & -1 \end{pmatrix} \begin{pmatrix} x \\ y \end{pmatrix}$$

대칭이동에는 다음과 같은 성질이 있다.

(1) $(\rho_l)^{-1} = \rho_l$

(2) ρ_l은 각의 방향성(orientation)을 바꾼다.

(3) ρ_l은 등장사상이다. 실제로, 임의의 두 점 P, Q에 대하여 다음 식이 성립한다:

$$d(\rho_l(\mathrm{P}), \rho_l(\mathrm{Q})) = ||\mathrm{P}' - \mathrm{Q}'|| = ||\mathrm{P} - \mathrm{Q}|| = d(\mathrm{P}, \mathrm{Q})$$

(4) 모든 평행이동은 대칭이동의 합성이다.

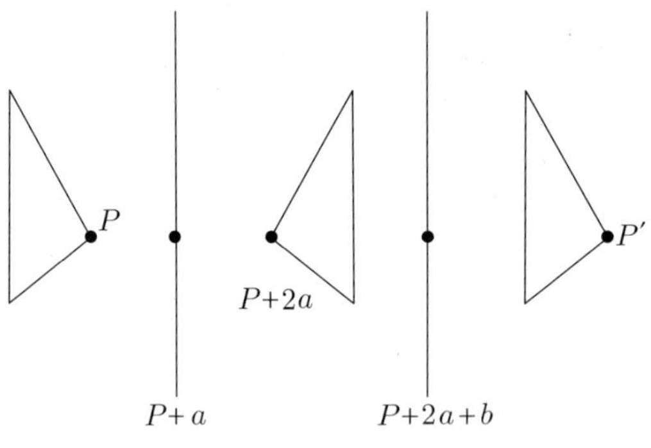

그림 4.6

증명. 먼저 평행이동 T_v에 대하여 l_1에서 l_2로의 수직인 벡터가 $\frac{1}{2}v$인 평행한 두 직선 l_1, l_2를 잡는다. 임의의 점 P에 대하여 P에서 l_1, l_2에 수선(v 방향의 직선)을 그어 l_1, l_2와의 교점을 각각 Q_1, Q_2라 하자. 이제 P의 l_1에 대한 대칭점을 $P'' = \rho_2(P')$이라 하면, 벡터 $\overrightarrow{PP'} = 2\overrightarrow{PQ_1} = 2\overrightarrow{Q_1P'}$이고, $\overrightarrow{PP''} = 2\overrightarrow{Q_1P'} + 2\overrightarrow{P'Q_2} = 2\overrightarrow{Q_1Q_2} = v$ 이다. 즉, $\rho_2(\rho_1(P)) = \rho_2(P'') = P'' = P + v = T_v(P)$ 이다.

■

(5) 모든 회전이동은 두 개의 대칭이동의 합성이다.

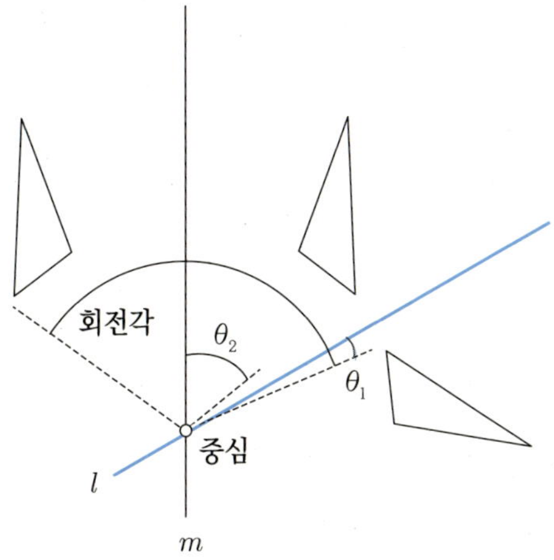

그림 4.7

증명. 위의 그림에서 회전이동 R가 $R = R_{C,\theta}$일 때, 즉 R가 점 C를 중심으로 θ만큼의 회전이동일 때, 직선 l를 적당히 잡아 $\overrightarrow{CP}$와 이루는 각의 크기가 θ_1라 하고 $\theta_2 = \frac{\theta - 2\theta_1}{2}$가 되도록 직선 m 잡으면 된다. ■

예제 이동대칭사상(glide reflection)은 v만큼 평행이동하고 v와 평행한 직선 l에 대해 대칭이동하는 사상을 말하는데, 이동대칭사상도 유클리드 등장사상임을 쉽게 알 수 있다. 더욱이 $f = \rho_l \circ T_v$라 하면 $f^2 = f \circ f = T_{2v}$가 된다.

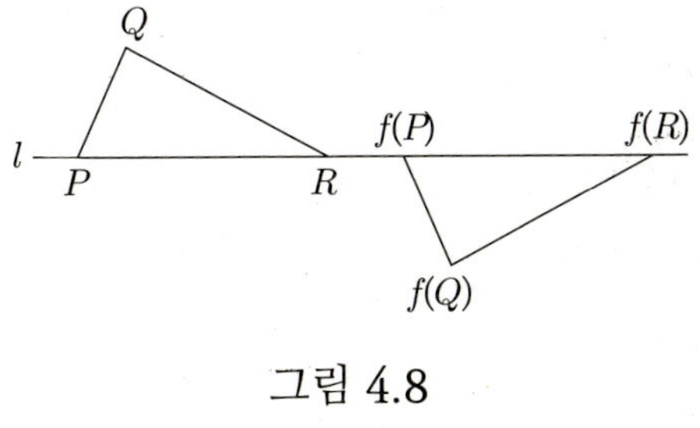

그림 4.8

연습문제

[4.3.1] 좌표평면 $\mathbb{R}^2$에서 직선 l이 $l : ax + by + c = 0, b \neq 0$일 때, 대칭이동 ρ_l을 세 실수 a, b, c를 이용하여 나타내시오.

[4.3.2] $\mathbb{R}^2$의 임의의 점 $\mathrm{P}(a, b)$를 중심으로 각 θ 만큼 회전이동한 등장사상 $R_{\mathrm{P},\theta}$를 (x, y)에 대한 함수로 나타내시오.

4.4 유클리드 공간 $\mathbb{E}^3$의 등장사상

다음은 유클리드 공간 $\mathbb{E}^3$의 등장사상들의 예이다.

[i] **평행이동** T_v: $\mathbb{E}^2$에서와 같이 v만큼 평행이동하는 사상을 나타낸다.

[ii] **회전이동** $R_{l,\phi}$: 방향이 있는 유향직선 l과 각의 크기 ϕ에 대하여 l축을 생각한다. 이때 임의의 점 P에 대하여, P를 포함하고 유향직선 l에 수직한 평면을 생각하고, 엄지를 l의 양방향으로 하고 오른손 법칙을 따라 둘째에서 세째로 도는 것을 양방향으로 하여 회전이동하는 사상이 $R_{l,\phi}(\mathrm{P})$이다.

[iii] **대칭이동** R_H: H가 $\mathbb{E}^3$의 평면이라고 하자.

(1) $R_H(\mathrm{P})$은 점 P에서 평면 H에 수직인 직선 l을 그렸을 때 H의 반대편에 $d(\mathrm{P}, H)$ 만큼 떨어진 점이다.

(2) $R_H(\mathrm{P})$는 H 위에 중심이 있고 점 P를 지나는 세 구를 그리고, 이 세 구의 다른 교점이기도 하다.

(3) H가 xy-평면이면 $R_H(x, y, z) = (x, y, -z)$이다.

(4) $(R_H)^{-1} = R_H$이다.

(5) R_H은 각의 방향성을 바꾼다.

예를 들어, 나선운동(screw)은 평행이동과 회전이동의 합성이다.

4.5 유클리드 공간 $\mathbb{E}^n$ 의 등장사상

정리 4.6. 임의의 등장사상 $f : \mathbb{E}^n \to \mathbb{E}^n$ 은 회전이동과 평행이동, 대칭이동의 합성이다.

증명. $n = 2$ 인 이차원일 때만 증명하기로 하자. X 와 Y 가 E^2 에서 서로 수직인 축이라 하자. 그러면 $\mathbb{E}^2$ 의 점 P과 각 축까지의 거리를 구해서 좌표 (a, b) 를 얻을 수 있다. 여기서 a 는 X 축까지의 거리이고, b 는 Y 축까지의 거리이다. 등장사상 $f : \mathbb{E}^2 \to \mathbb{E}^2$ 는 X, Y 축을 서로 수직인 다른 직선 X', Y' 으로 보낸다. 이때 $X' = f(X)$, $Y' = f(Y)$ 이다.

등장사상은 거리를 보존하므로 X 와 P 와의 거리는 X' 과 $f(\mathrm{P})$ 의 거리와 같다. 마찬가지로 $d(\mathrm{P}, Y) = d(f(\mathrm{P}), Y')$.

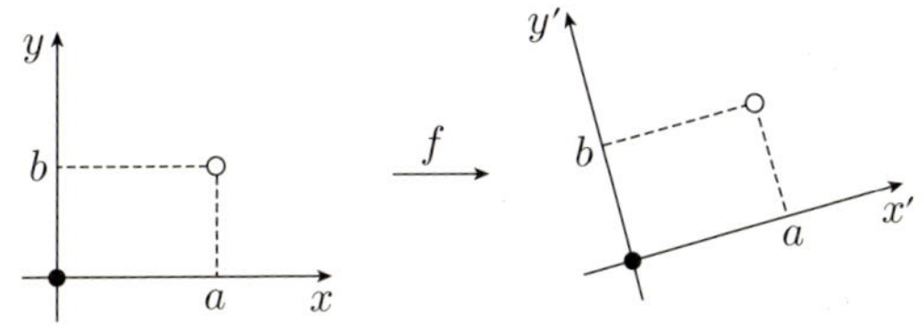

그림 4.9

따라서 X, Y 좌표계에서의 P 의 좌표가 (a, b) 이면 X', Y' 좌표계에서의 $f(\mathrm{P})$ 의 좌표도 (a, b) 이다. 그러므로 좌표계가 어떻게 사상되는지를 알면 점들이 어디로 사상되는지 안다. (즉, 같은 좌표로 간다.) 결국 X, Y 가 X', Y' 로 가는 등장사상을 알면 된다.

f 를 찾는 과정을 생각해보자. $T_v : \mathbb{E}^2 \to \mathbb{E}^2,\ v = f(\mathrm{O})$ 라 하자. 그러면 T_v 는 X 축을 $f(\mathrm{O})$ 을 지나는 직선으로 보낸다. 이제 $T_v(X)$ 의 양의 방향이 X' 의 양의 방향과 일치하도록 회전이동한다.

$$R_{f(\mathrm{O}),\phi} : \mathbb{E}^2 \to \mathbb{E}^2$$

그러면 그 결과로 $R_{f(\mathrm{O}),\phi} \circ T_v(Y)$ 의 양이 방향은 Y' 의 양의 방향과 일치할 수도 있고, Y' 의 음의 방향과 일치할 수도 있다. 전자의 경우는 $f = R_{f(\mathrm{O}),\phi} \circ T_v$ 가 되고, 후자의 경우는 $f = \rho_l \circ R_{f(\mathrm{O}),\phi} \circ T_v$ 가 된다. ∎

따름정리 4.7. 모든 등장사상은 대칭이동의 합성함수이다.

따름정리 4.8. 모든 등장사상 $f : \mathbb{R}^2 \to \mathbb{R}^2$은 다음과 같은 형태를 갖게 된다.

$$f(x,y) = \begin{pmatrix} \cos\theta & -\sin\theta \\ \sin\theta & \cos\theta \end{pmatrix} \begin{pmatrix} 1 & 0 \\ 0 & \pm 1 \end{pmatrix} \begin{pmatrix} x \\ y \end{pmatrix} + \begin{pmatrix} a \\ b \end{pmatrix}$$

증명. 먼저 $(a,b) = f(0,0)$, $\vec{v} = f(1,0) - f(0,0)$, $\vec{w} = f(0,1) - f(0,0)$이라고 하자. 그러면, $\vec{v} = (\cos\theta, \sin\theta)$이고, $\vec{w} = (-\sin\theta, \cos\theta)$이거나 $\vec{w} = (\sin\theta, -\cos\theta)$가 된다. 여기서, θ는 $\vec{v}$와 X의 사잇각이다. 이제 $f(x,y)$의 좌표는 (x,y)의 좌표와 같으므로 $f(x,y) = (a,b) + x\vec{v} + y\vec{w}$이 된다. ∎

예제 등장사상 $f : \mathbb{R}^2 \to \mathbb{R}^2$이 다음과 같이 주어져 있다.

$$f(x,y) = \left(3 + x\cos\frac{\pi}{3} - y\sin\frac{\pi}{3},\ 2 + x\sin\frac{\pi}{3} + y\cos\frac{\pi}{3}\right)$$

이 사상의 역함수 g를 구하라. 이 문제를 풀어보자.

$$f(x,y) = T_{(3,2)} \circ R_{O,\frac{\pi}{3}}(x,y)$$

그러면 역함수 g는 다음과 같이 된다.

$$g(x,y) = R_{O,-\frac{\pi}{3}} \circ T_{(-3,-2)}(x,y)$$

연습문제

[4.5.1] 어떤 등장사상 $f:\mathbb{R}^2\to\mathbb{R}^2$가 점 $(0,0)$을 $(2,3)$으로 이동시키고, 점 $(1,0)$을 $\left(\frac{5}{2},3+\frac{\sqrt{3}}{2}\right)$로, 점 $(0,1)$을 $\left(2+\frac{\sqrt{3}}{2},\frac{5}{2}\right)$로 이동시킨다고 하자. 이때 f를 x,y에 대한 함수로 나타시오.

[4.5.2] $\mathbb{R}^2$에서 $(0,1)$과 $(2,2)$를 지나는 직선에 대해 대칭이동하고 $\frac{\pi}{6}$만큼 양의 방향으로 회전이동하는 등장사상 $f:\mathbb{R}^2\to\mathbb{R}^2$가 있다. 이 함수의 역함수를 (x,y)에 대한 함수로 나타내시오.

5

원뿔곡선

이 장에서는 원뿔곡선(conic sections)을 정의하고, 원뿔곡선의 성질에 대하여 살펴보고자 한다.

5.1 원뿔과 원뿔곡선

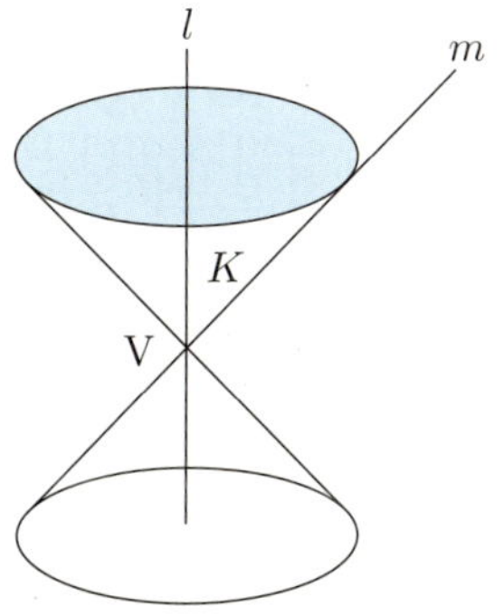

그림 5.1 : 원뿔

유클리드 공간 $\mathbb{E}^3$에서 직선 l과 한 점 V에서 만나는 직선 m을 l을 축으로 회전시킬 때 생기는 자취에 해당하는 도형 K를 **직원뿔**(right circular cone) 또는 간단히 **원뿔**(circular cone)이라고 한다. 이때 l을 원뿔 K의 **축**(axis), m을 **모선**(generator), V를 **꼭짓점**(vertex)이라고 한다. 또한 l과 m이 이루는 각의 크기 θ를 원뿔의 **반꼭지각**(vertex half angle), 2θ를 원뿔의 **꼭지각**(vertex angle)이라 한다. 예를 들어,

좌표공간 $\mathbb{R}^3$에서 직선 l을 z-축이라 하고, 직선 m을 $y = z, x = 0$이라고 하면 원뿔에 대한 방정식은 $K : z^2 = x^2 + y^2$이 된다. 이때, 꼭짓점은 원점 O이고 $\theta = 45°$이다.

유클리드 공간에서 원뿔 K와 평면 α의 교선 $C = K \cap \alpha$를 **원뿔곡선**(conic section)이라고 한다, 원뿔곡선은 평면 α 위에 있는 평면도형이다. 원뿔의 축 l과 평면 α가 이루는 각의 크기를 φ로 나타내기로 한다.

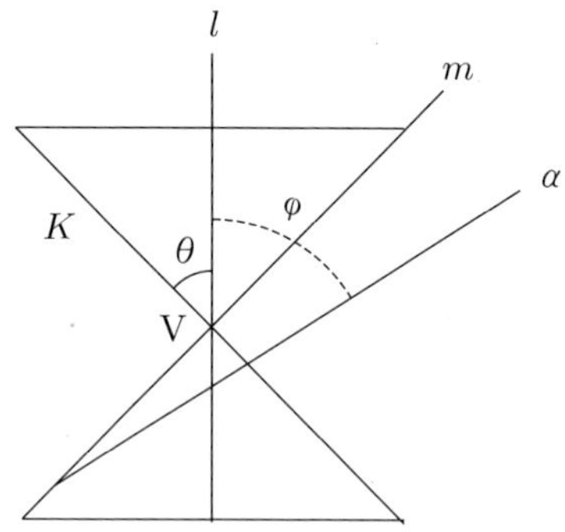

그림 5.2 : 측면도

'주어진 각의 삼등분선', '주어진 정육면체에 대하여 부피가 두 배인 정육면체의 한 변의 길이', '주어진 원의 넓이와 같은 정사각형의 한 변의 길이' 는 눈금 없는 자와 컴퍼스만으로는 작도가 불가능 하다는 것이 알려져 있다.[1)] 고대 그리스 시대에 수학자들이 여러 가지 이유로 이와 같은 문제를 생각하게 되었는데, 직선과 원에 한정시켜서는 이 문제를 해결할 수 없다는 것을 알게 되었다. 따라서 사람들은 직선과 원이 아닌 곡선을 생각하게 되었고, 메나이크모스(Menaichmos, 기원전 375~325)는 '원뿔곡선' 을 생각하게 되었다. 이와 같이 원뿔을 평면으로 잘랐을 때 나타나는 곡선인 원뿔곡선은, 16세기 데카르트에 의해 도입된 좌표 개념을 이용하면, 좌표평면에서 x, y에 대한 이차방정식으로 주어진다. 이러한 이유로 원뿔곡선을 '이차곡선' 이라고 부르게 되었다. 더욱이 좌표를 이용한 다양한 대수적 연구 방법이 개발되면서 타원을 포함한 이차곡선에 대한 많은 성질들이 알려지게 되었다.

[1)]이 '3대 작동 불능 문제' 는 처음 제기된 후 2000년이 지난 18세기에 와서야 대수적인 방법으로 작도가 불가능하다는 것이 밝혀졌다.

원뿔곡선은 평면 α와 원뿔 K의 위치 관계에 따라 여러 형태를 가질 수 있는데, 일반적으로 다음과 같이 분류된다.

(1) 평면 α가 원뿔의 꼭짓점 V를 포함하는 경우와 포함하지 않는 경우

 (i) $\mathrm{V} \in \alpha$이면 C는 퇴화(degenerate) 원뿔곡선

 (ii) $\mathrm{V} \notin \alpha$이면 C는 매끄러운(smooth) 또는 정상(non-degenerate) 원뿔곡선

(2) 평면 α와 원뿔의 축 l이 이루는 각 φ와 원뿔의 반꼭지각 θ의 대소 관계에 의한 분류

 (i) $\varphi > \theta$이면 C는 타원(elliptic) 원뿔곡선

 (ii) $\varphi = \theta$이면 C는 포물(parabolic) 원뿔곡선

 (iii) $\varphi < \theta$이면 C는 쌍곡(hyperbolic) 원뿔곡선

특히, 타원, 포물, 쌍곡의 매끄러운 원뿔곡선을 각각 타원(ellipse), 포물선(parabola), 쌍곡선(hyperbola)이라고 한다. 반면에, 타원, 포물, 쌍곡 퇴화 원뿔곡선은 각각 한 점, 한 직선, 교차하는 두 직선이 됨을 쉽게 확인할 수 있다.

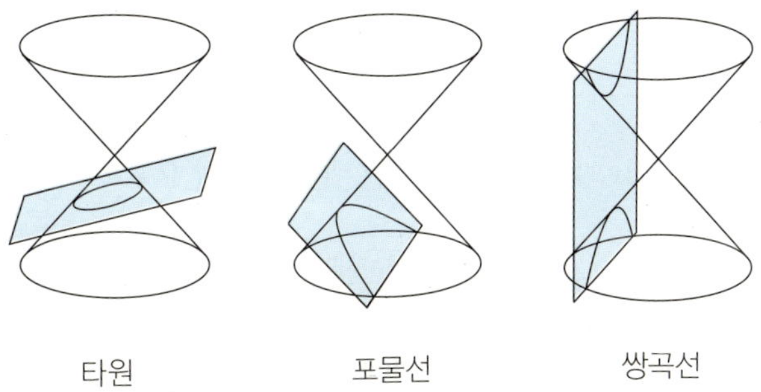

그림 5.3 : 정상 원뿔곡선

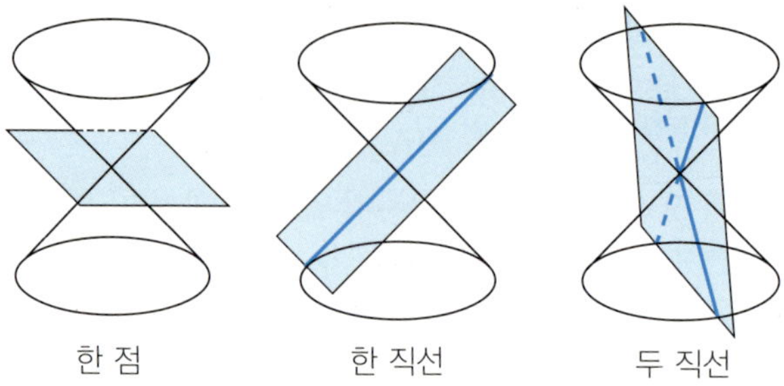

그림 5.4 : 퇴화 원뿔곡선

5.2 원뿔곡선의 성질

앞 절에서 우리는 타원, 포물선, 쌍곡선을 원뿔을 평면으로 자를 때 생기는 매끄러운 원뿔곡선으로 정의하였다. 이 절에서는 이러한 정의가 고등학교에서 배우는 타원, 포물선, 쌍곡선의 개념과 일치한다는 사실을 확인해 보기로 하겠다.

$C = K \cap \alpha$가 매끄러운 원뿔곡선일 때, K에 내접하고 평면 α에 접하는 구 S에 대하여 S와 α의 접점 F를 원뿔곡선 C의 초점(focus)이라 한다. 또 S와 K가 접하는 원을 포함하는 평면 β에 대하여 교선 $\beta \cap \alpha$를 원뿔곡선의 준선(directrix)이라고 한다. C가 타원 또는 쌍곡선일 때, 원뿔에 내접하는 구 S가 2개이므로 초점은 두 개 F_1, F_2가 존재하고 C가 포물선일 때는 초점 하나 존재한다.

정리 5.1. F_1, F_2가 타원 C의 두 초점이면, 임의의 점 $P \in C$에 대하여 $\overline{PF_1} + \overline{PF_2}$는 모두 같다.

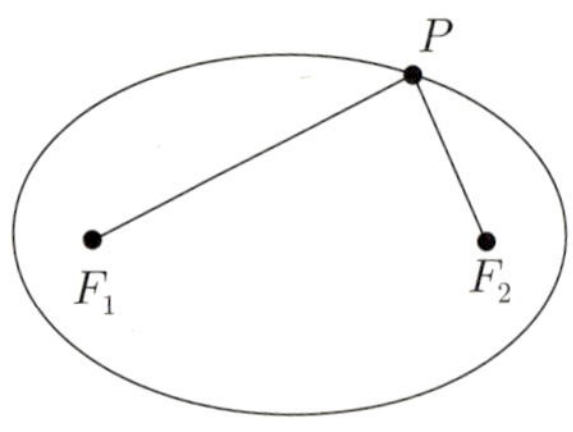

$PF_1 + PF_2 =$ (상수)

그림 5.5 : 타원

증명. 원뿔에 내접하는 두 구 S_1, S_2에 대응되는 초첨을 각각 F_1, F_2라고 하자. 두 구 S_1과 S_2가 각각 점 F_1, F_2에서 평면 α에 접하므로, 타원의 임의의 점 P에 대하여 직선 $\overleftrightarrow{\mathrm{PF}_1}$은 점 F_1을 지나고 구 S_1에 접하며, $\overleftrightarrow{\mathrm{PF}_2}$는 점 F_2를 지나고 구 S_2에 접한다. S_1과 원뿔이 만나는 교선(원)을 Q_1, S_2와 원뿔이 만나는 교선(원)을 Q_2라 하고, 두 점 R_1, R_2를 다음과 같이 정의하자.

$$\mathrm{R}_1 = \overrightarrow{\mathrm{PV}} \cap S_1, \quad \mathrm{R}_2 = \overrightarrow{\mathrm{PV}} \cap S_2$$

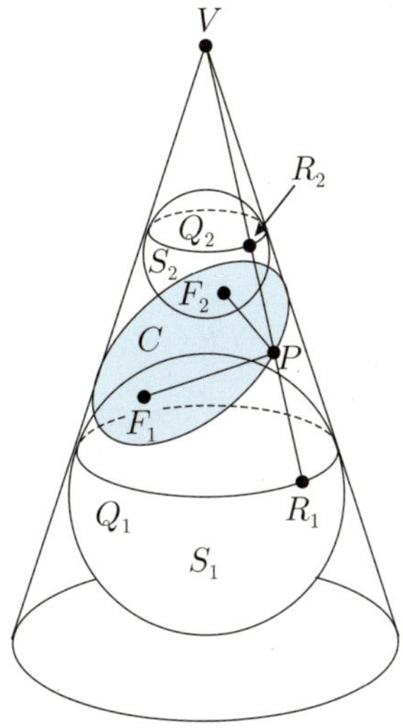

그림 5.6 : 원뿔 위의 타원

S_1, S_2가 원 Q_1, Q_2를 따라 원뿔 K에 접하므로 직선 $\overleftrightarrow{\mathrm{PR}_1}$은 점 R_1에서 S_1에 접하고, 직선 $\overleftrightarrow{\mathrm{PR}_2}$은 점 R_2에서 S_2에 접한다. 따라서 연습문제 [5.2.1]에 의해

$$\mathrm{PF}_1 = \mathrm{PR}_1 \quad \text{이고} \quad \mathrm{PF}_2 = \mathrm{PR}_2$$

따라서

$$\mathrm{PF}_1 + \mathrm{PF}_2 = \mathrm{PR}_1 + \mathrm{PR}_2 = \mathrm{R}_1\mathrm{R}_2$$

이때 $\mathrm{R}_1\mathrm{R}_2$는 두 원 Q_1, Q_2 사이의 거리이고, 두 원 Q_1, Q_2 사이의 거리는 타원의 점 P와 무관하므로, $\mathrm{PF}_1 + \mathrm{PF}_2$는 임의의 점 $\mathrm{P} \in C$에 대하여 항상 같다. ∎

쌍곡선에 대해서도 정리 5.1과 비슷한 성질이 성립한다.

정리 5.2. F_1, F_2가 쌍곡선 C의 두 초점이면 임의의 점 $P \in C$에 대하여 $|PF_1 - PF_2|$는 모두 같다.

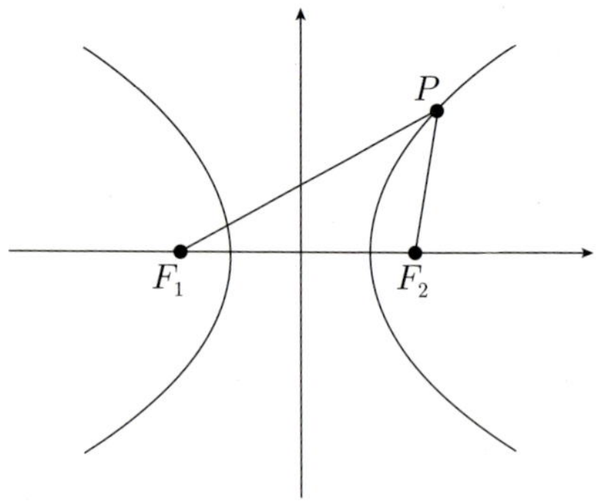

$|PF_2 - PF_2| =$ (상수)

그림 5.7 : 쌍곡선

증명. 쌍곡선 위의 점 P에 대하여 그림 5.7과 같이 $\overline{PF_1} > \overline{PF_2}$라 하자.

정리 5.1의 증명과 같이 구에 접하는 접선의 성질에 의해

$$\overline{PF_1} = \overline{PR_1} \quad \text{이고} \quad \overline{PF_2} = \overline{PR_2}$$

이 성립한다. 따라서

$$\overline{PF_1} - \overline{PF_2} = \overline{PR_1} - \overline{PR_2} = \overline{R_1R_2} \quad (\text{일정})$$

■

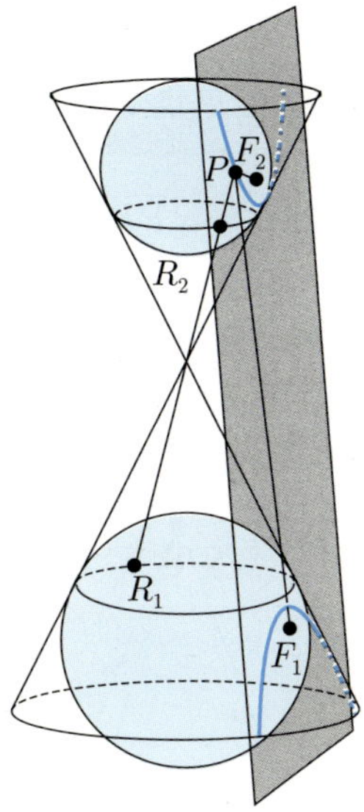

그림 5.8 : 원뿔 위의 쌍곡선

정리 5.3. C가 원이 아닌 매끄러운 원뿔곡선 일 때, 초점 F와 대응되는 준선 L에 대하여 $\overline{\mathrm{PF}} = \dfrac{\cos\varphi}{\cos\theta}\overline{\mathrm{P}L}$이다. 여기서 θ는 원뿔의 반꼭지각이고, φ는 축과 평면 α가 이루는 각의 크기, $\overline{\mathrm{P}L}$는 점 P에서 직선 L에 이르는 거리를 나타낸다.

증명. (그림 5.9 참고) 원뿔 K에 내접하는 구를 S, 교선 $S \cap K$를 포함하는 평면을 γ, P를 C의 임의의 점이라 하자. 점 P에서 평면 γ에 내린 수선의 발을 Z이라 하고, $\mathrm{T} \in L$은 $\overleftrightarrow{\mathrm{PT}} \perp L$인 점, $\overrightarrow{\mathrm{VP}} \cap S = \{\mathrm{R}\}$라고 하자. 직선 PZ와 원뿔의 축이 모두 평면 γ에 수직이므로 $\overleftrightarrow{\mathrm{ZP}}$는 원뿔의 축에 평행하다. $\mathrm{PZ} \perp \gamma, \mathrm{PT} \perp L, L \subset \gamma$이므로 삼수선 정리에 의해 $\mathrm{ZT} \perp L$이다. 따라서 평면 PTZ는 평면 α에 수직이다. 직선 PZ가 원뿔의 축에 평행하므로

$$\angle\mathrm{ZPT} = \varphi \quad \text{이고} \quad \angle\mathrm{ZPR} = \theta$$

따라서

$$\overline{\mathrm{PZ}} = \overline{\mathrm{PR}}\cos\theta = \overline{\mathrm{PT}}\cos\varphi$$

그런데 두 직선 PR와 PF가 각각 점 R와 F에서 구 S에 접하므로 $\overline{\mathrm{PR}} = \overline{\mathrm{PF}}$이다. 또 PT가 직선 L에 수직하므로 $\overline{\mathrm{PT}} = \overline{\mathrm{P}L}$이므로

$$\overline{\mathrm{PF}}\,\cos\theta = \overline{\mathrm{P}L}\,\cos\varphi$$

∎

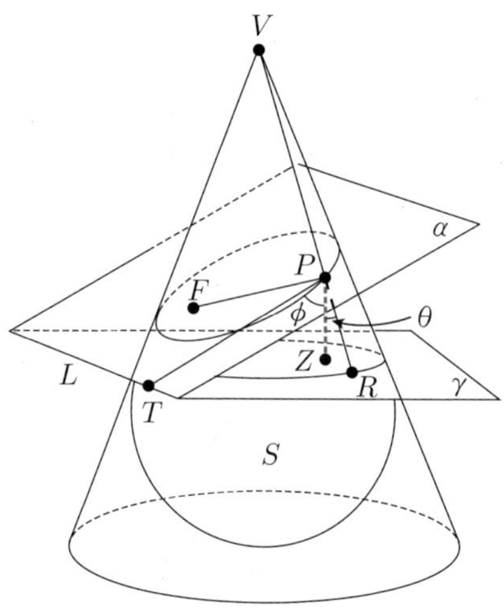

그림 5.9 : 준선(directrix)

매끄러운 원뿔곡선 C에서

$$e = \frac{\cos\varphi}{\cos\theta}$$

를 C의 이심률(eccentricity)이라고 한다. 이심률은 원뿔곡선이 원에서 벗어나는 정도를 나타내며, 이심률이 작을수록 원뿔곡선은 원에 가깝다.

이심률 e의 크기에 따라 원뿔곡선은 다음과 같이 분류된다:

$e > 1$이면 C는 쌍곡선
$e = 1$이면 C는 포물선
$0 < e < 1$이면 C는 타원
$e = 0$이면 C는 원이다.

따름정리 5.4. C가 포물선일 때, 초점 F와 준선 L에 대하여 $\overline{\mathrm{PF}} = \overline{\mathrm{P}L}$이다.

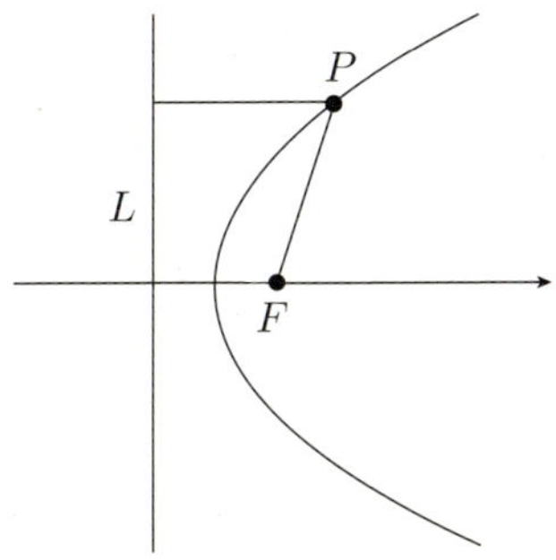

그림 5.10 : 포물선

참고 5.5. 역으로, 정리 5.1, 정리 5.2, 따름정리 5.4의 결론을 만족시키는 평면곡선은 원뿔곡선임도 쉽게 확인할 수 있다.

연습문제

[5.2.1] 정리 5.1의 증명 중에서 $\mathrm{PF}_1 = \mathrm{PR}_1$이고 $\mathrm{PF}_2 = \mathrm{PR}_2$임을 보이시오.

[5.2.2] 정리 5.2를 증명하시오.

5.3 원뿔곡선의 표준형과 이차곡선

이 절에서는 원뿔을 절단하는 평면 α가 xy-평면일 때, 좌표 (x, y)를 도입하고 다음과 같은 두 문제를 생각한다.

[문제 1]

(a) 초점이 $\mathrm{F}_1 = (c, 0)$이고 준선이 $x = -c$인 xy-평면 위의 포물선 C의 방정식이 $y^2 = 4cx$임을 보이시오.

(b) C가 초점이 $\mathrm{F}_1, \mathrm{F}_2 = (\pm c, 0)$인 xy-평면 위의 타원일 때, 어떤 실수 $a > 0$에 대하여 C의 방정식이 $\dfrac{x^2}{a^2} + \dfrac{y^2}{a^2 - c^2} = 1$임을 보이시오. 단, $0 < c < a$이다.

(c) C가 초점이 $\mathrm{F}_1, \mathrm{F}_2 = (\pm c, 0)$인 xy-평면 위의 쌍곡선일 때, 어떤 실수 $a > 0$에 대하여 C의 방정식이 $\dfrac{x^2}{a^2} - \dfrac{y^2}{c^2 - a^2} = 1$임을 보이시오. 단, $0 < a < c$이다.

이 중에서 (c)의 답을 알아보자. (x, y)가 쌍곡선 C 위의 점이면

$$|\sqrt{(x+c)^2 + y^2} - \sqrt{(x-c)^2 + y^2}| = 2a$$

인 양수 $a < c$가 존재한다. 따라서 다음 식들이 성립한다.

$$\begin{aligned} 2(x^2 + y^2 + c^2 - 2a^2) &= 2\sqrt{((x+c)^2 + y^2)((x-c)^2 + y^2)} \\ (x^2 + y^2 + c^2 - 2a^2)^2 &= (x^2 - c^2)^2 + 2x^2y^2 + 2c^2y^2 + y^4 \\ 4a^2(a^2 - c^2) &= 4(a^2 - c^2)x^2 + 4a^2y^2 \end{aligned}$$

따라서 $\dfrac{x^2}{a^2} - \dfrac{y^2}{c^2 - a^2} = 1$이다. 이 쌍곡선의 초점 $\mathrm{F} = (c, 0)$에 대응되는 준선이 $x = \frac{a^2}{c}$이고 이심률이 $e = \dfrac{c}{a}$이 된다.

[문제 2] 초점 $\mathrm{F} = (0, 0)$에 대응되는 준선 L 이 $x = -d$ (단, $d > 0$)이고 이심률이 e인 매끄러운 원뿔곡선의 점의 극좌표 r, θ가 만족시키는 방정식은 $r = \dfrac{de}{1 - e\cos\theta}$ 임을 보이시오.

[문제 2]의 답을 알아보자. 극좌표가 r, θ인 점 $(r\cos\theta, r\sin\theta)$가 조건의 원뿔곡선의 점이라면 $\overline{\mathrm{PF}} = e\,\overline{PL}$이므로, 극좌표 r, θ는 $r = e|r\ \cos\theta + d|$, 즉 $r = \pm e(r\ \cos\theta + d)$를 만족시킨다. 따라서

$$r = \frac{de}{1 - e\cos\theta}$$

이다. 또는 $r = -ed/(1 + e\cos\theta)$를 만족시킨다. 만약 이심률이 $0 \le e \le 1$이면, 즉 타원이나 포물선이면 후자의 식을 만족시키는 점은 없다. 쌍곡선이면 후자의 식은 준선에 대하여 초점 F의 반대쪽에 있는 부분의 식이 된다.

위 문제들에서 우리는 적당한 초점들이나 준선이 주어질 때, 타원, 쌍곡선, 포물선의 방정식이 $\dfrac{x^2}{a^2} \pm \dfrac{y^2}{b^2} = 1$ 또는 $y^2 = 4cx$의 형태의 x, y에 대한 2차식이 됨을 확인할 수 있다. 일반적으로 다음의 방정식들로 주어지는 곡선은 원뿔곡선(또는 공집합)이 됨을 바로 확인할 수 있다.

1 쌍곡적 표준형: $\frac{x^2}{a^2} - \frac{y^2}{b^2} = 1$ (쌍곡선), $\frac{x^2}{a^2} - \frac{y^2}{b^2} = 0$ (퇴화 쌍곡적)

2 타원적 표준형: $\frac{x^2}{a^2} + \frac{y^2}{b^2} = 1$ (타원), $\frac{x^2}{a^2} + \frac{y^2}{b^2} = 0$ (퇴화 쌍곡적), $\frac{x^2}{a^2} + \frac{y^2}{b^2} = -1$ (공집합)

3 포물적 표준형: $y^2 = 4cx$, $c > 0$ (포물선), $y^2 = 0$ (퇴화 포물적), $y^2 = c(c > 0)$.

좌표평면에서 포물선, 타원, 쌍곡선의방정식에 대한 표준형은 xy 항을 포함하고 있지 않다. 그러나 xy 항을 포함하는 이차방정식으로 주어지는 곡선 중에는 타원이나 쌍곡선이 존재한다. 좌표평면에서 일반적으로 이차방정식은 다음과 같이 나타낼 수 있다:

$$Ax^2 + Bxy + Cy^2 + Dx + Ey + F = 0 \tag{5.3.1}$$

다음 정리에 의하면 적당한 좌표변환을 통해 (즉, 평면에 새로운 직교좌표계를 잡아) 위의 일반적인 이차방정식을 표준형으로 바꿀 수 있다.

정리 5.6. 이차방정식 $Ax^2 + Bxy + Cy^2 + Dx + Ey + F = 0$으로 주어지는 곡선에 대하여, 적당한 새로운 직교좌표계 $(\bar{x}, \bar{y})$를 택하면 곡선 위의 점인 $(\bar{x}, \bar{y})$는 위의 표준형 중의 하나를 만족시킨다.

증명개요. 좌표평면에서 $\{\vec{e_1}, \vec{e_2}\}$가 각각 x, y 축을 나타내는 벡터라 하고, 이를 θ만큼 회전시킨 것을 $\{\vec{e_1'}, \vec{e_2'}\}$라고 하자. 그러면 다음 식이 성립한다.

$$\begin{aligned} \vec{e_1'} &= \cos\theta\vec{e_1} + \sin\theta\vec{e_2} \\ \vec{e_2'} &= -\sin\theta\vec{e_1} + \cos\theta\vec{e_2} \end{aligned}$$

이제 (a, b)를 원점으로 하고, $\vec{e_1'}, \vec{e_2'}$를 좌표축으로 갖는 새로운 좌표계에서 점의 좌표를 $(\bar{x}, \bar{y})$라고 하자. 새로운 좌표계에서 좌표가 (x', y')인 점 P는 원래의 좌표계로 표현하면 다음과 같다.

$$\mathrm{P} = (a, b) + x'\vec{e_1}' + y'\vec{e_2}'$$

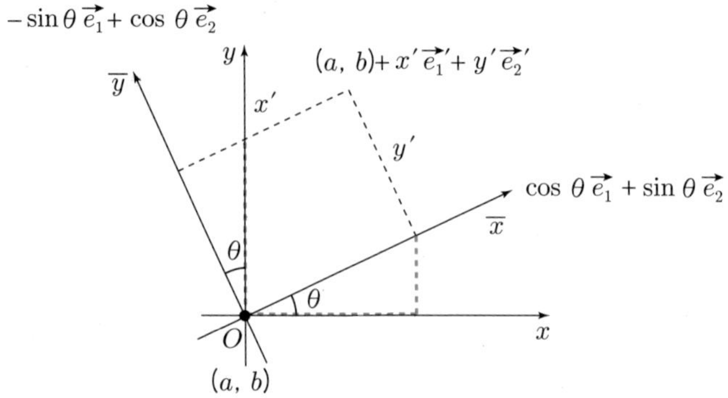

그림 5.11 : 새로운 좌표의 도입

따라서 (x', y')와 (x, y)에는 다음과 같은 관계식이 성립한다.

$$\begin{aligned} x &= a + x'\cos\theta - y'\sin\theta \\ y &= b + x'\sin\theta + y'\cos\theta \end{aligned}$$

이 관계식을 (5.3.1)에 대입하면

$$A(a + x'\cos\theta - y'\sin\theta)^2 \cdots + F = 0$$

이고, 이를 정리하면 다음과 같다.

$$A'x'^2 + Bx'y' + C'y'^2 + D'x' + E'y' + F' = 0. \tag{5.3.2}$$

여기서 계수들을 다음과 같다.

$$\begin{aligned} A' &= A\cos^2\theta + B\cos\theta\sin\theta + C\sin^2\theta \\ B' &= (C - A)\sin 2\theta + B\cos 2\theta \\ C' &= C\cos^2\theta - B\cos\theta\sin\theta + A\sin^2\theta \\ D' &= (2Aa + Bb + D)\cos\theta + (Ba + 2Cb + E)\sin\theta \\ E' &= (Ba + 2Cb + E)\cos\theta + (-2Aa - Bb - D)\sin\theta \\ F' &= Aa^2 + Bab + Cb^2 + Da + Eb + F \end{aligned}$$

이때 다음 식이 성립함을 쉽게 보일 수 있다(참고사항 5.7 참조).

$$B'^2 - 4A'C' = B^2 - 4AC \tag{5.3.3}$$

그리고 $\theta = \frac{1}{2}\tan^{-1}\left(\frac{B}{A-C}\right)$ 으로 놓으면 $B' = 0$이 된다.

$B^2 - 4AC \neq 0$일 때

$$a = \frac{2CD - BE}{B^2 - 4AC}, \quad b = \frac{2AE - BD}{B^2 - 4AC}$$

라 하면 $D' = 0$, $E' = 0$이 된다. 이 경우 식 (5.3.2)는 다음과 같은 표준형이 된다.

$$A'x'^2 + C'y'^2 + F' = 0$$

한편, 만약 $B^2 - 4AC = 0$이면 (5.3.3)에 의해 $B'^2 - 4A'C' = 0$이다. $B' = 0$이므로 $A' = 0$이거나 $C' = 0$이다. 그러므로 식은 다음 두 식 중 하나가 된다.

$$\begin{aligned} C'y'^2 + D'x' + E'y' + F' &= 0 \\ A'x'^2 + D'x' + E'y' + F' &= 0 \end{aligned}$$

위 식 중 첫번째 식을 y'에 대한 완전제곱식으로 바꾸고 $y'' = y' + E'/2C'$ 으로 놓음으로 포물적 표준형으로 바꿀 수 있다. 두번째 식도 마찬가지이다. ∎

참고 5.7. 우리는 단순 계산을 통하여 식 (5.3.3)이 성립함을 알 수 있다.

$$\triangle_0 = \det\begin{pmatrix} A' & \frac{B'}{2} \\ \frac{B'}{2} & C' \end{pmatrix} = \det\begin{pmatrix} A & \frac{B}{2} \\ \frac{B}{2} & C \end{pmatrix}$$

또한 다음 식도 성립한다.

$$\triangle = \det\begin{pmatrix} A' & \frac{B'}{2} & \frac{D'}{2} \\ \frac{B'}{2} & C' & \frac{E'}{2} \\ \frac{D'}{2} & \frac{E'}{2} & F \end{pmatrix} = \det\begin{pmatrix} A & \frac{B}{2} & \frac{D}{2} \\ \frac{B}{2} & C & \frac{E}{2} \\ \frac{D}{2} & \frac{E}{2} & F \end{pmatrix}$$

즉, $\triangle_0$과 $\triangle$ 는 이차방정식의 좌표변환을 하여도 변하지 않는다. 여기서 $\triangle_0$은

$$(x, y)\begin{pmatrix} A & \frac{B}{2} \\ \frac{B}{2} & C \end{pmatrix}\begin{pmatrix} x \\ y \end{pmatrix} + Dx + Ey + F = 0$$

에서 얻는다. 또한 $\triangle$은 다음 식에서 얻을 수 있다.

$$(x, y, 1)\begin{pmatrix} A & \frac{B}{2} & \frac{D}{2} \\ \frac{B}{2} & C & \frac{E}{2} \\ \frac{D}{2} & \frac{E}{2} & F \end{pmatrix}\begin{pmatrix} x \\ y \\ 1 \end{pmatrix} = 0$$

참고 5.7의 사실을 이용하면 이차방정식으로 주어진 곡선의 형태를 다음과 같이 확인할 수 있다.

정리 5.8. 이차방정식 $Ax^2 + Bxy + Cy^2 + Dx + Ey + F = 0$으로 주어진 곡선의 형태는 다음과 같다.

	$\triangle \neq 0$	$\triangle = 0$
$\triangle_0 > 0$	타원, $\emptyset$	한 점
$\triangle_0 < 0$	쌍곡선	교차하는 두 직선
$\triangle_0 = 0$	포물선	한 직선, 평행한 두 직선, $\emptyset$

증명. 표준형의 $\triangle_0$, $\triangle$ 는 위 조건을 만족한다. 그러므로 원래 방정식에서도 성립한다. ∎

참고로 $\triangle_0 > 0$일 때, $A + C$와 $\triangle$ 의 부호가 같으면 $\emptyset$이고, 다르면 타원이 된다.

연습문제

[5.3.1] [문제 1]의 (a), (b)에 답하시오.

[5.3.2] 참고사항 5.7의 사실들을 증명하시오.

[5.3.3] $-3x^2+8xy+3y^2-2x-4y+1=0$을 좌표변환을 통하여 표준형으로 고치고, 어떠한 곡선인지 밝히시오.

6

구면 기하학

유클리드의 평행공리를 부정하여 얻은 쌍곡공리를 새로운 공리로 받아들여 이로부터 쌍곡기하학을 얻은 것과 마찬가지로 평행공리의 불능을 생각할 수 있다. 즉, 임의의 직선 l과 l 위에 있지 않은 점 P에 대하여 점 P를 지나는 임의의 직선은 직선 l과 항상 만난다는 사실을 공리로 택한 기하학을 구면기하학(spherical geometry) 또는 타원기하학(elliptic geometry)이라고 한다. 타원기하학의 모형으로는 좌표공간 $\mathbb{R}^3$의 한 정점으로부터 같은 거리에 있는 점의 집합인 구(sphere)를 생각할 수 있다. 이때 정점을 구의 중심, 같은 거리를 구의 반지름의 길이라고 한다.

6.1 측지선

좌표평면 $\mathbb{R}^2$에서 두 점 A와 B를 잇는 곡선 중에서 길이가 최소인 것은 선분 AB임을 직관적으로 알 수 있다. 이와 같은 개념을 쌍곡평면이나 다른 기하체계에서도 생각할 수 있다. 일반적으로 좌표공간이나 좌표공간의 도형과 같은 기하학 공간에서 두 점 사이의 거리를 생각해 보자. 예를 들어 원기둥(cylinder)을 주어진 기하학 공간으로 생각하고, 원기둥 위에 두 점이 주어졌을 때 이 두 점을 잇는 곡선들을 생각할 수 있다. 이때 두 점을 잇는 곡선들은 원기둥 위에 있는 곡선들만 생각한다. 그러면 직관적으로 두 점을 잇는 곡선들 중에서 길이가 가장 짧은 것이 존재한다는 것을 알 수 있는데, 두 점을 잇는 곡선 중에서 길이가 최소인 곡선을 보통 측지선(geodesic)이라고 한다. 두 점을 잇는 곡선 중에서 길이가 최소가 되는 것을 구하는 것은 매우 중요하다.

정의 6.1. 주어진 공간에서 두 점 사이를 잇는 곡선 중 가장 짧은 것을 **측지선**(geodesic)이라고 한다.

다음 그림은 원기둥과 원뿔의 측지선을 보여주는 예이다.

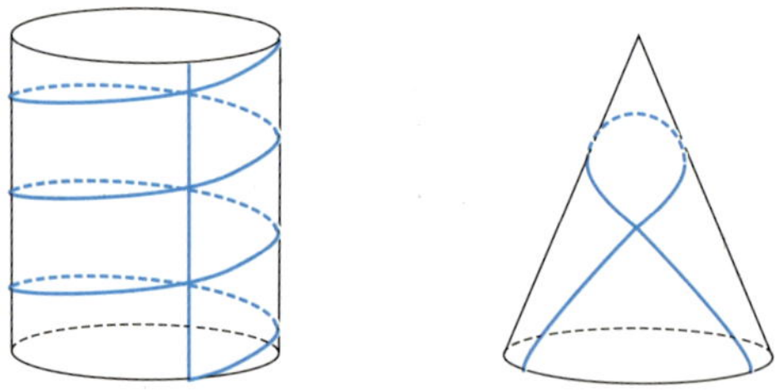

그림 6.1 : 원통과 원뿔 위의 측지선

2장에서 다룬 쌍곡기하학의 모형인 푸앵카레 모형에서 직선은 중심을 지나는 지름이나 원반의 경계인 원과 직교하는 다른 원의 원반 내부의 호로 정의하였다. 이와 같은 쌍곡직선이 푸앵카레 모형에서 측지선이 된다는 것이 알려져 있다. 일반적으로는 정의 6.1의 조건이 부분적으로 만족하는 경우에도 측지선이라 한다.

이제 구면기하학의 측지선에 대하여 알아보자. 이는 지구를 완전한 형태의 구라고 가정하였을 때, 지구 위에 있는 측지선의 모양을 생각하는 것과 동등한다. 쌍곡기하학의 모형인 푸앵카레 모형을 유클리드 공간 $\mathbb{R}^3$의 곡면과 원점을 지나는 평면의 교선으로 생각할 수 있듯이, 지구나 구에서도 원점을 지나는 평면과 구의 교선인 대원(great circle)이 구의 측지선이 된다. 따라서 북극점과 남극점을 잇는 측지선은 무수히 많이 존재한다는 것을 알수 있으며, 이외에도 구에는 무수히 많은 측지선(대원)이 존재한다.

구에서 대원이 측지선임을 증명하기 위해 유클리드 좌표공간 $\mathbb{R}^3$에 좌표를 도입하고, 구면기하학에서 유용한 구면좌표계(spherical coordinate)에 대하여 알아보자.

세 실수의 순서쌍으로 이루어진 집합을 좌표공간이라 하고 기호 $\mathbb{R}^3$로 나타낸다. 즉

$$\mathbb{R}^3 = \{(x, y, z) \mid x,\ y,\ z \in \mathbb{R}\}$$

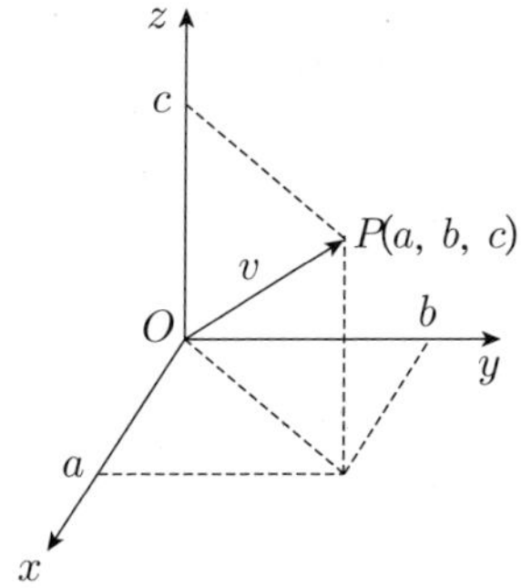

그림 6.2 : 좌표공간 $\mathbb{R}^3$

좌표공간 $\mathbb{R}^3$의 점 P는 원점 O$(0,0,0)$에서 점 P까지의 위치벡터 $\overrightarrow{\mathrm{OP}}$로 간주할 수 있다. 즉, 점 P의 좌표가 (a,b,c)일 때 벡터 $\overrightarrow{\mathrm{OP}}$는 $\overrightarrow{\mathrm{OP}} = (a,b,c)$이다. 경우에 따라 좌표공간 $\mathbb{R}^3$의 벡터를 $\mathbf{v}, \mathbf{w}, \cdots$ 와 같이 굵은 소문자로 나타내기도 한다. 즉 $\mathbf{v} = (v_1, v_2, v_3)$가 좌표공간 $\mathbb{R}^3$의 벡터이면 점 $\mathrm{P} \in \mathbb{R}^3$의 좌표가 (v_1, v_2, v_3)일 때 $\mathbf{v} = \overrightarrow{\mathrm{OP}}$라고 할 수 있다.

정의 6.2. 좌표공간 $\mathbb{R}^3$에서 원점 O$(0,0,0)$로부터 거리가 ρ인 점의 집합을 중심이 O$(0,0,0)$이고 반지름의 길이가 ρ인 **구** 또는 **구면**(sphere of radius ρ and centered at O)라고 하고, 기호 $S^2(\rho)$로 나타낸다. 즉,

$$S^2(\rho) = \{(x,y,z) \in \mathbb{R}^3 \mid x^2 + y^2 + z^2 = \rho^2\}$$

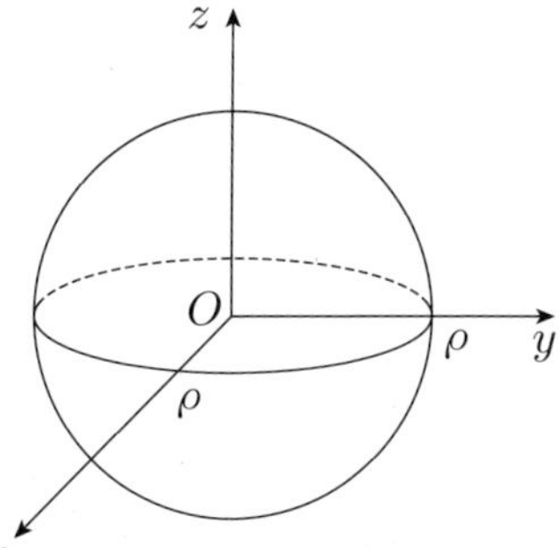

그림 6.3 : 구 $S^2(\rho)$

좌표공간 $\mathbb{R}^3$과 구 $S^2(\rho)$에 속하는 점을 나타내는 방법으로 직교좌표인 (x, y, z)와 구면좌표가 있다. ρ는 구의 반지름의 길이이고 임의의 점 $\mathrm{P}(x, y, z) \in S^2(\rho)$에 대하여 양의 z축과 선분 OP가 이루는 각의 크기를 φ라 하자.
또, 점 P를 xy평면에 정사영시킨 점을 P′이라 할 때, 점 P′과 양의 x축이 이루는 각의 크기를 θ라고 하면 구면좌표 (ρ, φ, θ)와 직교좌표 (x, y, z) 사이에는 다음과 같은 관계식이 성립한다: $(0 \leq \varphi \leq \pi,\ 0 \leq \theta \leq 2\pi)$

$$\begin{aligned} x &= \rho \sin\varphi \cos\theta \\ y &= \rho \sin\varphi \sin\theta \\ z &= \rho \cos\varphi \end{aligned}$$

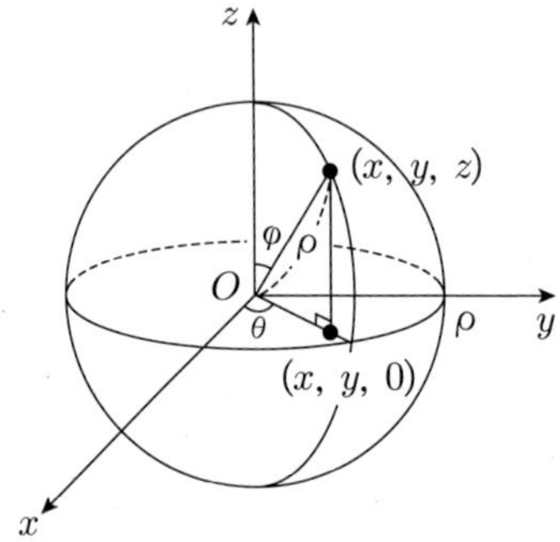

그림 6.4 : 구면좌표

정의 6.3. 좌표공간 $\mathbb{R}^3$에서 원점 O(0, 0, 0)을 지나는 평면과 구 $S^2(\rho)$의 교선을 **대원**(great circle)이라고 한다.

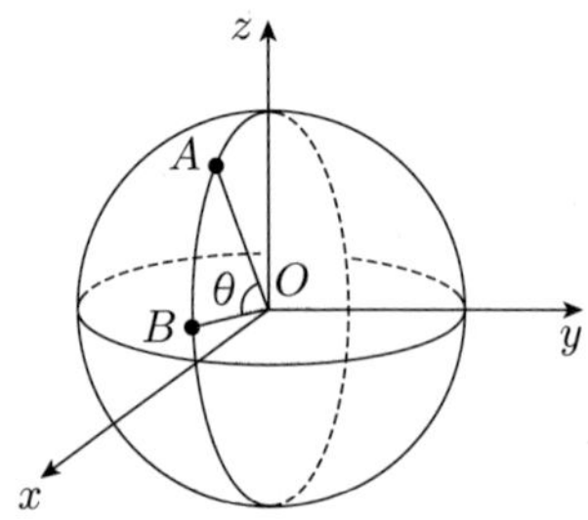

그림 6.5 : 대원

구 $S^2(\rho)$ 위의 두 점 A, B에 대하여 각 ∠AOB에 의해 만들어지는 호 AB는 세 점 A, B, O를 지나는 평면과의 교선에 의해 생기는 대원의 선분을 나타낸다. 이때 호 AB의 길이는

$$|\widehat{\mathrm{AB}}| = \rho\angle\mathrm{AOB}$$

이다. 여기서 $|\widehat{\mathrm{AB}}|$는 호 AB의 길이를 나타낸다.

좌표공간이나 구 $S^2(\rho)$ 위의 곡선의 길이는 속력을 적분한 것으로 정의한다. $\alpha : [a,b] \to S^2(\rho)$, $\alpha(t) = (x(t), y(t), z(t))$가 구 $S^2(\rho)$의 매개곡선일 때, 곡선 α의 길이 $L(\alpha)$는

$$L(\alpha) = \int_a^b \sqrt{x'(t)^2 + y'(t)^2 + z'(t)^2}\, dt$$

로 정의한다.

다음 정리에 의하면 구에서 임의의 두 점을 잇는 선분 중에서 길이가 최소인 것은 대원에 의해 주어지는 선분이다.

정리 6.4. 구 $S^2(\rho)$ 위의 두 점을 잇는 곡선 중에서 길이가 최소인 것은 대원에 의해 주어지는 호이다.

증명. 임의의 두점 A, B는 $S^2(\rho)$에 대하여 양의 z축이 A를 지나도록 좌표축을 잡자 (즉 A가 북극점이 되게 한다). $\alpha : [a,b] \to S^2(\rho)$, $\alpha(t) = (x(t), y(t), z(t))$를 $\alpha(a) = A, \alpha(b) = B$인 임의의 매개곡선이라고 하면

$$L(\alpha) = \int_a^b \sqrt{x'(t)^2 + y'(t)^2 + z'(t)^2}\, dt \qquad (6.1.1)$$

이다. 구면좌표를 이용하여 식 (6.1.1)을 나타내보자.

$$\begin{aligned} x(t) &= \rho \sin\varphi(t) \cos\theta(t) \\ y(t) &= \rho \sin\varphi(t) \sin\theta(t) \\ z(t) &= \rho \cos\varphi(t) \end{aligned}$$

로 놓으면

$$\begin{aligned}
x'(t) &= \rho\left(\cos\varphi(t)\cos\theta(t)\varphi'(t) - \sin\varphi(t)\sin\theta(t)\theta'(t)\right) \\
y'(t) &= \rho\left(\cos\varphi(t)\sin\theta(t)\varphi'(t) + \sin\varphi(t)\cos\theta(t)\theta'(t)\right) \\
z'(t) &= -\rho\sin\varphi(t)\varphi'(t)
\end{aligned}$$

이를 식 (6.1.1)에 대입하면

$$\begin{aligned}
L(\alpha) &= \int_a^b \rho\sqrt{\varphi'(t)^2 + \sin^2\varphi(t)\theta'(t)^2}\,dt \\
&\geq \int_a^b \rho\varphi'(t)\,dt \\
&= \rho(\varphi(b) - \varphi(a)) \\
&= \rho\angle\mathrm{AOB} = length(\text{호AB})
\end{aligned}$$

이때 $\varphi' \geq 0$이라고 가정할 수 있음을 사용하였다. 여기서 등호가 성립할 필요충분조건은 모든 t에 대하여

$$\theta'(t) = 0 \quad \text{또는} \quad \sin^2\varphi(t) = 0$$

이고 이는 α가 호 AB를 나타내는 곡선임을 나타낸다. ∎

구 $S^2(\rho)$에서 임의의 두 점을 잇는 선분은 대원의 호를 나타내므로 대원은 구 $S^2(\rho)$의 직선을 나타낸다. 따라서 구 $S^2(\rho)$에서 임의의 두 대원은 항상 서로 만나므로 직선 l과 직선 l 위에 있지 않은 점 P에 대하여 점 P를 지나는 직선은 항상 직선 l과 만난다. 따라서 구면기하학에서는 평행선이 존재하지 않는다.

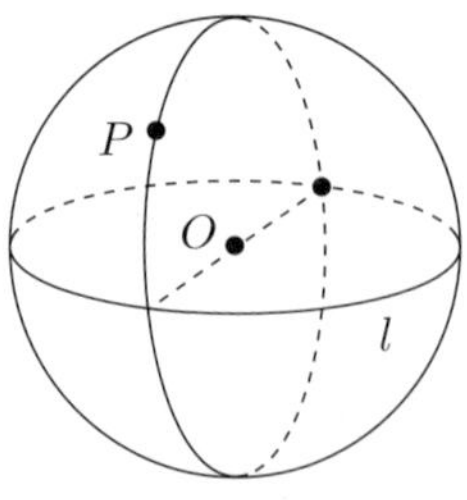

그림 6.6 : 대원 l과 P를 지나는 대원

6.2 측지삼각형

기하 모형에서 세 변이 모두 측지선으로 이루어진 삼각형을 측지삼각형(geodesic triangle)이라고 한다. 예를 들어 원뿔 위에 있는 측지삼각형을 생각해 보자. 원뿔을 펼쳐 놓은 후, 세 점을 잡고 선분으로연결하자. 좌표평면에서 직선 또는 선분이 측지선이므로, 원뿔 전개도를 다시 원뿔로 만들면 그림 6.2와 같은 원뿔에서의 측지삼각형이 만들어 진다. 따라서 삼각형의 내각의 합은 다음과 같다.

$$\angle A + \angle B + \angle C = 540^\circ - \theta$$

이때 $\theta < 360^\circ$ 이므로, $\angle A + \angle B + \angle C$는 180° 보다 크다.

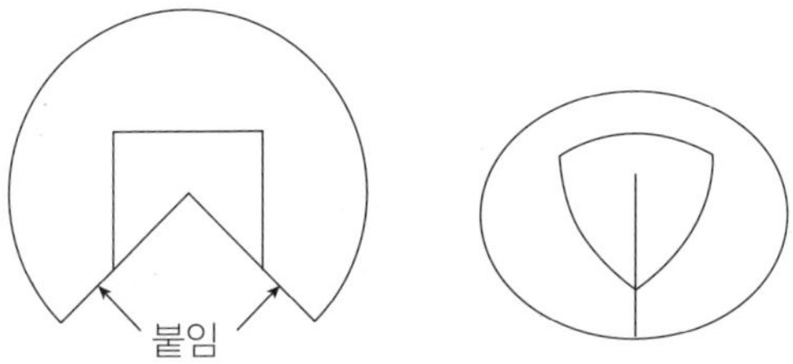

그림 6.7 : 원뿔 위의 측지삼각형

만약 θ가 360° 보다 크면 측지삼각형의 내각의 합이 180° 보다 작이지므로, 원뿔전개도로 만들어지는 도형은 구부러지므로 안장모양이 된다. 이와 같이 측지삼각형의 내각의 합이 180° 보다 크면 공간은 원뿔과 같은 모양이고, 180° 보다 작으면 안장모양이 된다. 이와 같이 측지삼각형의 내각의 합을 알면, 자신이 속한 공간이 휘었는지 아닌지, 또는 모양새가 무엇인지를 예측할 수 있게 된다. 참고로 푸앵카레 모형에서 측지삼각형의 내각의 합은 항상 180° 보다 작다.

구면기하학에서 측지삼각형의 내각의 합에 대하여 알아보자. 정의로부터 $S^2(\rho)$에서의 측지삼각형은 세 개의 대원에 의해 주어지는 호로 구성된다는 것을 알 수 있다. 구면기하학에서의 측지삼각형을 구면삼각형(spherical triangle)이라고도 한다. △ABC를 $S^2(\rho)$에서의 측지삼각형이라 할 때, 대원의 일부인 호 AB, BC, CA를 삼각형 △ABC의 변이라고 하고 A, B, C를 각각 삼각형 △ABC의 꼭짓점이라고 한다. 또, 꼭짓점 A와 마주보고 있는 변 BC의 길이와 중심각의 크기를 각각 a, $\angle a$, 꼭짓점 B

와 마주보고 있는 변 AC의 길이와 중심각의 크기를 각각 b, $\angle b$, 그리고 꼭짓점 C와 마주보고 있는 변 AB의 길이와 중심각의 크기를 c, $\angle c$라고 하면

$$\begin{aligned}\angle a &= \angle(\overrightarrow{\mathrm{OB}},\ \overrightarrow{\mathrm{OC}})\\ \angle b &= \angle(\overrightarrow{\mathrm{OC}},\ \overrightarrow{\mathrm{OA}})\\ \angle c &= \angle(\overrightarrow{\mathrm{OA}},\ \overrightarrow{\mathrm{OB}})\end{aligned}$$

이고 부채꼴의 중심각의 크기와 호의 길이의 관계에 의해

$$\begin{aligned}a &= \rho\angle a = \rho\angle(\overrightarrow{\mathrm{OB}},\ \overrightarrow{\mathrm{OC}})\\ b &= \rho\angle b = \rho\angle(\overrightarrow{\mathrm{OC}},\ \overrightarrow{\mathrm{OA}})\\ c &= \rho\angle c = \rho\angle(\overrightarrow{\mathrm{OA}},\ \overrightarrow{\mathrm{OB}})\end{aligned}$$

이다.

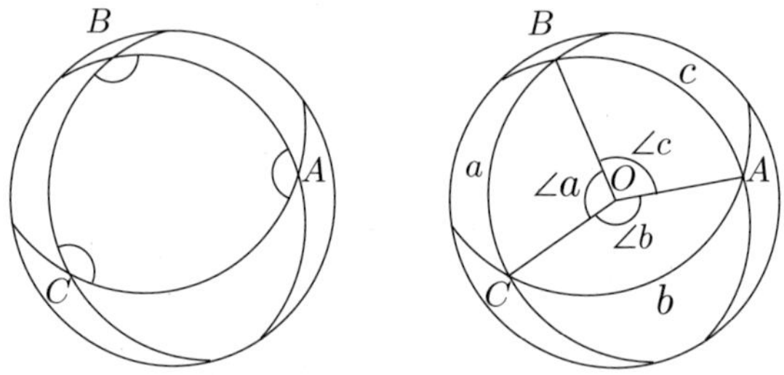

그림 6.8 : 꼭짓각과 중심각

따라서 측지삼각형 $\triangle\mathrm{ABC}$에는 변에 의해 주어지는 중심각 $\angle a$, $\angle b$, $\angle c$와 꼭짓점의 각인 꼭짓각(vertex angle) $\angle\mathrm{A}$, $\angle\mathrm{B}$, $\angle\mathrm{C}$ 여섯 개의 각이 존재하고 세 변이 존재한다.

꼭짓점의 각 $\angle A$의 크기는 다음과 같이 측정할 수 있다.

(i) 점 A에서 호 AB와 AC 사이의 각의 크기

(ii) 점 A에서 호 AB에 접하는 접벡터를 $\mathbf{v}$, 점 A에서 호 AC에 접하는 접벡터를 $\mathbf{w}$ 라고 할 때

$$\angle\mathrm{A} = \angle(\mathbf{v},\ \mathbf{w})$$

(iii) 평면 ABO와 평면 ACO 사이의 각의 크기

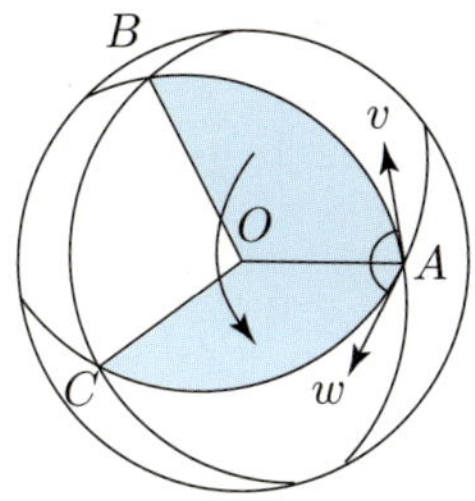

그림 6.9 : 꼭짓각의 크기

실제로 (i)과 (ii)는 정의에 의해 같다. (iii)의 경우에는 벡터 **v**는 평면 ABO에 포함되고 벡터 **w**는 평면 ACO에 포함된다. 또 벡터 **v**와 **w**는 평면 ABO와 평면 ACO의 교선 $\overleftrightarrow{\mathrm{AO}}$에 수직인 벡터이므로

$$\angle(\mathbf{v}, \mathbf{w}) = \angle(\mathrm{ABO}, \mathrm{ACO})$$

이다. 단, 여기서 두 평면 사이의 각 중에 $\triangle ABC$가 끼어있는 각을 구해야 한다.

정의 6.5. 좌표공간 $\mathbb{R}^3$에 속하는 두 벡터 $\overrightarrow{\mathrm{OP}} = (a_1, a_2, a_3)$, $\overrightarrow{\mathrm{OQ}} = (b_1 b_2, b_3)$에 대하여 $\overrightarrow{\mathrm{OP}} \cdot \overrightarrow{\mathrm{OQ}}$를

$$\overrightarrow{\mathrm{OP}} \cdot \overrightarrow{\mathrm{OQ}} = a_1 b_1 + a_2 b_2 + a_3 b_3$$

으로 정의하고 이를 두 벡터 $\overrightarrow{\mathrm{OP}}$와 $\overrightarrow{\mathrm{OQ}}$의 **내적**(inner product)이라고 한다. 또, $\overrightarrow{\mathrm{OP}} \times \overrightarrow{\mathrm{OQ}}$를

$$\overrightarrow{\mathrm{OP}} \times \overrightarrow{\mathrm{OQ}} = (a_2 b_3 - a_3 b_2, a_3 b_1 - a_1 b_3, a_1 b_2 - a_2 b_1)$$

로 정의하고 이를 벡터 $\overrightarrow{\mathrm{OP}}$와 $\overrightarrow{\mathrm{OQ}}$의 **외적** 또는 **벡터곱**(cross product)이라고 한다.

두 벡터 $\overrightarrow{\mathrm{OP}}$와 $\overrightarrow{\mathrm{OQ}}$가 수직일 필요충분조건은

$$\overrightarrow{\mathrm{OP}} \cdot \overrightarrow{\mathrm{OQ}} = 0$$

이다. 좌표공간 $\mathbb{R}^3$의 벡터에 대한 덧셈, 뺄셈 및 실수곱은 좌표평면 $\mathbb{R}^2$에서와 똑같은 방법으로 정의한다. 또한 일차결합, 일차독립 및 일차종속 등의 개념도 똑같이 정의할 수 있다. 특히 $\mathbf{v} = (v_1, v_2, v_3)$, $\mathbf{w} = (w_1, w_2, w_3)$이고 벡터 **v**와 **w**가 이루는 각의

크기를 θ라고 하면

$$\mathbf{v}\cdot\mathbf{w} = \|\mathbf{v}\|\|\mathbf{w}\|\cos\theta$$

이다. 여기서 $\|\mathbf{v}\| = \sqrt{\mathbf{v}\cdot\mathbf{v}}$이다.

벡터곱의 정의로부터 다음 도움정리가 성립한다.

도움정리 6.6. (1) $(\overrightarrow{\mathrm{OP}} \times \overrightarrow{\mathrm{OQ}}) \cdot \overrightarrow{\mathrm{OP}} = 0$이고 $(\overrightarrow{\mathrm{OP}} \times \overrightarrow{\mathrm{OQ}}) \cdot \overrightarrow{\mathrm{OQ}} = 0$

(2) $\overrightarrow{\mathrm{OP}} \times \overrightarrow{\mathrm{OQ}} = 0$일 필요충분조건은 두 벡터 $\overrightarrow{\mathrm{OP}}$와 $\overrightarrow{\mathrm{OQ}}$가 일차종속이다.

도움정리 6.6에 의해 0이 아닌 두 벡터 $\overrightarrow{\mathrm{OP}}$와 $\overrightarrow{\mathrm{OQ}}$에 대하여 벡터곱 $\overrightarrow{\mathrm{OP}} \times \overrightarrow{\mathrm{OQ}}$는 벡터 $\overrightarrow{\mathrm{OP}}$와 $\overrightarrow{\mathrm{OQ}}$에 의해 생성되는 평면 OPQ와 수직이다. 또한, 벡터곱은 오른손 나사법칙을 따른다. 즉 $\overrightarrow{\mathrm{OP}} \times \overrightarrow{\mathrm{OQ}}$는 벡터 $\overrightarrow{\mathrm{OP}}$에서 벡터 $\overrightarrow{\mathrm{OQ}}$ 방향으로 오른손 나사를 돌렸을 때 나사가 진행하는 방향으로 향한다. 예를 들어, 두 벡터 $\overrightarrow{\mathrm{OP}}$와 $\overrightarrow{\mathrm{OQ}}$가 좌표평면의 벡터로 $\overrightarrow{\mathrm{OP}}$로부터 $\overrightarrow{\mathrm{OQ}}$에 이르는 각이 양의 각일 때 벡터곱 $\overrightarrow{\mathrm{OP}} \times \overrightarrow{\mathrm{OQ}}$는 양의 z축을 향한다.

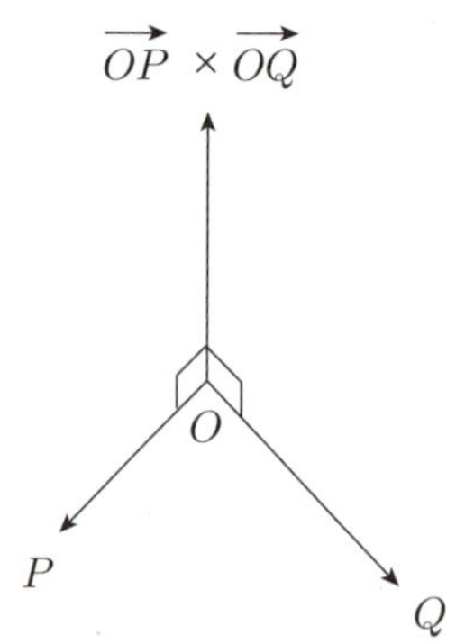

그림 6.10 : 벡터

도움정리 6.7. 측지삼각형 $\triangle$ABC에서

(1) 중심각의 크기는

$$\begin{aligned}\angle a &= \angle(\overrightarrow{OB},\ \overrightarrow{OC})\\ \angle b &= \angle(\overrightarrow{OC},\ \overrightarrow{OA})\\ \angle c &= \angle(\overrightarrow{OA},\ \overrightarrow{OB})\end{aligned}$$

(2) 꼭짓각의 크기는

$$\begin{aligned}\angle \mathrm{A} &= \angle(\overrightarrow{OA}\times\overrightarrow{OB},\ \overrightarrow{OA}\times\overrightarrow{OC})\\ \angle \mathrm{B} &= \angle(\overrightarrow{OB}\times\overrightarrow{OC},\ \overrightarrow{OB}\times\overrightarrow{OA})\\ \angle \mathrm{C} &= \angle(\overrightarrow{OC}\times\overrightarrow{OA},\ \overrightarrow{OC}\times\overrightarrow{OB})\end{aligned}$$

증명.

(1) 정의에 의해 성립한다.

(2) 벡터곱의 정의에 의해 $\overrightarrow{OA}\times\overrightarrow{OB}$는 평면 ABO와 수직이고 $\overrightarrow{OA}\times\overrightarrow{OC}$는 평면 ACO와 수직이다. 더욱이 벡터곱의 방향은 오른손 나사법칙이 적용되므로

$$\angle(\overrightarrow{OA}\times\overrightarrow{OB},\ \overrightarrow{OA}\times\overrightarrow{OC}) = \angle(\mathrm{ABO},\mathrm{ACO}) = \angle \mathrm{A}$$

이다. 같은 방법으로

$$\begin{aligned}\angle \mathrm{B} &= \angle(\overrightarrow{OB}\times\overrightarrow{OC},\ \overrightarrow{OB}\times\overrightarrow{OA})\\ \angle \mathrm{C} &= \angle(\overrightarrow{OC}\times\overrightarrow{OA},\ \overrightarrow{OC}\times\overrightarrow{OB})\end{aligned}$$

이 성립함을 보일 수 있다.

∎

구 $S^2(\rho)$ 위의 점 P의 좌표가 (a, b, c)일 때 좌표가 $(-a, -b, -c)$인 점을 $-$P로 나타내고 이를 점 P의 **대칭점**(antipodal point)이라고 한다. 이때 $-\mathrm{P} \in S^2(\rho)$이고 선분 P(-P)는 구 $S^2(\rho)$의 지름을 나타낸다.

두 대원이 점 P에서 만나고 그 각의 크기가 θ이면 두 대원은 꼭짓점 P와 -P를 갖는 두 개의 영역을 만든다. 각의 크기가 θ인 두 대원에 의해 주어지는 합동인 두 영역 중의 하나를 **반달영역**(luna)이라고 한다.

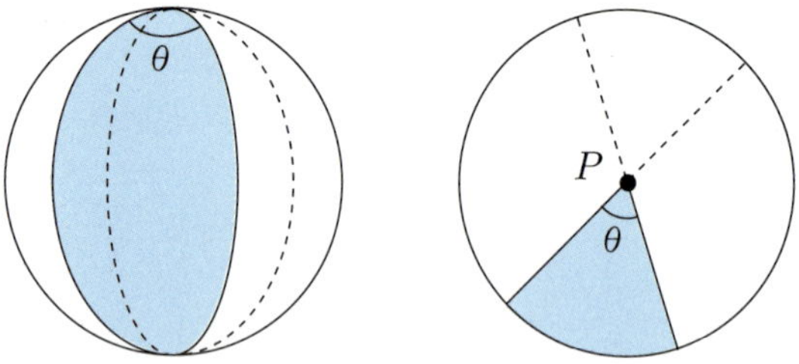

그림 6.11 : 반달영역

반달영역의 넓이는 두 대원이 이루는 각의 크기에 비례하므로

$$\frac{\text{반달영역}}{\text{구}} = \frac{\theta}{2\pi}$$

가 성립한다. 반지름의 길이가 ρ인 구 $S^2(\rho)$의 넓이는 $4\pi\rho^2$이므로

$$\text{반달영역} = \frac{\theta}{2\pi} \cdot 4\pi\rho^2 = 2\rho^2\theta \tag{6.2.1}$$

도움정리 6.8. 함수 $f : S^2(\rho) \to S^2(\rho)$, $f(\mathrm{P}) = -\mathrm{P}$는 구면등장사상이다.

증명. $\mathrm{P}, \mathrm{Q} \in S^2(\rho)$이고 $\alpha : [a, b] \to S^2$, $\alpha(t) = (x(t), y(t), z(t))$가 $\alpha(a) = \mathrm{P}$, $\alpha(b) = \mathrm{Q}$인 구 $S^2(\rho)$ 위의 곡선이라고 하면 $f(\alpha(t)) = (-x(t), -y(t), -z(t))$이므로

$$\int_a^b \sqrt{x'(t)^2 + y'(t)^2 + z'(t)^2}\, dt = \int_a^b \sqrt{(-x'(t))^2 + (-y'(t))^2 + (-z'(t))^2}\, dt$$

이다. 따라서 두 점 P, Q를 잇는 임의의 곡선 α에 대하여 $L(\alpha) = L(f(\alpha))$이므로

$$d(\mathrm{P}, \mathrm{Q}) = d(f(\mathrm{P}), f(\mathrm{Q}))$$

∎

함수 $f : S^2(\rho) \to S^2(\rho)$, $f(\mathrm{P}) = -\mathrm{P}$를 **원점대칭사상**(antipodal map)이라고 한다. 원점대칭사상을 반달영역을 이용하면 구면기하학에서 측지삼각형의 내각의 합을 구할 수 있으며, 이 값은 2직각에 해당하는 $\pi = 180°$보다 크다는 것을 알 수 있다.

정리 6.9. 구 $S^2(\rho)$ 위의 측지삼각형 △ABC에 대하여

$$\angle\mathrm{A} + \angle\mathrm{B} + \angle\mathrm{C} = \pi + \frac{\triangle\mathrm{ABC}}{\rho^2}$$

증명. 삼각형 △ABC의 각 꼭짓점과 그 대칭점 및 변에 의해 주어지는 반달영역을 각각 A-영역, B-영역, C-영역이라고 하자. 또, 점 C를 포함하고 변 AB에 의해 나뉘는 반구(hemi-sphere)를 H_C로 나타내자. 그러면 H_C는 A-영역과 B-영역을 포함하고 C-영역의 일부를 포함한다.

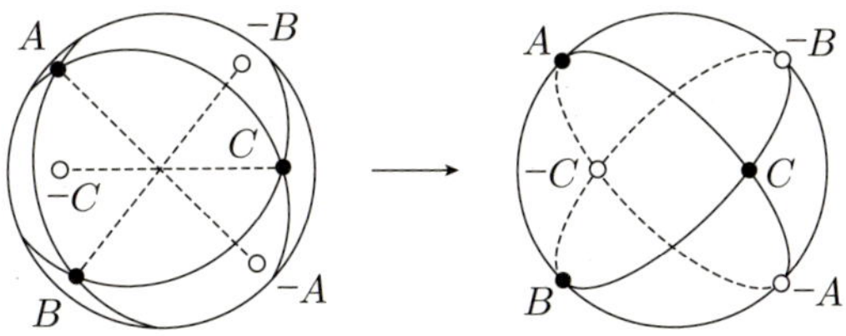

그림 6.12 : 측지삼각형의 넓이

따라서 반구 H_C의 넓이를 자기 자신인 H_C로 나타내면

$$H_\mathrm{C} = \triangle\mathrm{ABC} + \triangle(-\mathrm{A})\mathrm{BC} + \triangle\mathrm{A}(-\mathrm{B})\mathrm{C} + \triangle(-\mathrm{A})(-\mathrm{B})\mathrm{C} \tag{6.2.2}$$

$$\text{A-영역} = \triangle\mathrm{ABC} + \triangle(-\mathrm{A})\mathrm{BC} \tag{6.2.3}$$

$$\text{B-영역} = \triangle\mathrm{ABC} + \triangle\mathrm{A}(-\mathrm{B})\mathrm{C} \tag{6.2.4}$$

$$\text{C-영역} = \triangle\mathrm{ABC} + \triangle\mathrm{AB}(-\mathrm{C}) \tag{6.2.5}$$

도움정리 6.8에 의해 원점대칭사상 $f(\mathrm{P}) = -\mathrm{P}$는 등장사상이고 $f(\triangle \mathrm{AB}(-\mathrm{C})) = \triangle(-\mathrm{A})(-\mathrm{B})\mathrm{C}$이므로

$$\triangle \mathrm{AB}(-\mathrm{C}) = \triangle(-\mathrm{A})(-\mathrm{B})\mathrm{C}$$

따라서 식 (6.2.5)으로부터

$$\text{C-영역} = \triangle \mathrm{ABC} + \triangle(-\mathrm{A})(-\mathrm{B})\mathrm{C} \tag{6.2.6}$$

이다. 식 (6.2.3)-(6.2.5)을 합하고 식 (6.2.2)과 비교하면 식 (6.2.6)로부터

$$\text{A-영역} + \text{B-영역} + \text{C-영역} = H_{\mathrm{C}} + 2\triangle \mathrm{ABC} \tag{6.2.7}$$

식 (6.2.1)에 의해

$$\begin{aligned} \text{A-영역} &= 2\rho^2 \angle \mathrm{A} \\ \text{B-영역} &= 2\rho^2 \angle \mathrm{B} \\ \text{C-영역} &= 2\rho^2 \angle \mathrm{C} \end{aligned}$$

이고

$$H_{\mathrm{C}} = 2\pi\rho^2 = \frac{1}{2} S^2(\rho)$$

이므로

$$2\rho^2 \angle \mathrm{A} + 2\rho^2 \angle \mathrm{B} + 2\rho^2 \angle \mathrm{C} = 2\pi\rho^2 + 2\triangle \mathrm{ABC}$$

양변을 $2\rho^2$ 으로 나누면

$$\angle \mathrm{A} + \angle \mathrm{B} + \angle \mathrm{C} = \pi + \frac{\triangle \mathrm{ABC}}{\rho^2}$$

∎

반지름의 길이가 1인 구 $S^2(1)$를 단위구(unit sphere)라 하고 간단히 S^2로 나타낸다.

따름정리 6.10. 측지삼각형 $\triangle$ABC에 대하여

$$\angle A + \angle B + \angle C > \pi$$

따름정리 6.11. $\triangle$ABC가 단위구 S^2의 측지삼각형이면

$$\triangle ABC = \angle A + \angle B + \angle C - \pi$$

따름정리 6.12. 구 $S^2(\rho)$의 영역 R가 측지삼각형을 포함하면 R는 유클리드 평면의 영역과 거리동형(isometric)이 될 수 없다.

두 영역이 거리동형이 아니라는 것은 두 영역 사이에서 정의되는 등장사상이 존재하지 않는다는 것을 의미한다.

따름정리 6.12의 증명. 등장사상은 각을 보존하므로 영역 R와 유클리드 평면의 영역 S가 등장사상 f에 의해 거리동형이면 영역 R에 포함된 측지선분은 함수 f에 의해 영역 S에 포함되는 유클리드 선분으로 사상된다. 따라서 영역 R에 포함된 측지삼각형의 f에 의한 상은 영역 S에 포함되는 유클리드 삼각형이고 내각의 합이 π보다 크다. 그러나 유클리드 평면에서 삼각형의 내각의 합은 π이므로 모순이다. ∎

6.3 직각삼각형

유클리드 평면에서 $\triangle$ABC가 $\angle C = 90°$인 직각삼각형일 때,

$$c^2 = a^2 + b^2$$

이 성립하고 이를 피타고라스의 정리라고 한다. 여기서 $\overline{\mathrm{AB}} = c$, $\overline{\mathrm{BC}} = a$, $\overline{\mathrm{AC}} = b$를 나타낸다. 구 $S^2(\rho)$ 위의 직각삼각형에서도 피타고라스의 정리가 성립하지는 않지만 이와 비슷한 성질이 성립한다.

정리 6.13. 구 $S^2(\rho)$에서 $\triangle\mathrm{ABC}$가 $\angle\mathrm{C} = \frac{\pi}{2} = 90°$인 측지직각삼각형이면

$$\cos\frac{c}{\rho} = \cos\frac{a}{\rho}\cos\frac{b}{\rho}$$

증명. 점 C가 북극점 $(0, 0, \rho)$이고 점 A는 xz평면에 놓여 있고 점 B는 yz평면에 놓여 있다고 가정하자.[1] 그러면

$$\angle a = \angle(\overrightarrow{\mathrm{OB}}, \overrightarrow{\mathrm{OC}}) = \frac{a}{\rho}, \quad \angle b = \angle(\overrightarrow{\mathrm{OA}}, \overrightarrow{\mathrm{OC}}) = \frac{b}{\rho}$$

이므로

$$\begin{aligned} \mathrm{A} &= \left(\rho\sin\frac{b}{\rho}, 0, \rho\cos\frac{b}{\rho}\right) \\ \mathrm{B} &= \left(0, \rho\sin\frac{a}{\rho}, \rho\cos\frac{a}{\rho}\right) \end{aligned}$$

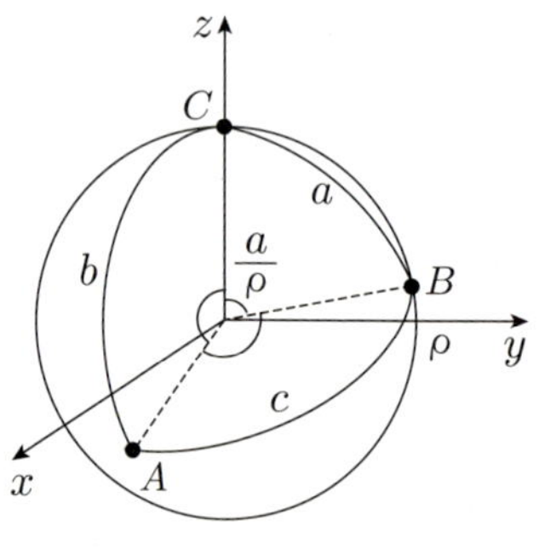

그림 6.13 : 측지직각삼각형

---

[1] 좌표공간 $\mathbb{R}^3$의 등장사상에 대한 정의와 성질은 좌표평면 $\mathbb{R}^2$의 등장사상과 같다. 다만 회전이동의 경우 좌표공간에는 좌표평면의 회전이동보다 더 다양한 회전이동이 존재한다. 구 $S^2(\rho)$를 고정시키는 좌표공간 $\mathbb{R}^3$의 회전이동을 생각하면 이러한 가정을 할 수 있다.

따라서

$$\overrightarrow{\mathrm{OA}} \cdot \overrightarrow{\mathrm{OB}} = \rho^2 \cos\frac{b}{\rho}\cos\frac{a}{\rho}$$

한편

$$\overrightarrow{\mathrm{OA}} \cdot \overrightarrow{\mathrm{OB}} = \|\overrightarrow{\mathrm{OA}}\|\|\overrightarrow{\mathrm{OB}}\| \cos\frac{c}{\rho}$$

이므로

$$\cos\frac{c}{\rho} = \cos\frac{a}{\rho}\cos\frac{b}{\rho}$$

∎

따름정리 6.14. 단위구 S^2 에서 $\triangle\mathrm{ABC}$가 $\angle\mathrm{C} = \frac{\pi}{2} = 90°$ 인 측지직각삼각형이면

$$\cos c = \cos a \cos b$$

정리 6.15. 단위구 S^2 에서 $\triangle\mathrm{ABC}$가 $\angle\mathrm{C} = 90°$ 인 측지직각삼각형이면

$$\begin{aligned} \sin A &= \frac{\sin a}{\sin c} \\ \cos A &= \frac{\cos a \sin b}{\sin c} \end{aligned}$$

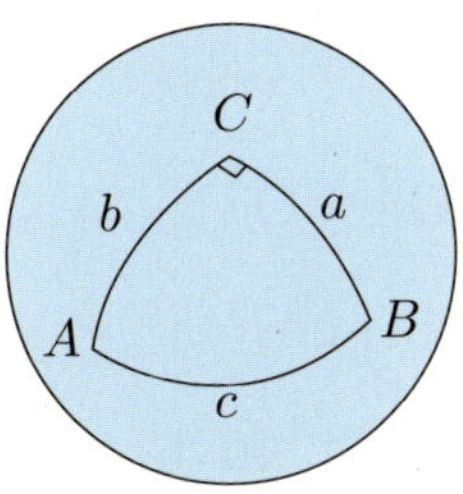

그림 6.14 : 측지직각삼각형의 삼각함수

증명. 정리 6.13에서와 같이 점 C가 북극점 (0,0,1)이고 점 A와 B가 각각 xz평면과 yz평면에 놓여 있다고 가정하면

$$\mathrm{A} = (\sin b, 0, \cos b), \quad \mathrm{B} = (0, \sin a, \cos a)$$

이므로

$$\overrightarrow{\mathrm{OA}} \times \overrightarrow{\mathrm{OB}} = (-\sin a \cos b, -\sin b \cos a, \sin a \sin b)$$

이고 벡터 $\overrightarrow{\mathrm{OA}} \times \overrightarrow{\mathrm{OB}}$는 두 벡터 $\overrightarrow{\mathrm{OA}}$와 $\overrightarrow{\mathrm{OB}}$에 의해 생성되는 평면과 수직이다. 또, $\angle(\overrightarrow{\mathrm{OA}}, \overrightarrow{\mathrm{OB}}) = \angle c = c$이므로

$$\|\overrightarrow{\mathrm{OA}} \times \overrightarrow{\mathrm{OB}}\| = \|\overrightarrow{\mathrm{OA}}\|\|\overrightarrow{\mathrm{OB}}\| \sin c = \sin c$$

한편 도움정리 6.7에 의해 $\angle \mathrm{A} = \angle(\overrightarrow{\mathrm{OA}} \times \overrightarrow{\mathrm{OB}},\ \overrightarrow{\mathrm{OA}} \times \overrightarrow{\mathrm{OC}})$이고 $\overrightarrow{\mathrm{OA}} \times \overrightarrow{\mathrm{OC}} = (0, -\sin b, 0)$이므로

$$(0, -\sin b, 0) \cdot (\overrightarrow{\mathrm{OA}} \times \overrightarrow{\mathrm{OB}}) = \|\overrightarrow{\mathrm{OA}} \times \overrightarrow{\mathrm{OB}}\| \sin b \cos A$$

양변을 계산하면

$$\sin^2 b \cos a = \sin b \sin c \cos A$$

그러므로

$$\cos A = \frac{\sin b \cos a}{\sin c}$$

$\sin A$에 대한 공식을 얻기 위해서는 두 벡터 $\overrightarrow{\mathrm{OA}} \times \overrightarrow{\mathrm{OB}}$와 $(0, -\sin b, 0)$의 벡터곱을 택하면 된다. 즉

$$\begin{aligned} \|(0, -\sin b, 0) \times (\overrightarrow{\mathrm{OA}} \times \overrightarrow{\mathrm{OB}})\| &= \|\overrightarrow{\mathrm{OA}} \times \overrightarrow{\mathrm{OB}}\| \sin b \sin A \\ \|(\sin a \sin^2 b, 0, \sin a \sin b \cos b)\| &= \sin b \sin c \sin A \\ \sin A &= \frac{\sin a}{\sin c} \end{aligned}$$

∎

6.4 사인법칙과 코사인법칙

유클리드 평면의 삼각형 △ABC에 대하여 다음과 같은 사인법칙

$$\frac{a}{\sin A} = \frac{b}{\sin B} = \frac{c}{\sin C}$$

가 성립하며, 이 값은 삼각형 ABC의 외접원의 지름과 같다는 사실을 알았다.
타원기하학(구면기하학)에서도 사인법칙과 유사한 정리가 성립하고 증명도 비슷하다.

정리 6.16 (사인법칙). 단위구 S^2의 측지삼각형 △ABC에 대하여

$$\frac{\sin a}{\sin A} = \frac{\sin b}{\sin B} = \frac{\sin c}{\sin C}$$

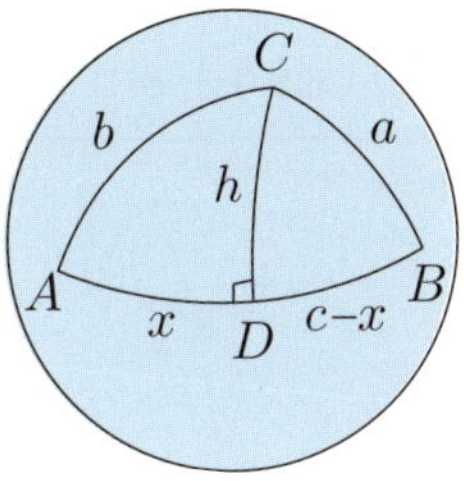

그림 6.15 : 사인법칙

증명. 점 C에서 변 AB 또는 그 연장선에 내린 수선의 발을 D라고 하고 변 CD의 (타원) 길이를 h라고 하면 정리 6.15에 의해

$$\sin A = \frac{\sin h}{\sin b}, \quad \sin B = \frac{\sin h}{\sin a}$$

따라서

$$\sin A \sin b = \sin B \sin a$$

점 B에서 변 AC에 수선을 내리면 같은 이유에 의해

$$\frac{\sin a}{\sin A} = \frac{\sin c}{\sin C}$$

성립함을 보일 수 있다. ■

일반적으로 단위구가 아닌 반지름의 길이가 ρ인 구 $S^2(\rho)$에 대하여 중심각의 크기는 각각

$$\angle a = \angle(\overrightarrow{OB}, \overrightarrow{OC}) = \frac{a}{\rho}, \quad \angle b = \angle(\overrightarrow{OA}, \overrightarrow{OC}) = \frac{b}{\rho}, \quad \angle c = \angle(\overrightarrow{OA}, \overrightarrow{OB}) = \frac{c}{\rho}$$

이므로 구 $S^2(\rho)$의 측지삼각형에 대하여 정리 6.16는 다음과 같이 나타낼 수 있다.

정리 6.17 (사인법칙). 구 $S^2(\rho)$의 측지삼각형 $\triangle$ABC에 대하여

$$\frac{\sin \angle a}{\sin A} = \frac{\sin \angle b}{\sin B} = \frac{\sin \angle c}{\sin C}$$

정리 6.18 (코사인법칙). 단위구 S^2의 측지삼각형 $\triangle$ABC에 대하여

$$\cos c = \cos a \cos b + \sin a \sin b \cos C$$

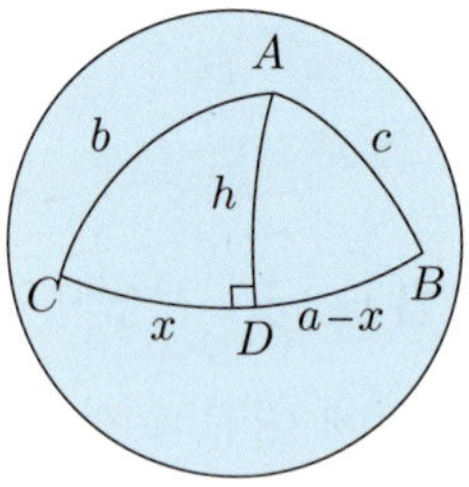

그림 6.16 : 코사인법칙

증명. 점 A에서 변 BC 또는 그 연장선에 내린 수선의 발을 D라고 하고 변 AD의 (타원) 길이를 h라고 하자. 또, 변 CD의 길이를 x라고 하면 변 DB의 길이는 $a-x$이다. 삼각형 $\triangle$ADB가 직각삼각형이므로 따름정리 6.14에 의해

$$\cos c = \cos h \cos(a-x) = \cos h \cos a \cos x + \cos h \sin a \sin x \tag{6.4.1}$$

또 삼각형 $\triangle$ACD에 따름정리 6.14와 정리 6.15를 적용하면

$$\cos b = \cos x \cos h$$

이고

$$\cos C = \frac{\cos h \sin x}{\sin b}$$

이다. 이 식을 식 (6.4.1)에 대입하면

$$\cos c = \cos a \cos b + \sin a \sin b \cos C$$

∎

일반적으로 단위구가 아닌 반지름의 길이가 ρ인 구 $S^2(\rho)$의 측지삼각형에 대하여 코사인법칙은 다음과 같이 나타낼 수 있다.

정리 6.19 (코사인법칙). $S^2(\rho)$의 측지삼각형 △ABC에 대하여

$$\cos \angle c = \cos \angle a \cos \angle b + \sin \angle a \sin \angle b \cos C$$

정리 6.20 (각의 코사인법칙). 단위구 S^2의 측지삼각형 △ABC에 대하여

$$\cos C = -\cos A \cos B + \sin A \sin B \cos c$$

증명. 점 C에서 변 AB 또는 그 연장선에 내린 수선의 발을 D라고 하고 변 CD의 (타원) 길이를 h라고 하자. 또, $\angle \mathrm{C}_1 = \angle \mathrm{ACD}$, $\angle \mathrm{C}_2 = \angle \mathrm{DCB}$, $|\mathrm{AD}| = x$, $|\mathrm{DB}| = c - x$라고 하면

$$\begin{aligned}
\cos C &= \cos(C_1 + C_2) = \cos C_1 \cos C_2 - \sin C_1 \sin C_2 \\
&= \frac{\cos x \sin h}{\sin b} \cdot \frac{\cos(c-x) \sin h}{\sin a} - \frac{\sin x}{\sin b} \cdot \frac{\sin(c-x)}{\sin a} \\
&= \frac{(\cos c + \sin x \sin(c-x)) \sin^2 h - \sin x \sin(c-x)}{\sin a \sin b} \\
&= \frac{\cos c \sin^2 h + \sin x \sin(c-x)(\sin^2 h - 1)}{\sin a \sin b} \\
&= \frac{\cos c \sin^2 h - \sin x \sin(c-x) \cos^2 h}{\sin a \sin b}
\end{aligned}$$

한편

$$\begin{aligned}&-\cos A\cos B+\sin A\sin B\cos c\\&=-\frac{\cosh h\sin x}{\sin b}\cdot\frac{\cosh h\sin(c-x)}{\sin a}+\frac{\sinh h}{\sin b}\cdot\frac{\sinh h}{\sin a}\cdot\cos c\end{aligned}$$

따라서 좌변과 우변이 일치하므로 정리가 성립한다. ∎

일반적으로 단위구가 아닌 반지름의 길이가 ρ인 구 $S^2(\rho)$의 측지삼각형에 대하여 각의 코사인법칙은 다음과 같이 나타낼 수 있다.

정리 6.21 (각의 코사인법칙). $S^2(\rho)$의 측지삼각형 △ABC에 대하여

$$\cos C=-\cos A\cos B+\sin A\sin B\cos\angle c$$

정리 6.22. △ABC가 단위구 S^2의 측지삼각형이고 그 외접원의 반지름의 길이를 R라 하면

$$\tan R=\frac{\tan\left(\frac{a}{2}\right)}{\cos\left(\frac{B+C-A}{2}\right)}=\frac{\tan\left(\frac{b}{2}\right)}{\cos\left(\frac{A+C-B}{2}\right)}=\frac{\tan\left(\frac{c}{2}\right)}{\cos\left(\frac{A+B-C}{2}\right)}$$

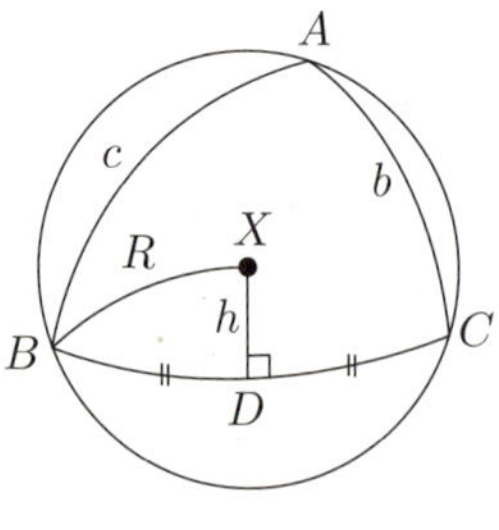

그림 6.17: 측지삼각형의 외접원

증명. 외접원의 중심을 X라 하고 점 X에서 변 BC에 내린 수선의 발을 D라고 하면

$$|\mathrm{BD}| = \frac{1}{2}|\mathrm{BC}| = \frac{a}{2}$$

이다.[2)] 또 $|\mathrm{XD}| = h$라고 하면 따름정리 6.14에 의해

$$\cos R = \cos\frac{a}{2}\cos h \tag{6.4.2}$$

이고 정리 6.15로부터

$$\cos\angle\mathrm{XBD} = \frac{\cos h \sin\frac{a}{2}}{\sin R}$$

즉

$$\cos h = \frac{\sin R}{\sin\frac{a}{2}}\ \cos\angle\mathrm{XBD} \tag{6.4.3}$$

이 성립한다. 식 (6.4.3)를 식 (6.4.2)에 대입하여 정리하면

$$\tan R = \frac{\tan\frac{a}{2}}{\cos\angle\mathrm{XBD}} \tag{6.4.4}$$

$\triangle\mathrm{ABX}$, $\triangle\mathrm{BCX}$, $\triangle\mathrm{ACX}$는 모두 이등변삼각형이므로

$$\begin{aligned} A+B+C &= 2(\angle\mathrm{XBD}+\angle\mathrm{XAB}+\angle\mathrm{XAC}) \\ &= 2(\angle\mathrm{XBD}+A) \end{aligned}$$

따라서

$$\angle\mathrm{XBD} = \frac{B+C-A}{2}$$

이므로 식 (6.4.4)에서

$$\tan R = \frac{\tan\left(\frac{a}{2}\right)}{\cos\left(\frac{B+C-A}{2}\right)}$$

외접원의 중심 X에서 변 AB 또는 AC에 수선을 내리면 두 번째 식과 세 번째 식이 성립함을 보일 수 있다. ∎

[2)] 선분 AB에 대하여 |AB|는 선분 AB의 타원길이를 나타낸다.

정리 6.23 (헤론의 공식). 단위구 S^2에서 측지삼각형 △ABC의 넓이가 Δ이고 $s = \dfrac{a+b+c}{2}$일 때,

$$1 - \cos\Delta = \frac{4\sin s\sin(s-a)\sin(s-b)\sin(s-c)}{(1+\cos a)(1+\cos b)(1+\cos c)}$$

정리 6.23를 증명하기 위해 우선 다음의 도움정리를 증명하자.

도움정리 6.24. 단위구 S^2에서 △ABC가 ∠C = 90°인 측지직각삼각형이고 그 넓이가 Δ이면

(1) $\sin\Delta = \dfrac{\sin a\sin b}{1+\cos c}$

(2) $\cos\Delta = \dfrac{\cos a+\cos b}{1+\cos c}$

증명.

(1) 따름정리 6.11에 의해

$$\Delta = \angle A + \angle B + \angle C - \pi$$

이므로 삼각함수의 덧셈정리를 적용하면

$$\begin{aligned}
\sin\Delta &= -\sin(\pi-(A+B+C)) = -\sin(A+B+C) \\
&= -[\sin(A+B)\cos C + \cos(A+B)\sin C] \\
&= -\cos(A+B) \qquad (\because \cos C = 0,\ \ \sin C = 1) \\
&= \sin A\sin B - \cos A\cos B
\end{aligned}$$

정리 6.15에 의해

$$\begin{aligned}\sin A &= \frac{\sin a}{\sin c}, \quad \sin B = \frac{\sin b}{\sin c}\\ \cos A &= \frac{\cos a \sin b}{\sin c}, \quad \cos B = \frac{\cos b \sin a}{\sin c}\end{aligned}$$

이므로

$$\begin{aligned}\sin\Delta &= \frac{\sin a}{\sin c}\cdot\frac{\sin b}{\sin c} - \frac{\cos a\sin b}{\sin c}\cdot\frac{\cos b\sin a}{\sin c}\\ &= \frac{\sin a\sin b}{\sin^2 c}[1-\cos a\cos b]\\ &= \sin a\sin b\cdot\frac{1-\cos a\cos b}{1-\cos^2 c}\\ &= \sin a\sin b\cdot\frac{1-\cos c}{1-\cos^2 c} \qquad (\because \text{ 따름정리 6.14})\\ &= \frac{\sin a\sin b}{1+\cos c}\end{aligned}$$

(2) 정리 6.15와 따름정리 6.14에 의해

$$\begin{aligned}\cos\Delta &= -\cos(A+B+C) = -[\cos(A+B)\cos C - \sin(A+B)\sin C]\\ &= \sin A\cos B + \cos A\sin B \quad (\because \angle C = 90^\circ)\\ &= \frac{\sin a}{\sin c}\cdot\frac{\cos b\sin a}{\sin c} + \frac{\cos a\sin b}{\sin c}\cdot\frac{\sin b}{\sin c}\\ &= \frac{\sin^2 a\cos b + \cos a\sin^2 b}{1-\cos^2 c}\\ &= \frac{(\cos a+\cos b)(1-\cos c)}{1-\cos^2 c} = \frac{\cos a+\cos b}{1+\cos c}\end{aligned}$$

∎

도움정리 6.25. 단위구 S^2에서 측지삼각형 △ABC의 넓이가 Δ라고 하자. 점 A에서 변 BC에 내린 수선의 발을 D라 하고 $|\widehat{\mathrm{AD}}| = h$이면[3)]

$$1-\cos\Delta = \frac{\sin^2 h(1-\cos a)}{(1+\cos b)(1+\cos c)}$$

3) $|\widehat{\mathrm{AD}}|$는 선분 (호) AD의 (타원)길이를 나타낸다.

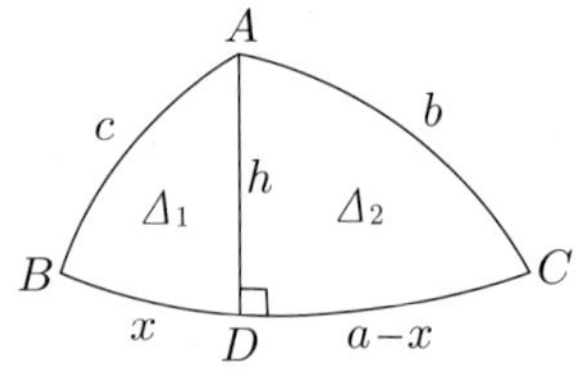

그림 6.18 : 측지삼각형의 수선

증명. B ∗ D ∗ C 인 경우

$$\begin{aligned} \Delta &= \triangle \mathrm{ABC} = \triangle \mathrm{ABD} + \triangle \mathrm{ADC} \\ &:= \Delta_1 + \Delta_2 \end{aligned}$$

선분 BD 의 (타원)길이를 x라 하면 선분 CD 의 (타원)길이는 $a - x$이므로 도움정리 6.24에 의해

$$\cos\Delta_1 = \frac{\cos x + \cos h}{1+\cos c}, \quad \cos\Delta_2 = \frac{\cos(a-x)+\cos h}{1+\cos b}$$

$$\sin\Delta_1 = \frac{\sin x \sin h}{1+\cos c}, \quad \sin\Delta_2 = \frac{\sin(a-x)\sin h}{1+\cos b}$$

따라서

$$\begin{aligned} \cos\Delta &= \cos(\Delta_1+\Delta_2) = \cos\Delta_1\cos\Delta_2 - \sin\Delta_1\sin\Delta_2 \\ &= \frac{1}{(1+\cos b)(1+\cos c)}\{(\cos x+\cos h)(\cos(a-x)+\cos h) \\ &\quad - \sin x\sin(a-x)\sin^2 h\} \\ &= \frac{1}{(1+\cos b)(1+\cos c)}\{(\cos x\cos(a-x)+\cos x\cos h \\ &\quad + \cos(a-x)\cos h + \cos^2 h\} \\ &\quad - \frac{1}{(1+\cos b)(1+\cos c)}\{\sin x\sin(a-x)\sin^2 h\} \end{aligned}$$

따름정리 6.14에 의해

$$\cos x\cos h = \cos c, \quad \cos(a-x)\cos h = \cos b$$

이므로

$$\begin{aligned}\cos a &= \cos(x+a-x) = \cos x\cos(a-x) - \sin x\sin(a-x)\\ &= \frac{\cos c}{\cos h}\cdot\frac{\cos b}{\cos h} - \sin x\sin(a-x)\end{aligned}$$

따라서

$$\sin x\sin(a-x) = \frac{\cos b\cos c}{\cos^2 h} - \cos a \tag{6.4.5}$$

식 (6.4.5)를 $\cos\Delta$에 대입하면

$$\begin{aligned}\cos\Delta &= \frac{1}{(1+\cos b)(1+\cos c)}\left\{\frac{\cos b\cos c}{\cos^2 h} + \cos b + \cos c + \cos^2 h\right.\\ &\qquad \left.-\frac{\cos b\cos c}{\cos^2 h}\sin^2 h + \cos a\cos^2 h\right\}\end{aligned}$$

$\cos^2 h = 1 - \sin^2 h$이므로

$$\begin{aligned}1-\cos\Delta &= \frac{1}{(1+\cos b)(1+\cos c)}\left\{\sin^2 h(1-\cos a)\right.\\ &\qquad \left.+\cos b\cos c\left(1-\frac{1}{\cos^2 h}\right) + \frac{\cos b\cos c}{\cos^2 h}\sin^2 h\right\}\\ &= \frac{\sin^2 h(1-\cos a)}{(1+\cos b)(1+\cos c)}\end{aligned}$$

D ∗ B ∗ C이거나 B ∗ C ∗ D인 경우에도 비슷한 방법으로 보일 수 있다 (연습문제). ∎

정리 6.23의 증명. 점 A에서 변 BC에 내린 수선의 발을 D라 하고 선분 AD의 (타원) 길이를 h라고 하자(그림 6.18 참고). $\angle\mathrm{ADB} = 90°$이므로 사인법칙(정리 6.16)에 의해

$$\frac{\sin h}{\sin B} = \frac{\sin c}{\sin\angle\mathrm{ADB}} = \sin c$$

따라서

$$\sin^2 h = \sin^2 c(1-\cos^2 B)$$

한편 코사인법칙(정리 6.18)에 의해

$$\cos B = \frac{\cos b - \cos a \cos c}{\sin a \sin c}$$

이므로

$$\begin{aligned} \sin^2 h &= \sin^2 c(1 - \cos^2 B) \\ &= \frac{\sin^2 a \sin^2 c - (\cos b - \cos a \cos c)^2}{(1 - \cos a)(1 + \cos a)} \end{aligned}$$

따라서 도움정리 6.25에 의해

$$1 - \cos \Delta = \frac{\sin^2 a \sin^2 c - (\cos b - \cos a \cos c)^2}{(1 + \cos a)(1 + \cos b)(1 + \cos c)} \tag{6.4.6}$$

삼각함수의 덧셈을 곱셈으로 변환하는 공식

$$\cos \alpha - \cos \beta = -2 \sin \left(\frac{\alpha + \beta}{2} \right) \sin \left(\frac{\alpha - \beta}{2} \right)$$

을 이용하면

$$\begin{aligned} & \sin^2 a \sin^2 c - (\cos b - \cos a \cos c)^2 \\ = \ & (\sin a \sin c + \cos b - \cos a \cos c)(\sin a \sin c - \cos b + \cos a \cos c) \\ = \ & (\cos b - \cos(a + c))(\cos(a - c) - \cos b) \\ = \ & \left\{ (-2) \sin \frac{b - (a + c)}{2} \cdot \sin \frac{b + (a + c)}{2} \right\} \left\{ (-2) \sin \frac{a - c + b}{2} \cdot \sin \frac{a - c - b}{2} \right\} \\ = \ & 4 \sin \frac{a + c - b}{2} \sin \frac{a + b + c}{2} \sin \frac{a + b - c}{2} \sin \frac{b + c - a}{2} \\ = \ & 4 \sin s \sin(s - a) \sin(s - b) \sin(s - c) \end{aligned}$$

그러므로 식 (6.4.6)에 의해

$$1 - \cos \Delta = \frac{4 \sin s \sin(s - a) \sin(s - b) \sin(s - c)}{(1 + \cos a)(1 + \cos b)(1 + \cos c)}$$

∎

연습문제

[6.4.1] 도움정리 6.25에서 D*B*C인 경우, 그리고 B*C*D인 경우를 보이시오.

6.5 항해 문제

지구가 구와 비슷하므로 구면기하학의 삼각함수는 천문학이나 항해에서 많이 쓰인다. 이 절에서는 배나 비행기를 이용하여 도시와 도시를 연결할 때 거리가 가장 짧은 경로를 어떻게 찾아서 활용하는지에 대하여 알아보자. 이를 위하여 구면에서의 위치나 속력을 나타내는 다양한 용어에 대하여 간략하게 소개하기로 한다.

북위와 남위로 구분되는 위도(latitude)는 구 위의 점이 적도로부터 얼마나 떨어져 있는가는 나타내는 위치이다. 적도는 좌표공간에서 xy평면을 나타낸다. 또, 구 위에 점이 주어지면 그 점과 두 극점인 북극점과 남극점을 지나는 대원이 항상 존재한다. 이로부터 어느 지점의 위도는 그 지점과 두 극점을 지나는 대원을 따라 측정한, 그 지점과 적도와의 각의 크기를 나타낸다. 점이 적도의 북쪽에 있으면 $23°N$, 남쪽에 있으면 $23°S$와 같이 나타내고 북위 23도, 남위 23도로 읽는다.

동경과 서경으로 구분되는 경도는 (longitude) 경도선의 기준이 되는 영국의 Greenwich 천문대를 지나면서 북극점과 남극점을 지나는 대원과 이루는 각의 크기이다. 즉, 어느 지점의 경도는 그 지점을 지나면서 북극점과 남극점을 지나는 대원과 기준 경도선과 이루는 각의 크기를 나타낸다. 주어진 점을 지나는 경도선이 기준경도선인 Greenwich 경도선의 서쪽에 있으면 $45°W$, 동쪽에 있으면 $45°E$와 같이 나타내고, 서경 45도, 동경 45로 읽는다.

방위(bearings)은 지표면에서의 방향을 나타낸다. 예를 들어, $N25°E$는 정북방향에서 $25°$ 동쪽이라는 의미이고, $S25°W$는 정남방향에서 $25°$ 서쪽이라는 의미를 나타낸다.

한편, 해리(海里, nautical mile)는 지구 중심에서 중심각의 크기가 1분($= 1/60°$)인 지표면의 호의 길이를 나타내는데 보통 1852m에 해당한다. 공식적인 거리를 나타내는 마일(법정마일, statute mile)은 5280피트(ft) 또는 1.6093km에 해당한다.

예를 들면, 지구의 반경은 대략 3960 statue mi.(≈ 6371 km)이다.

$$\begin{aligned} \text{1 nautical mi.} &= \text{1분에 해당하는 호의 길이} \\ &= \frac{\text{1 degree}}{60}\,\frac{\pi\ \text{radians}}{\text{180 degrees}}\,(\text{3960 statue mi.}) \\ &\approx \text{1.15 statue mi.} \approx 1,853\ \text{m} \end{aligned}$$

속력을 나타내는 단위로는 m/sec나 km/sed 이외에 노트(knots)가 있다. 1 노트 (kn 또는 kt))는 1 해리/h에 해당하며, 보통 노트는 배의 속력을 나타낼 때 사용한다.

이제 두 도시 서울과 상하이 사이의 거리와 방위각을 알아보자. 서울의 위도와 경도는 각각 $37°34'N$, $127°E$이고, 상하이의 위도와 경도는 각각 $31°14'N$, $121°28'E$이다. 이때 두 도시 간의 거리와 서로에 대한 방위각을 구할 수 있다.

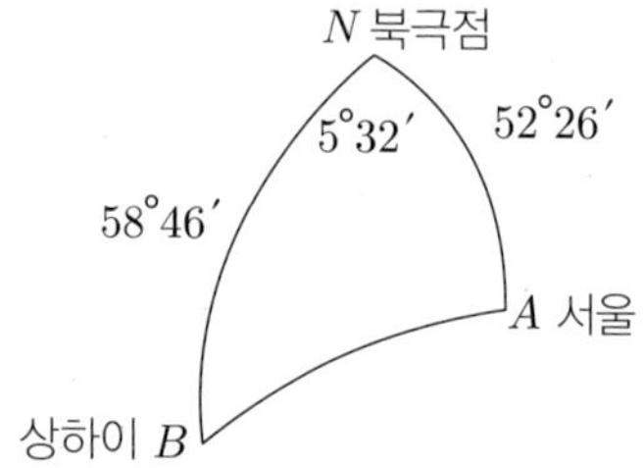

그림 6.19

먼저 $\angle n$를 구하기 위해 변의 코사인 법칙을 이용하면,

$$\cos\angle n = \cos 58°46' \cos 52°26' + \sin 58°46' \sin 52°26' \cos 5°32' \simeq 0.99$$

따라서 $\angle n \simeq 0.1362$ rad $= 7°48'$이고, 두 도시 사이의 거리는 $\rho\angle n = 6371 \times 0.1362 \simeq 868$ km이다.

$\angle B$를 상하이에서 서울로의 방위각이라고 하면

$$\cos\angle B = \frac{\cos 52°26' - \cos 58°46' \cos 7°48'}{\sin 58°46' \sin 7°48'} \simeq 0.807$$

따라서 $\angle B \simeq 36.196° \simeq 36°12'$ 또는 $N36°12'E$이다.

$\angle A$를 서울에서 상하이로의 방위각이라고 하면

$$\cos \angle A = \frac{\cos 58°46' - \cos 52°26' \cos 7°48'}{\sin 52°26' \sin 7°48'} \simeq -0.705$$

따라서 $\angle A \simeq 2.35 \simeq 134.83° = 134°49'$, 즉 $N134°49'$ 또는 $S48°10'W$가 된다.

연습문제

[6.5.1] 버뮤다 삼각지대는 대서양의 한 영역으로, 많은 배와 비행기가 알수 없는 이유로 사라졌다고 해서 유명한 곳이다. 버뮤다 삼각지대의 경계를 구면삼각형으로 생각할 수 있다. 이때 꼭지점들은 플로리다의 마이애미(위도 $25°46'N$, 경도 $80°12'W$), 푸에르토리코의 산후안(위도 $18°29'N$, 경도 $66°8'W$), 버뮤다의 해밀턴항구(위도 $32°18'N$, 경도 $64°47'W$)이다. 만약 배가 버뮤다 삼각지대에서 가라앉았다고 하면, 얼마나 넓은 영역을 찾아야 하는가?

[6.5.2] 항해하는 배에 대해 Boston에서의 방위각은 $S83°15'E$이고, Norfolk에서의 방위각은 $N73°30'E$이다. 배의 위치를 구하고, 배와 Boston까지의 거리와 배와 Norfolk까지의 거리를 구하여라.

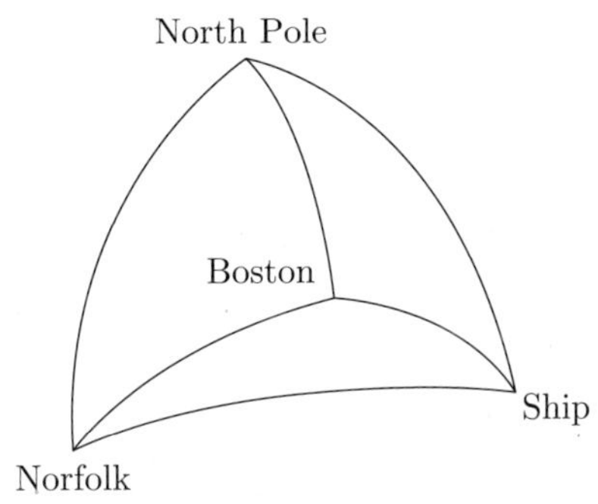

그림 6.20 : 세 개의 구면삼각형

단, Boston의 위도와 경도는 각각 $42°21'N$, $71°4'W$이고, Norfolk의 위도와 경도는 각각 $36°50'N$, $76°18'W$이다.

6.6 지도 만들기

우리는 앞에서 지표면을 평면 지도로 만들면 왜곡이 없을 수 없다는 사실을 배웠다. 이는 구와 평면 사이에 등장사상이 존재하지 않기 때문이다. 따라서 좋은 지도를 만들려면 이러한 왜곡이 나타나는영 형태를 잘 조절해서, 원하는 정보를 분명하고 정확하게 얻을 수 있도록 해야 한다. 이 절에서는 지도 제작에 사용되는 작도법(作圖法)인 중심 사영(중심 투영법)과 원기둥 사영, 메르카토르 사영과 입체 사영(평사도법) 등 네 가지 사영 지도 제작법에 대하여 간단하게 설명하기로 한다.

(1) 중심 사영

구 S의 남극점을 지나고 적도와 평행한 평면을 α라 하고, 구의 적도 아래에 해당하는 남반구(lower hemisphere)를 S'라 하자. 남반구 S' 위의 점 P에 대하여 구의 중심 O에서 P를 지나는 반직선 $\overrightarrow{\mathrm{OP}}$는 평면 α와 한 점에서 만난다. 중심 사영(central projection) f는 남반구 S' 위의 점 P에 대하여 반직선 $\overrightarrow{\mathrm{OP}}$와 평면 α의 교점으로 사상시키는 함수를 말한다. 즉,

$$f : S' \to \alpha, \quad f(\mathrm{P}) = \overrightarrow{\mathrm{OP}} \cap \alpha$$

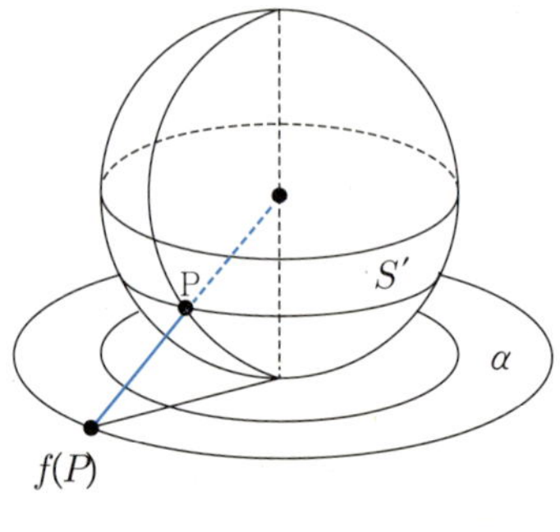

그림 6.21 : 중심 사영

이 방법을 사용하면 다음과 같은 지도가 만들어진다.

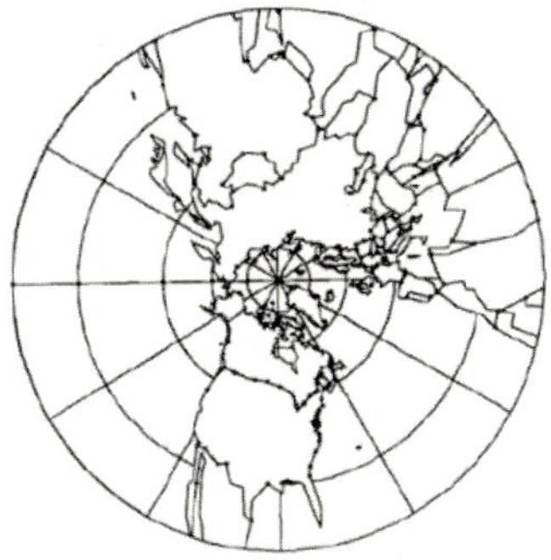

그림 6.22 : 위도 $23.5°N$부터 $90°N$까지의 중심 사영

중심 사영을 사용하면 적도에 가까울수록 왜곡이 심하고, 남극에 가까울 수록 왜곡이 적고 실제 모양에 가깝다. 또한 다음 정리에 의하면 중심 사영의 지도에서는 두 점 사이의 최단거리를 나타내는 곡선은 직선임을 알 수 있다.

정리 6.26. 반구 S'의 곡선 C에 대하여 $f(C)$가 선분일 필요충분조건은 C가 대원의 일부에 해당하는 호인 것이다.

증명. $C \subset S'$이 호이면 중심 O를 포함하고 적도를 포함하지 않는 평면 β가 존재하여 $C \subset \beta$이다. 특히, 임의의 점 $\mathrm{P} \in \beta$에 대하여 $\overrightarrow{\mathrm{OP}} \subset \beta$이므로 $f(C) \subset \alpha \cap \beta$이다. 따라서 $f(C)$는 선분이다.

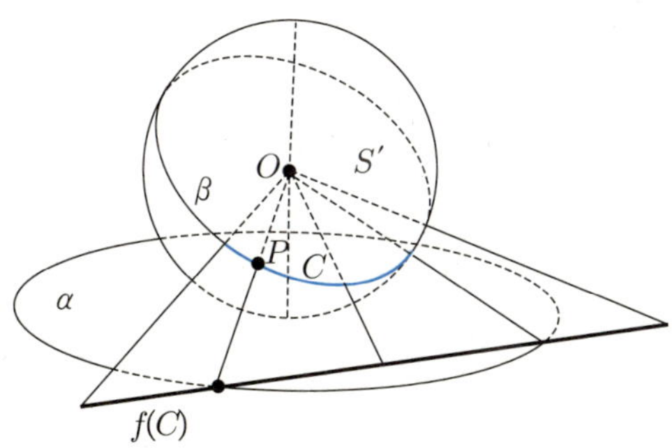

그림 6.23 : 대원이 직선으로 사영

역으로, $f(C) = \overline{\mathrm{P'Q'}}$이 선분이라 하고, β를 세 점 $\mathrm{O}, \mathrm{P'}, \mathrm{Q'}$을 포함하는 평면이라고 하자. 그러면 $\overline{\mathrm{P'Q'}} \subset \beta$이고 $\overline{\mathrm{OP'}} \subset \beta$, $\overline{\mathrm{OQ'}} \subset \beta$이다. 따라서 $C = \beta \cap S'$은 대원의 일부인 호가 된다. ∎

(2) 원기둥 사영

그림과 같이 구 S가 원기둥 M_C에 내접하고 북극점과 남극점은 원기둥의 위와 아래의 두 밑면에 접한다고 하자. 원기둥 사영(cylindrical projection)은 구 S의 북극점과 남극점을 제외한 나머지를 다음과 같은 방법으로 원기둥에 정사영시키는 사상이다: 구 S 위의 점 P에서 원기둥의 축에 해당하는 직선 l에 내린 수선의 발을 P′이라고 할 때, 반직선 $\overrightarrow{\mathrm{P'P}}$이 원기둥과 만나는 점을 $f(\mathrm{P})$로 정의한다. 이때 지도는 원기둥 M_C를 축 l을 따라 잘라서 펼친 것이다.

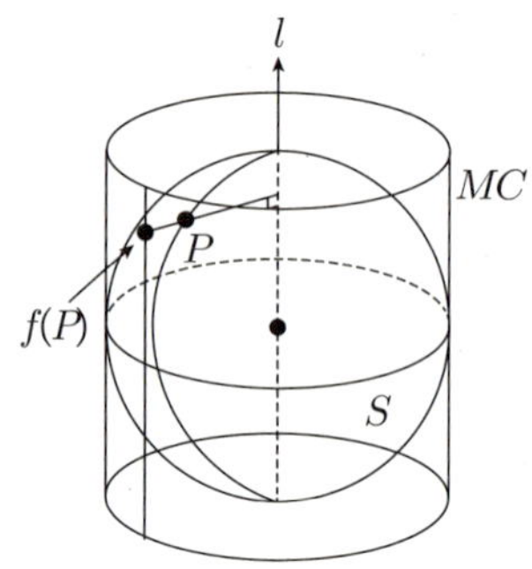

그림 6.24 : 원기둥 사영

원기둥 사영은 적도 근처일수록 지도가 실제 모양에 가깝고, 북극이나 남극에 가까이 갈수록 왜곡이 심하다. 원기둥 사영에서는 지도상의 직선이 두 점을 잇는 최단거리가 아니다. 그러나 다음 정리에 의하면 원기둥 사영은 영역의 넓이를 보존시킨다.

정리 6.27. $f : S \to M_C$가 원기둥 사영이고 R가 구 S 위의 영역이면 R의 넓이와 $f(R)$의 넓이는 서로 같다.

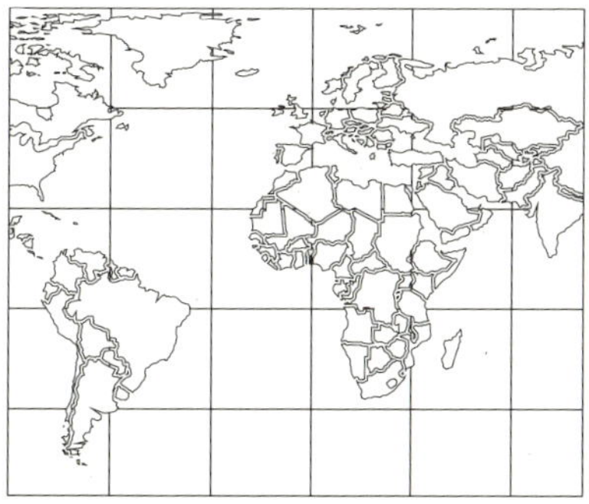

그림 6.25 : $S90°$ 부터 $N90°$ 까지의 원기둥 사영

증명개요. 구 S 위의 임의의 영역은 무한소 사각형(infinitesical rectangle)의 합집합으로 나타낼 수 있으므로, 크기가 작은 사각형에 대해 넓이가 같은 것을 보이면 된다. 구 S 위의 작은 사각형을 □ABCD라 하고, □ABCD의 넓이가 f(ABCD)의 넓이와 같음을 보이자. 구 S의 반지름의 길이를 r라 하고 구 위의 점을 구면좌표 (ϕ, θ)로 나타내자. 여기서 $\phi = \frac{\pi}{2} - \varphi$를 나타내며, 위도를 적도에서부터 생각하면, $0 \leq \phi \leq \frac{\pi}{2}$이고 경도는 $0 \leq \theta \leq 2\pi$가 된다. 그러면 네 점 A, B, C, D를 각각

$$A = (\phi, \theta),\ B = (\phi, \theta + \triangle\theta),\ C = (\phi + \triangle\phi, \theta),\ D = (\phi + \triangle\phi, \theta + \triangle\theta)$$

로 놓을 수 있고, 다음이 성립한다.

$$\begin{aligned} \square\mathrm{ABCD} &\simeq |\widehat{\mathrm{AB}}| \times |\widehat{\mathrm{AC}}| \\ f(\mathrm{ABCD}) &\simeq |f(\widehat{\mathrm{AB}})| \times |f(\widehat{\mathrm{AC}})| \end{aligned}$$

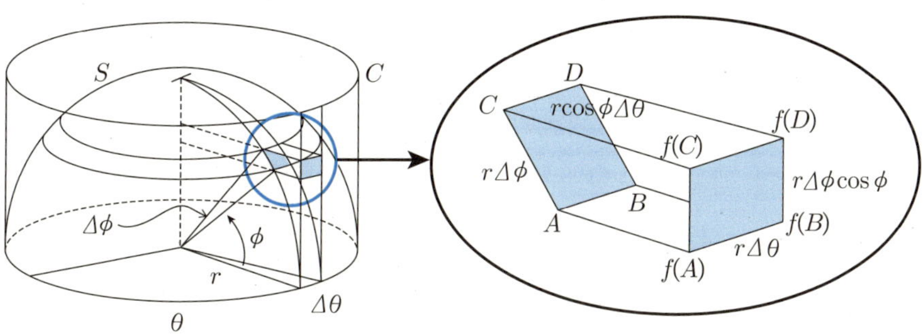

그림 6.26 : 원기둥 사영에서의 넓이

$|\widehat{\mathrm{AB}}| = r\cos\phi\triangle\theta$ (A, B를 지나고 적도에 평행한 평면 위의 원의 반지름$\times\triangle\theta$)이고 $|f(\widehat{\mathrm{AB}})| = r\triangle\theta$이므로

$$\frac{|f(\widehat{\mathrm{AB}})|}{|\widehat{\mathrm{AB}}|} = \frac{1}{\cos\phi}$$

또한, $|\widehat{\mathrm{AC}}| = r\triangle\phi$이고 $|f(\widehat{AC})| = r\triangle\phi\cos\phi$이므로

$$\frac{|f(\widehat{\mathrm{AC}})|}{|\widehat{\mathrm{AC}}|} = \cos\phi$$

그러므로 ABCD의 넓이가 0으로 한없이 다가가면 다음이 성립함을 알 수 있다.

$$\frac{f(\mathrm{ABCD})}{\square\mathrm{ABCD}} \simeq 1$$

∎

등각사상(conformal map)이란 각을 보존하는 함수를 말한다. 다시 말해서, 함수 f의 정의역에 속하는 두 곡선 C, C'이 한 점 P에서 만날 때, 교점 P에서 두 곡선 C, C'이 이루는 각의 크기와 치역 $f(C), f(C')$이 교점 $f(\mathrm{P})$에서 이루는 각의 크기가 항상 같을 때, f를 등각사상이라고 한다. 예를 들어, $a \in \mathbb{R}$이 영이 아닌 실수일 때, 함수

$$f : \mathbb{R}^n \to \mathbb{R}^n, \quad f(x) = ax$$

는 등각사상이다. 직관적으로 등각사상은 도형의 크기를 조절(확대 또는 축소)하는 것과 같다. 따라서 삼각형 ABC에 대하여 $\triangle$ABC와 $f(\triangle$ABC$)$는 닮음삼각형이다.

(3) 메르카토르 사영

가장 대표적인 등각사상 중의 하나가 지도 작도에 사용하는 메르카토르 사영(Mercator projection)이다.[4] 메르카토르 사영은 원기둥 사영이 등각사상이 되도록 원기둥의 축을 따라 왜곡된 모양을 잡아당겨서 펼치는 것이다. 정리 6.17의 증명에

[4]메르카토르 사영은 Mercator로 알려진 Gerhard Kremer (1512 1594)에 의해 창안되었다.

의하면 원기둥 사영에서

$$|f(\widehat{\mathrm{AB}})| = \frac{1}{\cos\phi}\,|\widehat{\mathrm{AB}}|, \quad |f(\widehat{\mathrm{AC}})| = \cos\phi\,|\widehat{\mathrm{AC}}|$$

이 성립한다. 따라서 원기둥 사영이 등각사상이 되기 위해서는 선분(호) $f(\widehat{\mathrm{AC}})$의 길이를 $1/\cos^2\phi = \sec^2\phi$만큼 늘려주면 된다.

원기둥에 좌표를 도입하여 위의 식을 좌표로 나타내보자. 원기둥의 둘레를 나타내는 좌표를 w라 하고, 원기둥의 축에 대한 높이를 나타내는 좌표를 z라 하면 (w, z)는 원기둥을 평면으로 펼쳤을 때의 직교좌표를 나타낸다. 삼각함수를 이용하면 구면좌표 (ϕ, θ), $\phi = \frac{\pi}{2} - \varphi$와 원기둥좌표 (w, z)는 다음과 같은 관계가 있음을 알 수 있다:

$$w = r\,\theta, \quad z = r\,\sin\phi$$

특히, $\frac{dz}{d\phi} = r\,\cos\phi$이다. 무한소 사각형의 높이를 $\sec^2\phi$만큼 늘리기 위해 z 대신에 새로운 좌표함수 v를 도입하자. 즉 ϕ에 대한 도함수가

$$\frac{dv}{d\phi} = \sec^2\phi\,\frac{dz}{d\phi} = r\,\sec\phi$$

를 만족시키는 함수를 v라 하자. 그러면

$$v = \int r\,\sec\phi\,d\phi = r\,\ln|\sec\phi + \tan\phi| + C$$

그림 6.27 : $S85°$부터 $N85°$까지의 메르카토르 사영

$\phi = 0$일때 $v = 0$이라고 하면 $C = 0$으로 놓을 수 있다. 결과적으로

$$w(a,\theta) = a\theta, \quad v(a,\theta) = (a\ \ln|\sec\phi + \tan\phi|$$

이때 a는 임의의 양수로 메르카토르 사영에 대한 공식을 제공한다. 그리고 a를 변화시키면 각은 변하지 않고 지도의 크기만 변화시킨다.

(4) 입체 사영

구 S의 북극점을 N이라 하고 S의 남극점을 지나고 적도와 평행한 평면을 α라 하자. 구 S 위의 점 P, $\mathrm{P} \neq \mathrm{N}$에 대하여 반직선 $\overrightarrow{\mathrm{NP}}$는 평면 α와 한 점에서 만난다. 이때 사상

$$f : S \setminus \{\mathrm{N}\} \to \alpha, \quad f(\mathrm{P}) = \overrightarrow{\mathrm{NP}} \cap \alpha$$

를 입체 사영 (stereographic projection) 또는 평사 도법(平射 圖法)이라고 한다.

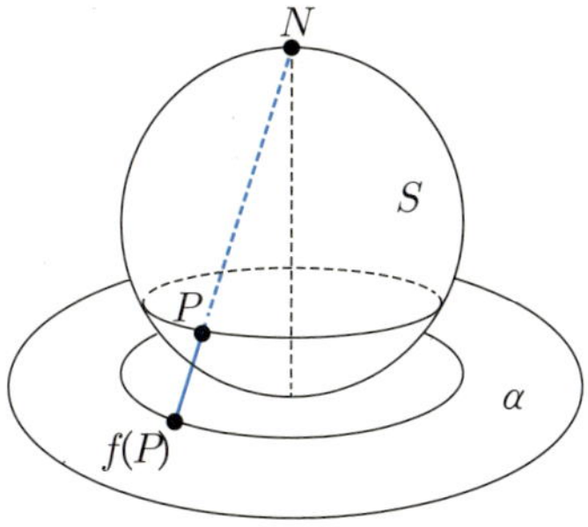

그림 6.28 : 입체 사영

입체 사영은 남극점에 가까울수록 실제 모양에 가깝다.

그림 6.29 : 입체 사영으로 그린 지도

정리 6.28. 입체 사영은 등각사상이다.

증명. 이 정리는 다음 두 도움정리로부터 증명할 수 있다 (아래 참조). ∎

도움정리 6.29. 유클리드 공간 $\mathbb{E}^3$의 네 평면 $\alpha_1, \alpha_2, \beta_1, \beta_2$에 대하여 α_1과 α_2가 서로 평행하면

$$\angle(\beta_1 \cap \alpha_1, \beta_2 \cap \alpha_1) = \angle(\beta_1 \cap \alpha_2, \beta_2 \cap \alpha_2)$$

증명. 평면 α_1에서 $\beta_1 \cap \alpha_1$과 $\beta_2 \cap \alpha_1$이 만나는 점을 A라 하고, 평면 α_2에서 $\beta_1 \cap \alpha_2$와 $\beta_2 \cap \alpha_2$가 만나는 점을 B라 하자. 이때 $l = \overrightarrow{\mathrm{BA}}$만큼의 평행이동을 생각하면 두 직선이 이루는 각의 크기가 같다는 것을 알 수 있다. ∎

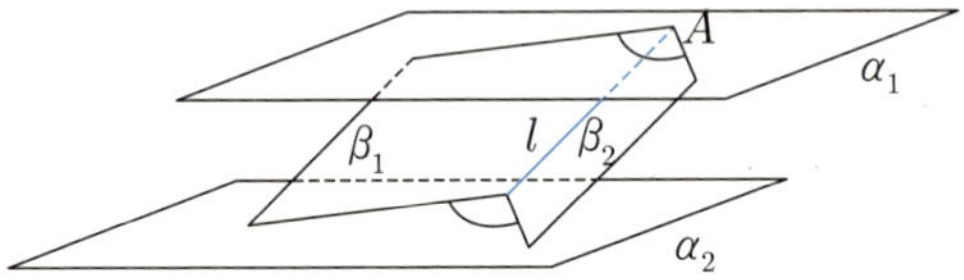

그림 6.30 : 동일한 각

도움정리 6.30. 유클리드 공간 $\mathbb{E}^3$의 두 원 C_1과 C_2가 두 점 A, B에서 만나면 점 A에서 두 원의 호가 이루는 각의 크기와 점 B에서 두 원의 호가 이루는 각의 크기는 서로 같다.

증명. 선분 AB의 수직이등분선을 포함하는 평면에 대한 반사이동은 점 ∠A를 ∠B로 사상시킨다. ∎

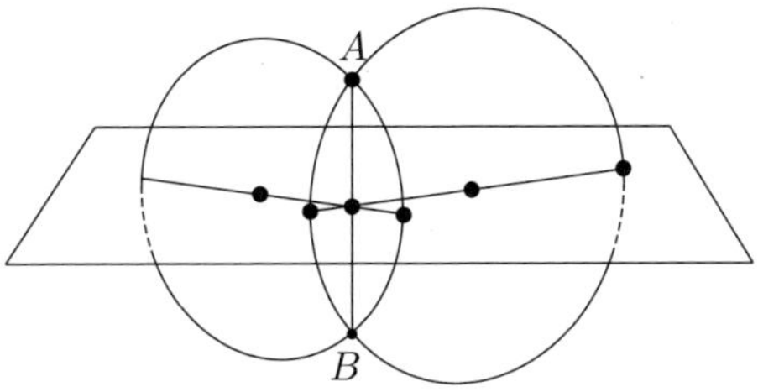

그림 6.31 : 동일한 각

정리 6.28의 증명. $P \neq N$이라 하고, $\vec{v}, \vec{w}$를 점 P에서 각 θ를 나타내는 접벡터라고 하자. 즉,

$$\theta = \angle(\vec{v}, \vec{w})$$

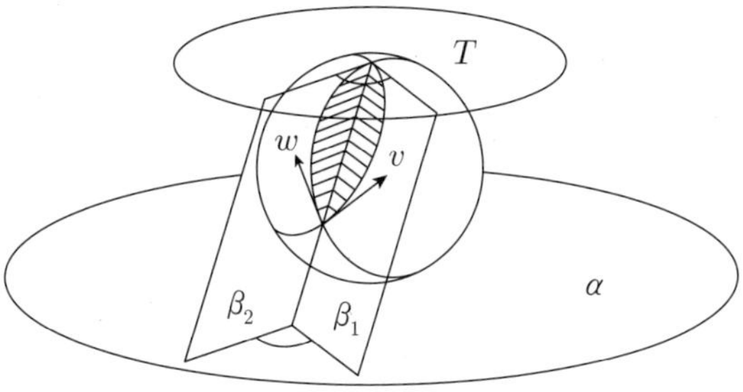

그림 6.32 : 입체 사영은 등각사상이다

β_1은 두 점 P, N과 $\vec{v}$를 포함하는 평면이고, β_2는 두 점 P, N과 $\vec{w}$를 포함하는 평면이라고 하자. 이때 두 원 C_1, C_2를 각각 $C_1 = \beta_1 \cap S$, $C_2 = \beta_2 \cap S$라 하면, C_1과 C_2는 점 P에서 각 θ로 만난다. 점 N에서 각 θ를 나타내는 두 접벡터 $\vec{v'}, \vec{w'}$는 점 N에서의 S의 접평면 T에 포함되고, 이 접평면은 남극점을 지나고 적도와 평행한 평면인 α와 평행하므로

$$\begin{aligned} \angle(\vec{v}, \vec{w}) &= \angle N && \text{(도움정리 6.30에 의해서)} \\ &= \angle f(P) && \text{(도움정리 6.29에 의해서)} \end{aligned}$$

∎

연습문제

[6.6.1] (a) 구면 S는 $\mathbb{R}^3$에서 원점을 중심으로 하는 단위구이다. S를 북극점 $N = (0, 0, 1)$에서부터 xy평면 H로 사영하면, $(x, y, z) \in S$에 대하여

$$f(x, y, z) = \left(\frac{x}{1-z}, \frac{y}{1-z}, 0\right)$$

가 됨을 보이시오.

(b) 위 함수의 역함수 f^{-1}는 xy평면의 점 $(u, v, 0)$에 대하여 $f^{-1}(u, v, 0)$를 구하라.

(c) $f(C)$가 H에서 원임을 증명하시오.(도움말: 구 S위의 원은 평면 $ax+by+cz+d = 0$과 구 S와의 교점으로 주어진다. 위에서 설명한 관계를 이용하여 H에서 원의 방정식이 나옴을 보이면 된다.)

7

사영기하학

가로수가 양쪽으로 늘어서 있는 곧은 길을 보면 멀리 있는 가로수는 가까이에 있는 가로수에 비해 작게 보인다. 사영기하학(projective geometry)은 이러한 경험을 바탕으로 한 원근법(perspective)에 기초하고 있다. 다시 말해서, 사영기하학은 기하학적 대상인 도형을 어떤 관점에서 보거나, 직선이나 평면에 정사영시킨 도형에 대하여 고찰하는 것으로 생각할 수 있다.

그림 7.1

르네상스 시대의 예술가와 건축가들은 서로 다른 거리에 있는 사물들로 이루어진 풍경이나 건물을 캔버스에 사실적으로 표현하기 위하여 원근화법에 대해 연구하였으며, 이로부터 사영기하학이라는 개념이 시작되었다. 풍경이나 건물을 보이는 그대로 그리거나 사진을 찍을 때, 관찰자(사진기)의 위치에 따라 피사체가 다르게 보인다. 철로와 같이 평행한 두 직선은 서로 만나는 것처럼 보이기도 하고, 직사각형의 변은 아래 그림처럼 가까운 쪽이 먼쪽보다 더 길어보인다. 이러한 현상은 3차원 공간을 2차원 평면에 시각적으로 사영시켰을때 생기는 어쩔수 없는 현상이다.

그림 7.2: 땅 위의 정사각형이 보는 방향에 따라 변환된 모양

그러나 이러한 사영을 통하여 변하지 않는 도형이나 기하학적 성질들도 존재한다. 예를 들어, 직선은 항상 직선으로, 삼각형이나 사각형은 다른 모양의 삼각형이나 사각형으로 사영된다는 것을 예측할 수 있다. 이 외에도 타원, 포물선, 쌍곡선 등과 같은 이차곡선의 사영은 다른 이차곡선으로 사영된다는 사실이 알려져 있다. 도형을 사영시키는 과정을 나타내는 함수를 사영변환(projective transformation)이라고 하며, 사영기하학은 사영변환에 하여 변하지 않는 도형이나 그 도형의 성질을 연구하는 기하학이다.

7.1 원근 화법

가장 간단한 사영변환은 공간에 놓여 있는 사물이나 경치를 관찰자의 눈에 보이는 대로 평면에 묘사하는(또는 사진을 찍는) 작업이다. 이는 다음과 같은 과정을 통하여 이루어진다. 묘사하고자 하는 대상과 관찰자 사이에 평면을 놓은 후, 대상의 각 점과 관찰자의 눈을 잇는 직선과 이 평면이 만나는 점을 평면 위에 그려넣는 것이다. 이러한 방법으로 공간에 놓여 있는 사물이나 경치 등의 대상을 평면 위에 그리는 방법을 원근화법(perspective drawing)[1)]이라고 한다. 또한 위의 과정과 같이 공간의 점을 평면 위의 점에 대응시키는 것을 사영(projection)이라고 한다. 일반적으로 사영변환이란 사영시키고자 하는 대상의 모든 점을 한 평면 위에 사영시키는 것을 말한다.

공간이나 평면에 놓여 있는 물체나 도형을 어떤 평면에 사영(project)시키는 방법에는

[1)]투영 도법이라고도 한다.

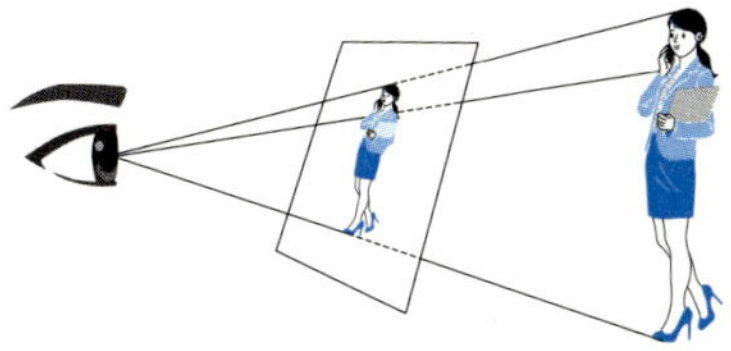

그림 7.3

크게 두 가지가 있다. 즉, 한 점으로부터 평면에 사영시키는 **중심사영**(central projection)과 고정된 방향을 따라서 평행하게 사영시키는 **정사영**(parallel projection)이 있다.

(1) 중심사영

O를 고정된 점이라 하고 α를 $\mathrm{O} \notin \alpha$인 평면이라고 하자. 직선 $\overleftrightarrow{\mathrm{OP}}$가 평면 α와 평행하지 않은 임의의 점 P에 대하여 사영사상 f를

$$f(\mathrm{P}) = \overleftrightarrow{\mathrm{OP}} \cap \alpha$$

로 정의하고 이때 f를 점 O로부터 평면 α 위로의 중심사영이라고 한다.

(2) 정사영

$\vec{v}$를 고정된 벡터라 하고 α는 벡터 $\vec{v}$와 평행하지 않은 평면이라고 하자. 임의의 점 Q에 대하여 점 Q를 지나고 벡터 $\vec{v}$와 평행한 직선을 L_{Q}라 할 때, 사영사상 g를

$$g(\mathrm{Q}) = L_{\mathrm{Q}} \cap \alpha$$

로 정의하고 이때 g를 $\vec{v}$ 방향으로의 평면 α 위로의 정사영이라고 한다.

여기서 정사영은 관찰자의 눈에 해당하는 중심사영의 중심 O가 $\vec{v}$ 방향으로 무한히 멀리 떨어져 있는 경우에 대응된다고 생각 할 수 있다. 이러한 정사영에 의한 투시화법은 어떤 관찰자에 의한 투영의 형태가 아닌 가상의 투영도(perspective drawing)이지만 원래의 대상이 갖고 있는 성질을 조금 더 충실히 보존하는 의미가 있어 여러 분야에서 많이 활용된다. 위의 사영에서 점들이 투영되는 평면 α를 '캔버스'라고 부르기로 한다.

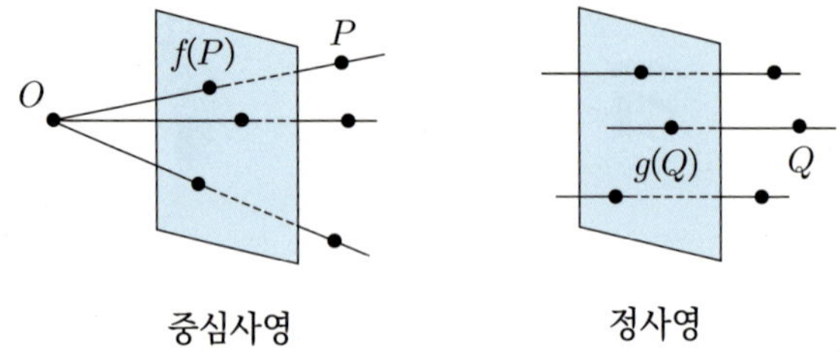

그림 7.4: 중심사영과 정사영

투영 또는 사영에 의한 투시 화법이 갖는 기본적인 성질을 조금 더 구체적으로 살펴보기로 하자. 중심사영의 중심(투시 화법에서 관찰자의 눈)을 원점 O라 하고, O를 지나는 직선을 방사선(radial line), O를 지나는 평면을 방사평면(radial plane)이라고 하자. 그러면 점 O를 중심으로 한 중심사영에 의하여 공간의 어떤 도형을 사영할 때 이 도형의 점을 지나는 모든 방사선들의 집합을 사영하는 것과 같은 것이 된다. 즉 사영된 투영도의 입장에서 보면 도형의 점을 지나는 모든 방사선들의 집합과 원래의 도형은 구분되어지지 못한다. 이러한 의미에서 공간의 도형에 대하여 이 도형의 각 점들을 지나는 모든 방사선들의 집합과 이 집합의 극한에 해당하는 방사까지를 포함하여 이를 이 도형의 사영화(projectivization)라고 한다.[2)]

이러한 사영화의 관점에서 투시 화법의 성질을 살펴보면, 방사선은 점으로, 방사평면은 직선으로 보인다. 즉, 캔버스의 위치가 어떻게 놓여 있던지 방사선 위의 모든 점들은 캔버스 위의 단 하나의 점으로 보이고, 방사평면 위의 모든 점들은 캔버스 위의 하나의 직선으로 투영된다.

한편, 중심 O를 지나지 않는 직선, 즉 방사선이 아닌 직선 l의 사영화는 점 O와 직선 l을 지나는 평면 α에 놓여 있는 방사선 전체의 집합을 말한다. 이때, 평면 α에는 점 O와 직선 l의 점을 연결시키지 않는 유일한 방사선이 존재하는데, 이는 직선 l과 평행한 방사선이다. 이 방사선을 $P_\infty(l)$로 나타내고, 이를 직선 l의 무한점(point at infinity)이라고 한다. 중심 O의 관점에서 보면 $P_\infty(l)$은 직선 l 위의 점 P가 무한대로

2)실제로 투시 화법에 의해 그림을 그릴 때, 원래의 방사선 집합에 무한히 가까운 방사선에 해당하는 점을 그리고 안 그리고는 구분이 불가능하다.

한없이 가까이 다가갈 때, 직선 $\overleftrightarrow{OP}$의 극한으로 주어지기 때문에, 즉

$$P_\infty(l) = \lim_{P\to\infty} \overleftrightarrow{OP}$$

이므로 직선 l 위의 무한점으로 생각할 수 있다. 무한점은 실제로는 존재하지 않지만 캔버스에서 보면 존재하는 점이다. 더욱이, 방사선이 아닌 평행한 직선들의 무한점은 모두 일치한다.

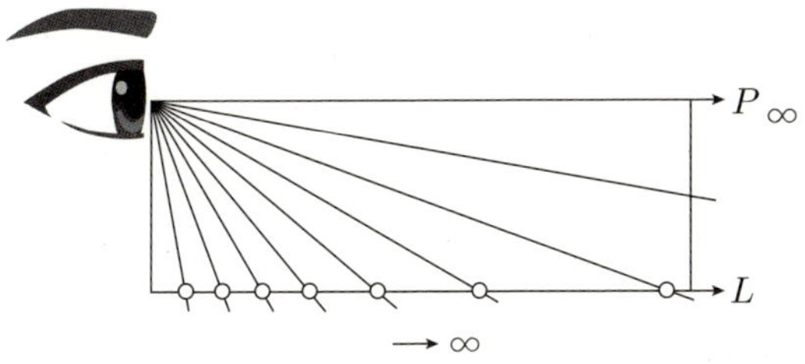

그림 7.5: 무한점

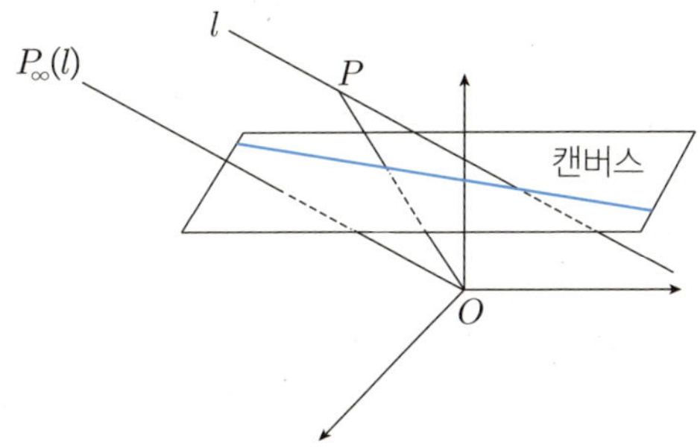

그림 7.6: 무한점

한편, 중심 O를 지나지 않는 평면, 즉 방사평면이 아닌 평면 α의 사영화도 방사선이 아닌 직선의 사영화와 비슷하게 정의할 수 있다. 점 $P \in \alpha$가 무한대로 한없이 가까이 다가갈때, 직선 $\overleftrightarrow{OP}$는 평면 α와 평행한 방사평면으로 한없이 가까이 다가간다. 이 방사평면을 $L_\infty(\alpha)$로 나타내고, 이를 평면 α의 무한직선(line at infinity)이라고 한다. 즉,

$$L_\infty(\alpha) = \{\lim_{P\to\infty} \overleftrightarrow{OP} \mid P \in \alpha\}$$

중심 O의 관점에서 보면 무한직선 $L_\infty(\alpha)$에 놓여 있는 점들은 평면 α에 놓여 있는 직선의 무한점에 해당한다. 결과적으로 무한대까지 확장시킬 수 있는 도형을 사영화하면 무한점이라고 하는 새로운 점을 얻게 된다.

무한점이나 무한직선을 이해하기 위하여 중심이 O인 중심사영에 의한 투영도를 생각하자. 이때 투영도는 도형의 사영화와 평면(캔버스)의 교선으로 주어지는데, 주어진 도형의 무한점이 캔버스에 투영된 점을 이 도형의 소실점(vanishing point)이라고 한다. 평행한 직선들은 모두 한 방사선과 평행하므로 같은 무한점을 가진다. 따라서 아래의 투영도에서와 같이 평행한 두 직선은 같은 소실점을 갖는다는 것을 알 수 있다. 한편, 무한직선은 평면에 평행한 방사평면이므로 무한점과 마찬가지로 존재하지 않지만 캔버스에 직선으로 표현할 수 있다. 따라서 무한직선도 무한점과 같이 이해할 수 있다.

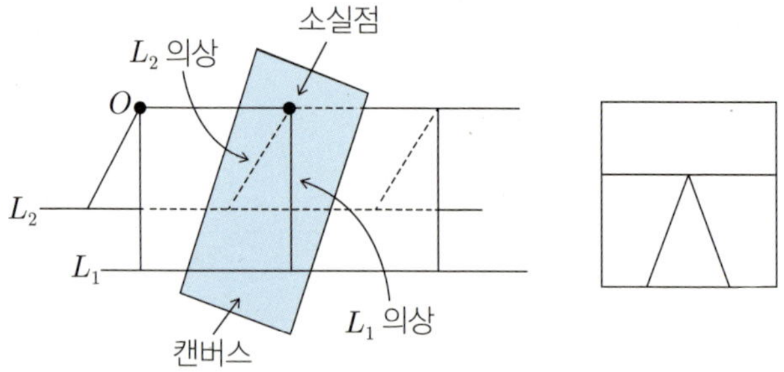

그림 7.7: 두 평행선의 소실점은 일치한다

이와 같이 공간에서 각 방향으로 생각할 수 있는 무한원점을 모두 포함시켜 만들어진 특별한 공간을 일반적으로 사영공간이라고 부른다.

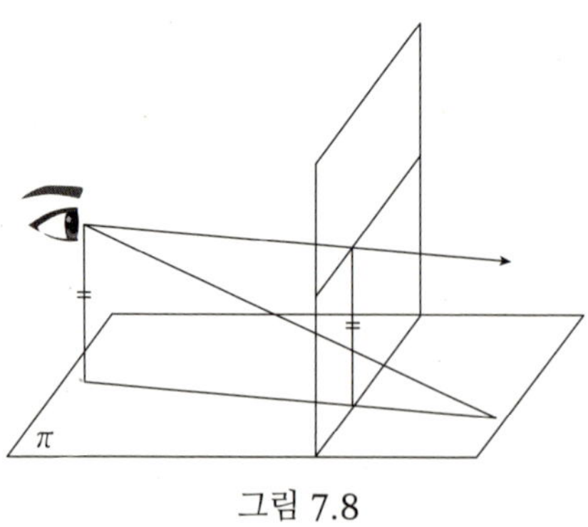

그림 7.8

원근사상(perspectivity)

π와 π'이 $\mathbb{R}^3$에서 원점 O를 지나지 않는 두 평면이라 하자. 평면 π 위의 점 P와 평면 π' 위의 점 Q에 대하여 세 점 O, P, Q가 한 직선 위에 놓여 있을 때, 두 점 P와 Q가 점 O로부터 원근관계(in perspective)를 갖는다고 한다. 또 평면 π 위의 점 P를 점 O로부터 원근관계가 있는 평면 π' 위의 점 Q로 사상시키는 함수를 점 O로부터 평면 π에서 평면 π' 위로의 **원근사상**(perspectivity)이라고 한다.

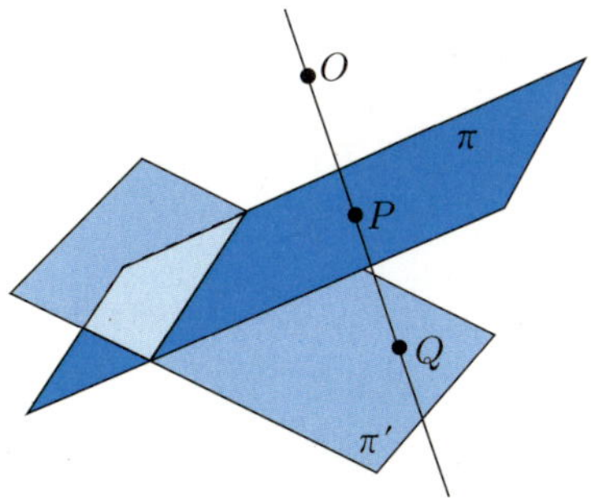

그림 7.9: 원근사상

원근사상의 정의에서 평면 π 전체가 원근사상의 정의역이 되지 않을 수도 있다. 이를테면, 점 O와 평면 π 위의 점 P를 지나는 직선이 평면 π'과 평행하면 이러한 점 P는 원근사상에 의해 사상시킬 수 없으므로, 이 경우 점 P는 점 O로부터 평면 π에서 평면 π' 위로의 원근사상의 정의역에 속하지 않는다. 따라서 수학적 관점에서 보면 원근사상을 다룰 때 이러한 점을 배제해야만 하는데, 앞으로 다루려고 하는 사영평면이나 사영기하학에서는 실제로 이러한 점을 예외적인 점[3)]으로 고려해야만 한다.

7.2 사영평면

3-차원 유클리드 공간 $\mathbb{R}^3$의 원점 O에서 원점을 지나지 않는 평면 α를 바라본다고 가정해보자. 평면 α의 각각의 점 P는 직선 $\overleftrightarrow{OP}$에 대응시킬 수 있다. 점과 원점을 지나는 직선의 대응 관계로부터 사영기하학의 점을 정의할 수 있다.

[3)]이상점 또는 무한점 등으로 부른다.

정의 7.1. $\mathbb{R}^3$에서 원점 O를 지나는 직선을 **사영점**(projective point)이라고 한다. 사영점 전체의 집합을 **사영평면**(projective plane)[4)]이라 하고, 기호로 $\mathbb{RP}^2$와 같이 나타낸다.

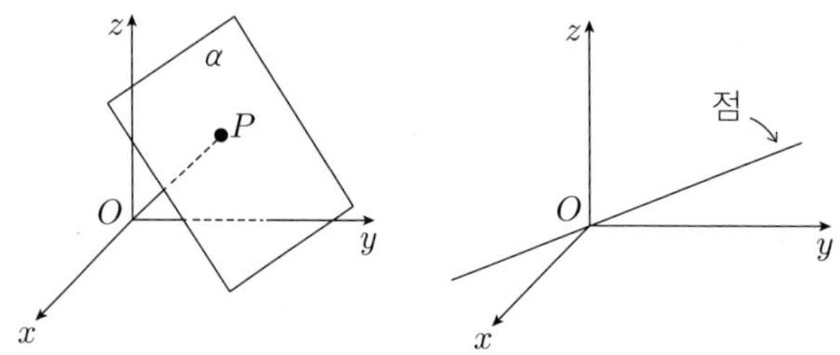

그림 7.10: 사영점

사영기하학에서 기하학적 성질들을 대수적으로 또는 해석적으로 증명하기 위해서는 사영점을 대수적으로 나타낼 필요가 있다. 이를 위해 $\mathbb{R}^3$에서 원점을 지나는 직선이 결정되는 조건을 생각해보자. 직선 l이 $\mathbb{R}^3$에서 원점 O를 지나는 직선이라고 하면, 직선 l 위의 점 중에서 원점 O가 아닌 점에 의해 직선 l이 결정된다. 예를 들어, 유클리드 공간좌표가 $(2, 1, 3)$인 점과 원점 O를 지나는 직선은 유일하게 결정된다. 이때 직선 l이 사영되는 사영점의 좌표를 $[2, 1, 3]$의 형태로 나타낼 수 있다.

정의 7.2. 세 실수 a, b, c가 동시에 0이 아닐 때, $[a, b, c]$는 $\mathbb{RP}^2$의 사영점을 나타내는데, 이는 $\mathbb{R}^3$에서 원점 O와 좌표가 (a, b, c)인 점을 지나는 직선을 나타낸다. 사영점 P를 나타내는 표현 $[a, b, c]$를 점 P의 **동차좌표**(homogeneous coordinate)라고 한다.

사영기하학 또는 사영평면에서 동차좌표 $[a, b, c]$를 갖는 사영점을 간단히 '점 $[a, b, c]$'와 같이 나타낸다.

참고 7.3. 사영점의 동차좌표는 유일하지 않다. 예를 들어, 동차좌표가 $[2, 1, 3]$인 사영점은 $\mathbb{R}^3$에서 원점 O와 점 P$(2, 1, 3)$을 지나는 직선을 나타낸다. 그런데 $\mathbb{R}^3$에서 원점 O와 점 Q$(4, 2, 6)$을 지나는 직선도 위의 직선과 같은 직선을 나타내므로 동차좌표가 $[4, 2, 6]$인 사영점과 동차좌표가 $[2, 1, 3]$인 사영점은 같은 점을 나타낸다. 또한 동차

[4)] 엄밀히 말하면 실사영평면(real projective plane)이라고 한다.

좌표가 $[-2,-1,-3]$인 사영점도 같은 점을 나타낸다는 것을 알 수 있다. 일반적으로 사영점을 나타내는 동차좌표는 무한히 많다.

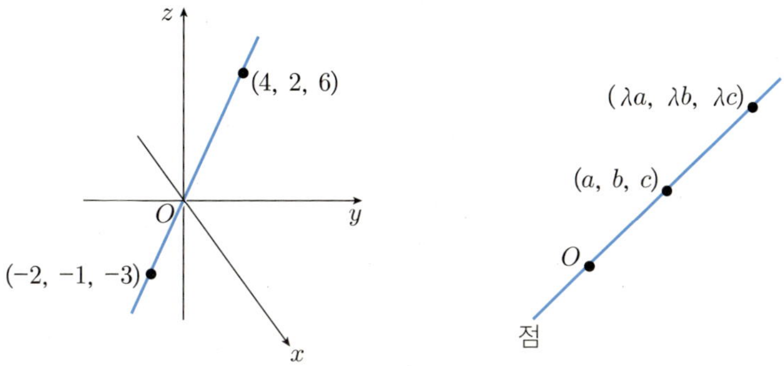

그림 7.11

일반적으로 $\mathbb{R}^3$에서 (a,b,c)가 원점을 지나는 직선 l 위의 점이고 λ가 임의의 실수이면 $(\lambda a, \lambda b, \lambda c)$도 직선 l 위의 점이다. 더욱이, 세 실수 a,b,c가 동시에 0이 아니고 $\lambda \neq 0$이면 $(\lambda a, \lambda b, \lambda c)$도 원점이 아니므로, $[a,b,c]$와 $[\lambda a, \lambda b, \lambda c]$는 같은 사영점을 나타내는 동차좌표이다. 따라서

$$[a,b,c] = [\lambda a, \lambda b, \lambda c] \qquad (\lambda \neq 0)$$

이 성립한다. 역으로 $\mathbb{R}^3$의 두 점 $(a,b,c), (a',b',c')$에 대하여

$$(a',b',c') = (\lambda a, \lambda b, \lambda c)$$

를 만족시키는 0이 아닌 실수 λ가 존재하지 않으면 두 점 $(a,b,c), (a',b',c')$은 $\mathbb{R}^3$에서 원점을 지나는 같은 직선 위에 놓여 있지 않으므로 $[a,b,c]$와 $[a',b',c']$은 서로 다른 사영점을 나타낸다. 즉, $\mathbb{RP}^2$에서 $[a,b,c] \neq [a',b',c']$이다.

보기 1. $\mathbb{RP}^2$에서 다음 동차좌표 중 점 $[2,3,6]$과 같은 점을 나타내는 것을 고르시오.
(1) $[6,9,18]$ (2) $[4,-6,12]$ (3) $[\frac{1}{3},\frac{1}{2},1]$ (4) $[3,2,1]$

풀이.

(1) $\lambda = 3$에 대하여

$$[6, 9, 18] = [2\lambda, 3\lambda, 6\lambda] = [2, 3, 6]$$

이므로 $\mathbb{RP}^2$에서 $[2, 3, 6]$과 같은 사영점을 나타낸다.

(2) 방정식

$$4 = 2\lambda, \quad -6 = 3\lambda, \quad 12 = 6\lambda$$

를 동시에 만족시키는 실수 λ가 존재하지 않으므로 $[4, -6, 12]$와 $[2, 3, 6]$은 $\mathbb{RP}^2$에서 같은 점을 나타내지 않는다.

(3) $\lambda = \frac{1}{6}$에 대하여

$$[\frac{1}{3}, \frac{1}{2}, 1] = [2\lambda, 3\lambda, 6\lambda] = [2, 3, 6]$$

이므로 두 점 $[\frac{1}{3}, \frac{1}{2}, 1]$과 $[2, 3, 6]$은 $\mathbb{RP}^2$에서 같은 점을 나타낸다.

(4) 방정식

$$3 = 2\lambda, \quad 2 = 3\lambda, \quad 1 = 6\lambda$$

를 동시에 만족시키는 실수 λ가 존재하지 않으므로 $[3, 2, 1]$과 $[2, 3, 6]$은 $\mathbb{RP}^2$에서 같은 점을 나타내지 않는다.

■

유클리드 기하학에서와 같이 $\mathbb{RP}^2$에서도 도형(figure)을 정의할 수 있다.

정의 7.4. $\mathbb{RP}^2$의 부분집합을 **사영 도형**(projective figure)이라고 한다.

사영도형은 $\mathbb{R}^3$에서 원점을 지나는 직선들의 모임이다. 이를 테면, 원점 O를 꼭짓점으로 하는 쌍원뿔이나 원점 O를 꼭짓점으로 하는 쌍사각뿔 등은 모두 사영도형을 나타낸다.

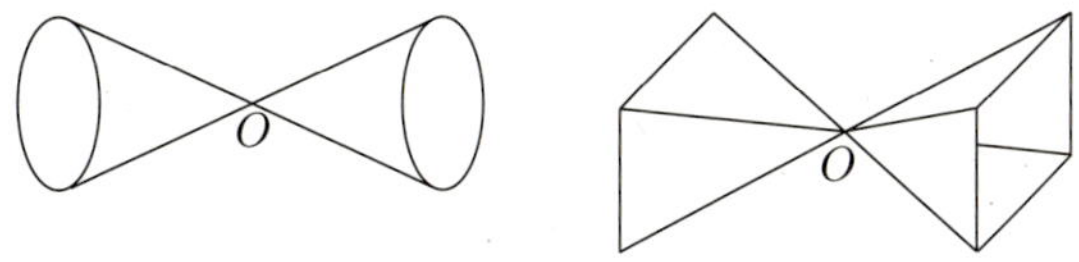

그림 7.12: 사영 도형

원점을 지나는 $\mathbb{R}^3$의 평면 α는 가장 간단한 형태의 사영도형을 나타낸다. 원점 O를 제외한 평면 α의 각 점은 원점을 지나는 직선을 결정하므로 하나의 사영점을 나타낸다. 따라서 원점을 지나지 않는 '캔버스' 라고 하는 고정된 평면 β를 생각하면 사영점의 동차좌표를 평면 β의 점으로 택할 수 있다. 특히, 두 평면 α와 β의 교선 위의 점을 사영점의 동차좌표로 택할 수 있으므로, $\mathbb{R}^3$에서 원점 O를 지나는 평면 α는 사영기하학 관점에서 직선인 사영직선을 나타낸다.

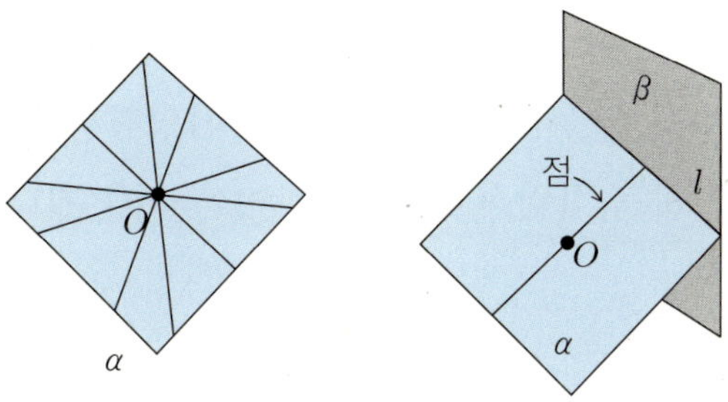

그림 7.13: 사영직선

정의 7.5. $\mathbb{R}^3$에서 원점을 지나는 평면을 $\mathbb{RP}^2$의 **사영직선**(projective line)이라고 한다. $\mathbb{RP}^2$에서 하나의 사영직선 위에 놓여 있는 점들을 같은 사영직선에 놓여있다 (collinear)고 한다.

$\mathbb{RP}^2$의 사영직선은 $\mathbb{R}^3$에서 원점을 지나는 평면이므로 유클리드 좌표 (x, y, z)에 대하여 적당한 세 상수 a, b, c가 존재하여 식

$$ax + by + cz = 0$$

을 만족시킨다. 이 성질을 $\mathbb{RP}^2$의 사영직선으로 나타내면 다음과 같다.

정리 7.6. *$\mathbb{RP}^2$의 사영직선은 일반적으로 세 상수 a, b, c가 동시에 0이 아닐 때*

$$ax + by + cz = 0 \tag{7.2.1}$$

의 꼴로 나타낼 수 있다.

참고 7.7. (1) 사영직선에 대한 방정식 표현은 유일하지 않다. $\lambda \neq 0$일 때, $\lambda ax + \lambda by + \lambda cz = 0$은 $ax+by+cz=0$과 같은 사영직선을 나타낸다. 따라서 사영점을 나타내는 동차좌표와 마찬가지로 사영직선을 나타내는 방정식의 형태도 계수가 가장 간단한 형태로 나타낼 수 있다.

(2) '한 사영점이 사영직선 위에 놓여 있다' 또는 '한 사영직선이 사영점을 지난다' 등의 표현은 주어진 사영점의 동차좌표 $[x, y, z]$가 사영직선 방정식을 만족시킬 때를 말한다. 예를 들어, 사영점 $[1, -1, 1]$은 사영직선 $3x + y - 2z = 0$을 지나지만, 사영점 $[3, 1, 0]$은 사영직선 $3x + y - 2z = 0$을 지나지 않는다.

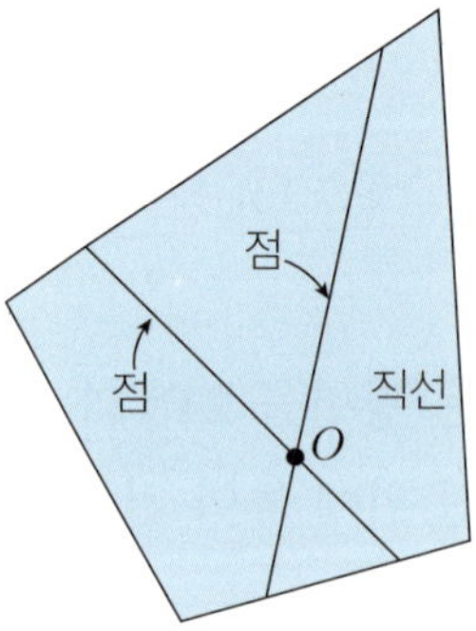

그림 7.14: 사영점과 사영직선

유클리드 기하학에서 서로 다른 두 점은 오직 하나의 직선을 결정한다. 또, $\mathbb{R}^3$에서 원점을 지나는 서로 다른 두 직선은 $\mathbb{R}^3$의 평면을 유일하게 결정한다. 이 사실을 사영평면에서 나타내면 다음과 같다.

정리 7.8. *$\mathbb{RP}^2$의 서로 다른 두 사영점은 오직 하나의 사영직선을 결정한다.*

식 (7.2.1)을 이용하면 $\mathbb{RP}^2$의 서로 다른 두 사영점이 결정하는 사영직선의 방정식을 구할 수 있다.

보기 2. $\mathbb{RP}^2$에서 다음 두 사영점을 지나는 사영직선의 방정식을 구하시오.

(1) $[1,2,0], \quad [3,5,0]$

(2) $[1,2,1], \quad [3,0,3]$

풀이.

(1) 두 사영점의 z좌표가 모두 0이므로 동차좌표가 방정식 $z=0$을 만족시킨다. 따라서 구하는 사영직선의 방정은 $\mathbb{R}^3$의 xy-평면을 나타내는 $z=0$이다.

(2) 두 사영점의 동차좌표가 $x=z$를 만족시킨다. 이 방정식은 $a=1, b=0, c=-1$일 때의 식 (7.2.1)의 형태이므로 구하는 사영직선의 방정식을 나타낸다.

∎

$\mathbb{RP}^2$에서 두 사영점을 지나는 사영직선의 방정식을 직관적으로 구할 수 없는 경우에는 식 (7.2.1)로부터 두 개의 방정식을 얻은 후 연립방정식의 해를 구함으로써 사영직선의 방정식을 구할 수 있다.

예를 들어, 두 사영점 $[4,-1,2]$와 $[1,-1,1]$을 지나는 사영직선의 방정식을 구하여 보자. 방정식 $ax+by+cz=0$에 $x=4, y=-1, z=2$와 $x=1, y=-1, z=1$을 각각 대입하면

$$\begin{cases} 4a-b+2c=0 \\ a-b+c=0 \end{cases}$$

을 얻는다. 연립하며 풀면 $b=-2a$와 $c=-3a$이므로 $a=1$을 대입하면 $b=-2, c=-3$이다. 따라서 구하는 사영직선의 방정식은

$$x-2y-3z=0$$

이다. 위와 같이 직접 계산하는 방법을 사용하지 않고 3×3 행렬의 행렬식을 이용하여 두 사영점을 지나는 사영직선의 방정식을 구할 수도 있다. 이를 테면 두 사영점 $[4,-1,2]$와 $[1,-1,1]$을 지나는 사영직선은 $\mathbb{R}^3$에서 원점을 지나는 평면으로 두 점 $(4,-1,2)$와 $(1,-1,1)$을 지난다. 이 유클리드 평면의 점 (x,y,z)는 두 벡터 $(4,-1,2)$와 $(1,-1,1)$의 일차결합으로 표현할 수 있으므로 세 벡터

$$(x,y,z), \quad (4,-1,2), \quad (1,-1,1)$$

는 일차종속(linearly dependent)이다. 따라서

$$\begin{vmatrix} x & y & z \\ 4 & -1 & 2 \\ 1 & -1 & 1 \end{vmatrix} = 0$$

이다. 전개하여 정리하면

$$x - 2y - 3z = 0$$

을 얻는다.

보기 3. $\mathbb{RP}^2$에서 다음 두 사영점을 지나는 사영직선의 방정식을 구하시오.

$$[3,1,2], \quad [4,-1,2]$$

풀이. 구하는 사영직선의 방정식은

$$\begin{vmatrix} x & y & z \\ 3 & 1 & 2 \\ 4 & -1 & 2 \end{vmatrix} = 0$$

행렬식을 계산하면 $4x + 2y - 7z = 0$ ∎

3×3 행렬의 행렬식을 이용하면 세 사영점이 한 사영직선 위에 놓여 있는지도 판단할 수 있다. 세 사영점 $[a,b,c], [d,e,f], [g,h,k]$이 한 사영직선 위에 놓여 있을

필요충분조건은 $\mathbb{R}^3$의 세 벡터 $(a,b,c),(d,e,f),(g,h,k)$가 일차종속인 것이다. 따라서 세 사영점 $[a,b,c],[d,e,f],[g,h,k]$이 한 사영직선 위에 놓여 있을 조건은

$$\begin{vmatrix} a & b & c \\ d & e & f \\ g & h & k \end{vmatrix} = 0$$

과 동치이다.

보기 4. $\mathbb{RP}^2$에서 다음 세 사영점이 한 사영직선 위에 놓여 있는지 판단하시오.

$$[3,1,2], \quad [3,-4,1], \quad [1,2,1]$$

풀이.

$$\begin{vmatrix} 3 & 1 & 2 \\ 3 & -4 & 1 \\ 1 & 2 & 1 \end{vmatrix} = 3 \times (-6) - 2 + 2 \times 10 = 0$$

이므로 주어진 세 사영점은 한 사영직선 위에 놓여 있다. ■

위의 문제에서 주어진 네 사영점은 사영기하학에서 매우 중요한 역할을 한다.

정의 7.9. 세 사영점 $[1,0,0]$, $[0,1,0]$, $[0,0,1]$을 **표준삼각점**(triangle of reference)이라고 한다. 또 $[1,1,1]$을 **단위 사영점**(unit projective point)이라고 한다.

$\mathbb{RP}^2$의 사영직선은 $\mathbb{R}^3$에서 원점을 지나는 평면을 나타내므로 $\mathbb{RP}^2$의 서로 다른 두 사영직선은 $\mathbb{R}^3$에서 원점을 지나는 서로 다른 두 평면이다. 따라서 이 두 평면은 원점을 지나는 교선을 가지며, 이 교선은 $\mathbb{RP}^2$의 사영점을 나타낸다. 그러므로 $\mathbb{RP}^2$의 서로 다른 두 사영직선은 오직 한 점에서 만난다.

정리 7.10. *$\mathbb{RP}^2$에서 서로 다른 두 사영직선은 오직 한 사영점에서 만난다.*

따라서 사영평면에서는 평행선이 존재하지 않는다. 즉, $\mathcal{L}$이 사영직선이고 $[a,b,c]$가 $\mathcal{L}$ 위에 놓여 있지 않은 사영점이라고 하자. $\mathcal{L}'$이 사영점 $[a,b,c]$를 지나는 임의의 사영직선이면 정리 7.10에 의해 두 사영직선 $\mathcal{L}$과 $\mathcal{L}'$은 서로 만난다.

보기 5. $\mathbb{RP}^2$에서 다음 두 사영직선의 교점을 구하시오.

$$5x-6y-z=0, \quad x-2y+z=0$$

풀이. 두 사영직선의 교점을 $[a,b,c]$라고 하면

$$5a-6b-c=0, \quad a-2b+c=0$$

를 만족시킨다. 연립하여 풀면

$$6a-8b=0$$

따라서 식 $b=\frac{3}{4}a$를 두 번째 식에 대입하면 $c=\frac{1}{2}a$이므로 구하는 교점의 동차좌표는

$$[a,\frac{3}{4}a,\frac{1}{2}a]=[4,3,2]$$

이다. ∎

매장평면(embedding planes)

지금까지는 사영기하학의 성질을 설명하거나 이해하기 위해 3차원 유클리드 공간 $\mathbb{R}^3$의 기하학적 성질을 이용하였다. 그러나 평면에서 2차원 도형의 기하학적 구조를 살펴보기 위해 사영기하학을 이용할 수도 있다. 이를 위해서는 평면에서의 도형의 모양과 $\mathbb{RP}^2$에서의 도형의 모양과의 관계에 대하여 알아야만 한다.

평면 π에 주어진 도형 $\mathcal{F}$를 생각하자. 평면 π를 $\mathbb{R}^3$에서 원점을 지나지 않는 평면이라 하고, $\mathcal{F}$의 각 점과 원점 O를 잇는 직선을 이용하여 $\mathbb{RP}^2$의 사영점을 작도하면 평면 π의 도형 $\mathcal{F}$에 대응하는 $\mathbb{RP}^2$의 사영 도형을 얻을 수 있다. 예를 들어, $\mathcal{F}$가 평면 π의 삼각형이면 이에 대응하는 사영 도형은 아래 그림에서와 같이 원점을 꼭짓점으로 하는 두 개의 삼각뿔을 나타낸다.

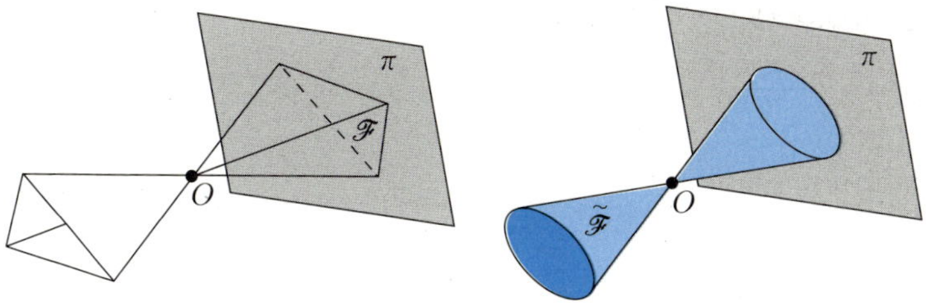

(a) (b)

그림 7.15: 매장평면

역으로, 사영 도형 $\mathcal{F}$이 주어지면 $\mathbb{R}^3$에 놓여 있고 원점을 지나는 않는 평면 π에 $\mathcal{F}$에 대응하는 유클리드 도형을 작도할 수 있다. 즉, 사영 도형 $\mathcal{F}$의 각 점은 $\mathbb{R}^3$에서 원점을 지나는 직선이므로 평면 π와 만난다. 이와 같이 만들어진 π의 점들로 이루어진 도형이 사영 도형 $\mathcal{F}$에 대응하는 π 위의 유클리드 도형이다. 예를 들어, $\mathcal{F}$가 원점을 꼭짓점으로 하는 두 개의 원뿔로 이루어진 사영 도형이면 이에 대응하는 유클리드 도형은 원임을 알 수 있다.

위에서 설명한 사영 도형과 유클리드 도형과의 대응은 사영 도형의 사영점이 주어진 평면 π를 지나는 유클리드 직선인 경우에는 잘 정의되지만, 평면 π와 평행하고 원점을 지나는 $\mathbb{R}^3$의 직선에 해당하는 사영점의 경우에는 평면 π와 만나지 않으므로 대응시킬 수가 없다. 이러한 사영점을 평면 π에 대한 **이상점**(ideal point)라고 한다. 평면 π에 대한 이상점은 모두 π와 평행하고 원점을 지나는 $\mathbb{R}^3$의 평면 위에 놓여 있다. 이 평면을 평면 π에 대한 **이상직선**(ideal line)이라고 한다. 이상점은 1절에서 언급한 무한점에 해당하고 이상직선은 무한직선에 해당한다.

평면 π가 이상점을 포함하고 있는 경우 π 위에 사영 도영에 대응하는 도형을 나타내는 방법에 대하여 알아보자. 예를 들어, 사영 도형으로 하나의 사영직선 $\mathcal{L}$을 생각하면 이 사영직선은 $\mathbb{R}^3$에서 원점을 지나는 평면에 해당하므로 평면 π와 유클리드 직선 l에서 만난다. 사영직선 $\mathcal{L}$의 이상점을 P라 하면 P를 제외한 $\mathcal{L}$의 각 사영점은 평면 π 위의 직선 l과 한 점에서 만나므로 평면 π에 나타낼 수 있지만 점 P는 평면 π에 나타낼 수 없다. 따라서 $l \cup \{\mathrm{P}\}$를 생각하면 이 집합은 사영직선 $\mathcal{L}$을 평면 π에 모두 나타냈다고 할 수 있다. 다시 말해서, 평면 π에 평면 π에 대한 이상점들을 합한 평면을 생각하면 사영 도형을 항상 유클리드 도형에 대응시킬 수 있다. 원점을 지나지 않고 이상점들을 포함한 $\mathbb{R}^3$의 평면을 매장평면이라고 한다.

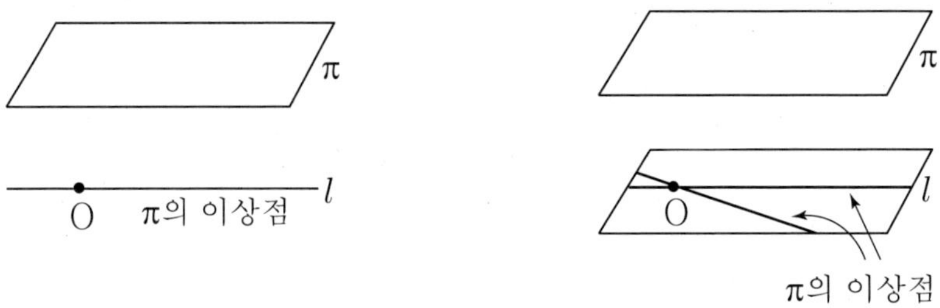

그림 7.16

정의 7.11. $\mathbb{R}^3$에서 원점을 지나지 않는 평면 π와 π에 대한 이상점들을 모두 합한 집합을 **매장평면**(embedding plane)이라고 한다. 특히, 평면 $z = 1$을 **표준매장평면**(standard embedding plane)이라고 한다.

연습문제

[7.2.1] $\mathbb{RP}^2$에서 다음 동차좌표 중 점 $[3, 2, 1]$과 같은 점을 나타내는 것을 고르시오.

(1) $[6, 4, 2]$ (2) $[-3, 2, 1]$ (3) $[-3, -2, -1]$ (4) $[5, 4, 1]$

[7.2.2] $\mathbb{RP}^2$에서 다음 동차좌표와 같은 점을 나타내는 성분이 모두 정수인 동차좌표를 구하시오.

(1) $[-\frac{1}{8}, \frac{1}{2}, \frac{3}{4}]$ (2) $[\frac{2}{3}, 4, 0]$ (3) $[-\frac{1}{2}, -\frac{1}{3}, \frac{1}{6}]$

[7.2.3] 다음 사영점에 대하여 $[a, b, 1]$ 형태의 동차좌표를 구하시오.

(1) $[4, -1, 2]$ (2) $[\frac{2}{3}, 4, 2]$ (3) $[8, 2, 4]$ (4) $[-\frac{1}{2}, -\frac{1}{5}, -1]$

[7.2.4] $\mathbb{RP}^2$에서 다음 두 사영점을 지나는 사영직선의 방정식을 구하시오.

(1) $[0, 2, 0]$, $[0, 0, 2]$ (2) $[3, 2, 2]$, $[5, 3, 3]$

[7.2.5] $\mathbb{RP}^2$에서 다음 두 사영점을 지나는 사영직선의 방정식을 구하시오.

(1) $[4, 5, 2]$, $[2, 1, 3]$ (2) $[5, -4, -2]$, $[4, 2, -3]$

[7.2.6] $\mathbb{RP}^2$에서 다음 세 사영점이 한 사영직선 위에 놓여 있는지 판단하시오.

(1) $[3, 2, 1]$, $[2, -1, -1]$, $[-9, 1, 2]$

(2) $[-1, 1, 2]$, $[0, 1, 2]$, $[3, -1, 0]$

[7.2.7] $\mathbb{RP}^2$ 에서 다음 네 사영점 중에서 어느 세 점도 한 사영직선 위에 놓여 있지 않음을 보이시오.

$$[1,0,0], \quad [0,1,0], \quad [0,0,1], \quad [1,1,1]$$

[7.2.8] $\mathbb{RP}^2$ 에서 다음 두 사영직선의 교점을 구하시오.

(1) $x+y-z=0, \quad 2x+5y+z=0$

(2) $x-2y-z=0, \quad 4x-y-2z=0$

[7.2.9] $\mathbb{RP}^2$ 에서 두 사영점 $[3,-2,-1]$, $[0,1,-2]$를 지나는 사영직선과 두 사영점 $[1,0,-1]$, $[1,1,1]$을 지나는 사영직선의 교점을 구하시오.

7.3 사영변환

$\mathbb{RP}^2$ 의 (사영)점을 $\mathbb{RP}^2$ 의 점으로 사상시키는 함수에 대하여 알아보자. $\mathbb{RP}^2$ 의 점은 $\mathbb{R}^3$ 에서 원점을 지나는 직선이므로 $\mathbb{R}^3$ 에서 원점을 지나는 직선을 $\mathbb{R}^3$ 의 원점을 지나는 직선으로 사상시키는 $\mathbb{R}^3$ 의 변환을 생각하면 된다. 특히, 이러한 $\mathbb{R}^3$ 의 변환은 가역(invertible)인 선형사상이므로 행렬식이 0이 아닌 3×3 행렬로 나타낼 수 있다. 실제로, A가 가역인 3×3 행렬이고 $[\mathbf{x}] = \{\lambda\mathbf{x} : \lambda \in \mathbb{R}\}$가 $\mathbb{RP}^2$ 의 점을 나타내면 $[A\mathbf{x}] = \{\lambda(A\mathbf{x}) : \lambda \in \mathbb{R}\}$는 $\mathbb{RP}^2$ 의 사영점이다. 이러한 성질로부터 다음과 같은 사영변환을 정의할 수 있다.

정의 7.12. 가역인 3×3 행렬 A에 대하여

$$T : \mathbb{RP}^2 \to \mathbb{RP}^2, \qquad [\mathbf{x}] \to [A\mathbf{x}]$$

로 사상시키는 함수 T를 $\mathbb{RP}^2$ 의 **사영변환**(projective transformation)이라고 한다. 이때 A를 사영변환 T의 **수반행렬**(associated matrix)이라고 한다. $\mathbb{RP}^2$ 의 사영변환 전체의 집합을 $\mathcal{P}(2)$로 나타낸다.

보기 6. 함수 $T : \mathbb{RP}^2 \to \mathbb{RP}^2$

$$T : [x,y,z] \to [2x+y, -x-3y+2z, x+5y-z]$$

는 사영변환임을 보이시오. 또, 점 $[1,3,2]$의 사영변환 T의 상(image)을 구하시오.

풀이. 3×3 행렬 A를

$$A = \begin{pmatrix} 2 & 1 & 0 \\ -1 & -3 & 2 \\ 1 & 5 & -1 \end{pmatrix}$$

이라 하면 사영점 $[\mathbf{x}] = [\mathbf{x}, \mathbf{y}, \mathbf{z}]$에 대하여

$$T([\mathbf{x}]) = [\mathbf{Ax}]$$

이고, $\det(A) = -13 \neq 0$이므로 행렬 A는 가역이다. 따라서 T는 사영변환이다. 또,

$$T([1,3,2]) = [2+3, -1-9+4, 1+15-2] = [5,-6,14]$$

이다. ∎

$\mathbb{RP}^2$의 사영점을 나타내는 동차좌표에 0이 아닌 실수를 곱해도 같은 점을 나타내므로 사영변환에 대한 수반행렬에 0이 아닌 실수를 곱해도 같은 사영변환을 나타낸다. 예를 들어, 행렬

$$B = \begin{pmatrix} -4 & -2 & 0 \\ 2 & 6 & -4 \\ -2 & -10 & 2 \end{pmatrix}$$

와 보기 6의 행렬 A에 대하여 $B = -2A$이므로 행렬 B는 보기 6의 사영변환 T에 대한 수반행렬이다.

> **정리 7.13.** *$\mathbb{RP}^2$의 사영변환 전체의 집합 $\mathcal{P}(2)$는 합성에 대하여 군(group)을 이룬다.*

증명. $T_1, T_2 \in \mathcal{P}(2)$에 대하여

$$T_1 : [\mathbf{x}] \to [\mathbf{A}_1\mathbf{x}], \qquad \mathrm{T}_2 : [\mathbf{x}] \to [\mathbf{A}_2\mathbf{x}]$$

라고 하자. 여기서 A_1과 A_2는 가역인 3×3 행렬로 T_1과 T_2의 수반행렬을 각각 나타낸다. 그러면

$$\begin{aligned} T_1 \circ T_2([\mathbf{x}]) &= T_1([A_2\mathbf{x}]) = [A_1(A_2\mathbf{x})] \\ &= [(A_1A_2)\mathbf{x}] \end{aligned}$$

특히, 행렬 A_1A_2는 가역인 3×3 행렬이므로 A_1A_2는 합성변환 $T_1 \circ T_2$에 대응하는 수반행렬이다. 그러므로 $T_1 \circ T_2 \in \mathcal{P}(2)$이다.

한편, I가 3×3 단위행렬을 나타내면 이에 대응하는 사영변환 id는 항등변환임을 알 수 있다. 즉 임의의 $T \in \mathcal{P}(2)$에 대하여

$$\mathrm{id} \circ T = T \circ \mathrm{id} = T$$

가 성립한다.

다음에 $T : \mathbb{RP}^2 \to \mathbb{RP}^2$,

$$T : [\mathbf{x}] \to [\mathsf{A}_1\mathbf{x}]$$

가 임의의 사영변환일 때, $T' : \mathbb{RP}^2 \to \mathbb{RP}^2$를

$$T'([\mathbf{x}]) = [\mathsf{A}^{-1}(\mathbf{x})]$$

로 정의하면 $T' \in \mathcal{P}(2)$이고

$$T \circ T' = T' \circ T = \mathrm{id}$$

임을 알 수 있다. 즉 $T' = T^{-1}$이 성립한다. 끝으로, 함수의 합성은 항상 결합법칙을 만족시키므로 $\mathcal{P}(2)$는 군을 이룬다. ∎

보기 7. 사영변환 T_1, T_2가 각각 다음과 같다.

$$T_1 : [x, y, z] \to [x + y, x + 3y + z, -2x + y]$$

$$T_2 : [x, y, z] \to [2x, x + y + z, 4x + 2z]$$

사영변환 $T_2 \circ T_1$과 T_1^{-1}을 구하시오.

풀이. 사영변환 T_1, T_2에 대응하는 수반행렬은 각각

$$A_1 = \begin{pmatrix} 1 & 1 & 0 \\ 1 & 3 & 1 \\ -2 & 1 & 0 \end{pmatrix}, \quad A_2 = \begin{pmatrix} 2 & 0 & 0 \\ 1 & 1 & 1 \\ 4 & 0 & 2 \end{pmatrix}$$

이다. 따라서

$$A_2 A_1 = \begin{pmatrix} 2 & 0 & 0 \\ 1 & 1 & 1 \\ 4 & 0 & 2 \end{pmatrix} \begin{pmatrix} 1 & 1 & 0 \\ 1 & 3 & 1 \\ -2 & 1 & 0 \end{pmatrix} = \begin{pmatrix} 2 & 2 & 0 \\ 0 & 5 & 1 \\ 0 & 6 & 0 \end{pmatrix}$$

이므로

$$T_2 \circ T_1 : [x, y, z] \to [2x + 2y, 5y + z, 6y]$$

이다. 한편,

$$A_1^{-1} = \begin{pmatrix} \frac{1}{3} & 0 & -\frac{1}{3} \\ \frac{2}{3} & 0 & \frac{1}{3} \\ -\frac{7}{3} & 1 & -\frac{2}{3} \end{pmatrix}$$

이므로

$$3A_1 = \begin{pmatrix} 1 & 0 & -1 \\ 2 & 0 & 1 \\ -7 & 3 & -2 \end{pmatrix}$$

그러므로

$$T_1^{-1} : [x, y, z] \to [x - z, 2x + z, -7x + 3y - 2z]$$

∎

$\mathbb{RP}^2$의 사영직선은 $\mathbb{R}^3$에서 원점을 지나는 평면을 나타내므로 동시에 0이 아닌 세 실수 a, b, c에 대하여

$$ax + by + cz = 0$$

의 꼴로 나타낼 수 있다는 것을 앞에서 보았다. 이때 $\mathrm{L} = (a, b, c)$, $\mathbf{x} = (x, y, z)^t$ 라 하면 위의 방정식은

$$\mathrm{L}\mathbf{x} = 0$$

으로 나타낼 수 있다. 이러한 사영직선의 사영변환에 대한 상(image)를 구하여 보자.

$T \in \mathcal{P}(2)$ 가 $T : [\mathbf{x}] \to [\mathbf{A}\mathbf{x}]$ 인 사영변환이라 하고, $\mathbf{x}$ 를 사영직선 $\mathrm{L}\mathbf{x} = 0$ 위의 임의의 사영점이라고 하자. $T([\mathbf{x}]) = [\mathbf{x}']$ 이라고 하면

$$\mathbf{x}' = A\mathbf{x}, \quad \text{즉} \quad \mathbf{x} = A^{-1}\mathbf{x}'$$

점 $[\mathbf{x}]$ 가 $\mathrm{L}\mathbf{x} = 0$ 을 만족시키므로

$$\mathrm{L}(A^{-1}\mathbf{x}') = 0,$$

즉

$$(\mathrm{L}A^{-1})\mathbf{x}' = 0$$

을 만족시킨다. 결과적으로 사영직선 $\mathrm{L}\mathbf{x} = 0$ 은 사영변환 t 에 의하여 사영직선

$$(\mathrm{L}A^{-1})\mathbf{x}' = 0$$

으로 사상된다. 만일 B 가 역사영변환 t^{-1} 에 대응하는 수반행렬이면 0이 아닌 실수 λ 에 대하여

$$B = \lambda A^{-1}$$

이므로 $(\mathrm{L}A^{-1})\mathbf{x}' = 0$ 일 필요충분조건은

$$(\mathrm{L}B)\mathbf{x}' = 0$$

인 것이다.

보기 8. 사영직선 $L : x - 3y + 2z = 0$ 과 사영변환

$$T : [x, y, z] \to [y + z, x + 3y + z, y - 2z]$$

에 대하여 사영변환 T 에 대한 사영직선 L 의 상을 구하시오.

풀이. 사영직선을 나타내는 방정식을 행렬 형태 $\mathbf{L}\mathbf{x} = 0$로 나타내면

$$\mathrm{L} = (1, -3, 2)$$

이다. 사영변호나 T를 나타내는 행렬 A는

$$A = \begin{pmatrix} 0 & 1 & 1 \\ 1 & 3 & 1 \\ 0 & 1 & -2 \end{pmatrix}$$

이므로

$$B = 3A^{-1} = \begin{pmatrix} -7 & 3 & -2 \\ 2 & 0 & 1 \\ 1 & 0 & -1 \end{pmatrix}$$

이다. 따라서

$$(\mathrm{L}B) = (1, -3, 2) \begin{pmatrix} -7 & 3 & -2 \\ 2 & 0 & 1 \\ 1 & 0 & -1 \end{pmatrix} = (-11, 3, -7)$$

그러므로 구하는 사영직선의 방정식은

$$-11x + 3y - 7z = 0 \quad \text{또는} \quad 11x - 3y + 7z = 0$$

이다. ∎

연습문제

[7.3.1] 다음 함수가 $\mathbb{RP}^2$의 사영변환인지 결정하시오.

(1) $T : [x, y, z] \to [-2x + 3z, 5x - y - z, -3y]$

(2) $T : [x, y, z] \to [4x - 7y + z, -x + 5y - z, 7x - 9y + z]$

(3) $T : [x, y, z] \to [x - 1 + y, -4y + 2z + 5, 2x]$

(4) $T : [x, y, z] \to [3x + 4y - z, 0, x + 3z]$

[7.3.2] $\mathbb{RP}^2$의 사영변환 T에 대한 연관행렬 A가

$$A = \begin{pmatrix} -1 & 1 & 1 \\ 1 & -2 & -1 \\ 4 & -3 & 4 \end{pmatrix}$$

일 때, 다음 사영점의 변환 T에 대한 상(image)을 구하시오.

(1) $[-1,2,1]$ (2) $[0,0,1]$ (3) $[0,1,0]$

(4) $[1,0,0]$ (5) $[1,1,1]$

[7.3.3] 보기 6에 주어진 사영변환에 대한 연관행렬 중에서 $(1,1)$-성분이 $\frac{1}{2}$인 것을 구하시오.

[7.3.4] 사영변환 T_1, T_2가 각각 다음과

$$T_1 : [x,y,z] \to [2y+z, x-y, x+z]$$

$$T_2 : [x,y,z] \to [5y+8z, 3y+5z, 2x]$$

같을 때, 사영변환 $T_1 \circ T_2$와 T_1^{-1}을 구하시오.

[7.3.5] 사영직선 $L : x+2y-z=0$과 사영변환

$$T : [x,y,z] \to [2x+y, -x+z, y+z]$$

에 대하여 사영변환 T에 대한 사영직선 L의 상을 구하시오.

7.4 사영기하학의 기본 정리

이 절에서는 1절 끝부분에서 언급했던 원근사상(perspectivity)와 사영변환과의 관계와 사영기하학의 기하학적 성질 및 사영기하학의 기본 정리에 대하여 알아보자.

우선, 사영변환 $T : [\mathbf{x}] \to [A\mathbf{x}]$가 매장평면 π 위의 점에 미치는 영향에 대하여 살펴보자. $\mathbf{x}$가 π 위의 점이면 이에 대응하는 $\mathbb{RP}^2$의 사영점 $[\mathbf{x}]$는 사영변환 T에 의해 사영점 $[A\mathbf{x}]$로 사상된다. 사영점 $[A\mathbf{x}]$를 나타내는 매장평면 π 위의 점을 $\mathbf{x}'$이라 하면,

즉 $[A\mathbf{x}] = [\mathbf{x}']$이면 $\mathbb{R}^3$의 점 $A\mathbf{x}$와 원점 O를 지나는 직선은 평면 π와 점 $\mathbf{x}'$에서 만난다. 따라서 사영변환 T를 매장평면 π 위의 점 $\mathbf{x}$를 점 $\mathbf{x}'$으로 사상시키는 π의 변환으로 생각할 수 있다.

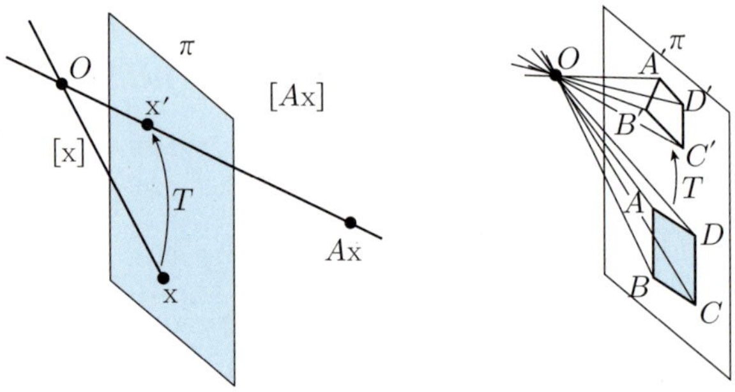

그림 7.17: 사영변환

한편, 사영변환 $T : [\mathbf{x}] \to [\mathbf{Ax}]$에 대하여 선형변환 $f : \mathbb{R}^3 \to \mathbb{R}^3$을 $f : \mathbf{x} \to A\mathbf{x}$로 정의하고, 매장평면 π의 f에 의한 상(image)을 $\tilde{\pi}$라고 하자. 즉,

$$\tilde{\pi} = \{A\mathbf{x} \,:\, \mathbf{x} \in \pi\}$$

그러면 A가 가역이므로 $\tilde{\pi}$도 매장평면이 된다. 이때 사영변환 T를 매장평면 π에서 자기 자신으로의 변환으로 생각하면 점 $\mathbf{x}$를 점 $\mathbf{x}'$으로의 사상을 두 단계로 나눌 수 있다. 다시 말해서, 첫 번째 단계에서 점 $\mathbf{x}$를 평면 $\tilde{\pi}$ 위의 점 $\tilde{\mathbf{x}} = A\mathbf{x}$로 사상시키고, 두 번째 단계에서 점 O에 대한 평면 $\tilde{\pi}$에서 평면 π 위로의 원근사상(perspectivity)에 의해 점 $\tilde{\mathbf{x}} = A\mathbf{x}$를 점 $\mathbf{x}'$으로 사상시키는 변환으로 생각할 수 있다. 평면 π 위에 놓여 있는 사각형 ABCD에 대해서도 같은 방법으로 사영변환을 설명할 수 있다.

이제 사영변환 T에 대응하는 수반행렬 A가 평면 π에서 평면 $\tilde{\pi}$ 위로의 거리동형사상(isometry)이라고 하자. 즉, 평면 π 위의 임의의 두 점 사이의 거리와 평면 $\tilde{\pi}$의 대응하는 두 점 사이의 거리가 항상 일치한다고 하자. 그러면 사영변환 T는 첫 번째 단계에서 π에서의 도형의 모양을 변화시키지 않으면서 평면 $\tilde{\pi}$로 사상시킨다. 따라서 이 경우 사영변환 T의 성질은 평면 $\tilde{\pi}$에서 평면 π 위로의 원근사상(perspectivity)에 의해 결정된다.

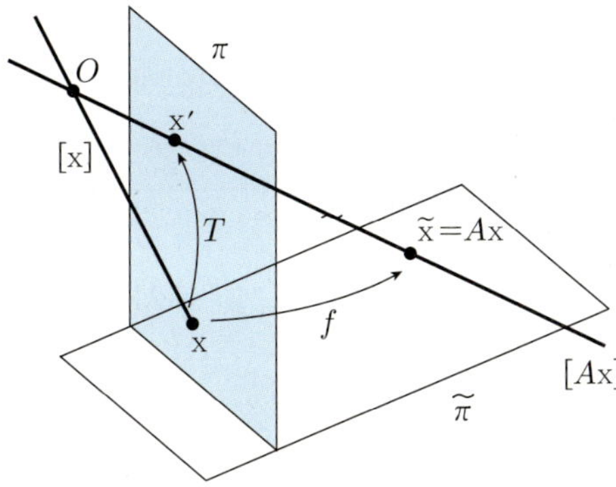

그림 7.18

정의 7.14. 사영변환 $T : [\mathbf{x}] \to [A\mathbf{x}]$에 대하여 $\mathbb{R}^3$의 두 평면 π와 $\tilde{\pi}$가 존재하여 유클리드 선형변환 $f : \mathbf{x} \to A\mathbf{x}$가 평면 $\tilde{\pi}$에서 평면 π 위로의 거리동형사상일 때, T를 **원근변환**(perspective transformation)이라고 한다.

정의 7.14로부터 $T : [\mathbf{x}] \to [A\mathbf{x}]$가 원근변환이고 행렬 A가 매장평면 π에서 매장평면 $\tilde{\pi}$ 위로의 거리동형 선형변환이면, $\tilde{\pi}$는 π와 동일시할 수 있고 T는 $\tilde{\pi}$에서 π 위로의 원근사상(perspectivity)으로 간주할 수 있다.

역으로, 매장평면 $\tilde{\pi}$에서 매장평면 π 위로의 원근사이 주어지면 π에서 $\tilde{\pi}$로 사상되는 거리동형사상 $f : \mathbf{x} \to A\mathbf{x}$를 구할 수 있다. 이때 사영변환 $T : [\mathbf{x}] \to [A\mathbf{x}]$는 원근변환이다.

그러나 사영변환이 모두 원근변환은 아니다. 예를 들어, 행렬

$$A = \begin{pmatrix} 2 & 0 & 0 \\ 0 & 3 & 0 \\ 0 & 0 & 4 \end{pmatrix}$$

가 나타내는 사영변환을 생각하면 행렬 A가 $\mathbb{R}^3$의 어떠한 두 평면에 대해서도 거리동형사상이 아니므로 A에 대응하는 사영변환은 원근변환이 아니다. 그러나 다음 정리에 의하면 사영변환은 많아야 세 개의 원근변환의 합성으로 나타낼 수 있다.

정리 7.15 (원근변환정리). *임의의 사영변환 $T : \mathbb{RP}^2 \to \mathbb{RP}^2$ 는 많아야 세 개의 원근변환의 합성으로 나타낼 수 있다.*

증명. $T : [\mathbf{x}] \mapsto [A\mathbf{x}]$를 사영변환이라 하고, $\mathbb{R}^3$에서 $\mathbf{i} = (1, 0, 0)$, $\mathbf{j} = (0, 1, 0)$, $\mathbf{k} = (0, 0, 1)$이라 하자.

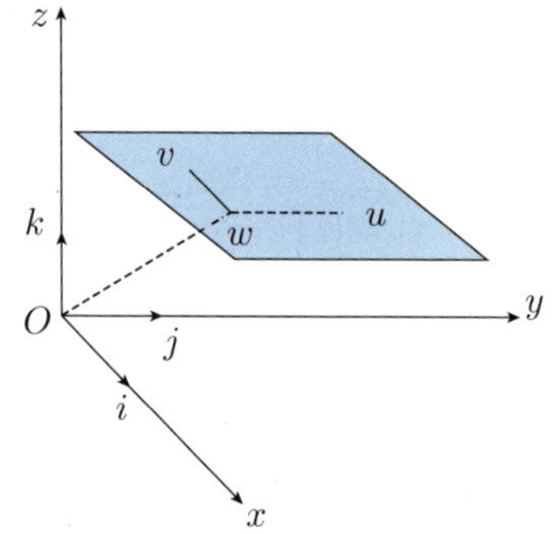

그림 7.19

또, $\mathbb{R}^3$에서 점(위치벡터) $\mathbf{w}$를 지나고 두 벡터 $\mathbf{u}$ 및 $\mathbf{v}$와 평행한 평면을

$$\mathbf{w} + \mathrm{Span}\{\mathbf{u}, \mathbf{v}\}$$

로 나타내자. 즉, $\mathrm{Span}\{\mathbf{u}, \mathbf{v}\}$는 두 벡터 $\mathbf{u}, \mathbf{v}$에 의해 생성되는 평면을 나타내고, $\mathbf{w} + \mathrm{Span}\{\mathbf{u}, \mathbf{v}\}$는 이 평면을 $\mathbf{w}$만큼 평행이동한 평면을 나타낸다.

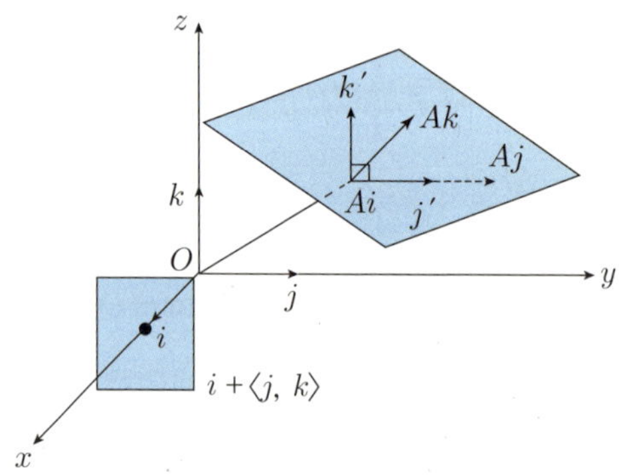

그림 7.20

3×3 행렬 A_1을

$$\mathbf{i} \to A\mathbf{i}, \quad \mathbf{j} \to \mathbf{j}' := \frac{A\mathbf{j}}{\|A\mathbf{j}\|}, \quad \mathbf{k} \to \mathbf{k}' \in \mathrm{Span}\{A\mathbf{j}, A\mathbf{k}\}, \quad \|\mathbf{k}'\| = 1, \quad \mathbf{k}' \perp A\mathbf{j}$$

로 사상시키는 선형변환이라고 하자. 그러면

$$\|\mathbf{j}'\| = \|\mathbf{k}'\| = 1, \quad \mathbf{j}' \perp \mathbf{k}'$$

이므로 행렬 A_1은 평면 $\mathbf{i} + \mathrm{Span}\{\mathbf{j}, \mathbf{k}\}$를 평면 $A\mathbf{i} + \mathrm{Span}\{A\mathbf{j}, A\mathbf{k}\}$로 사상시키는 거리동형 선형사상이 된다.

다음에 3×3 행렬 A_2를 $A\mathbf{i}$와 $\mathbf{j}'$은 고정시키고, $\mathbf{k}'$을 $A\mathbf{k}$로 사상시키는 선형변환이라고 하자. 그러면 A_2는 평면 $\mathbf{k}' + \mathrm{Span}\{A\mathbf{i}, \mathbf{j}'\}$을 평면 $A\mathbf{k} + \mathrm{Span}\{A\mathbf{i}, \mathbf{j}'\}$로 사상시키는 거리동형 선형사상이다.

끝으로, 3×3 행렬 A_3을 두 벡터 $A\mathbf{i}$와 $A\mathbf{k}$를 고정시키고, $\mathbf{j}'$을 $A\mathbf{j}$로 사상시키는 선형변환이라고 하면, A_3은 평면 $\mathbf{j}' + \mathrm{Span}\{A\mathbf{i}, A\mathbf{k}\}$를 평면 $A\mathbf{j} + \mathrm{Span}\{A\mathbf{i}, A\mathbf{k}\}$로 사상시키는 거리동형 선형사상이다.

요약하면

$$\begin{array}{ccccccc} & A_1 & & A_2 & & A_3 & \\ \mathbf{i} & \mapsto & A\mathbf{i} & \mapsto & A\mathbf{i} & \mapsto & A\mathbf{i} \\ \mathbf{j} & \mapsto & \mathbf{j}' & \mapsto & \mathbf{j}' & \mapsto & A\mathbf{j} \\ \mathbf{k} & \mapsto & \mathbf{k}' & \mapsto & A\mathbf{k} & \mapsto & A\mathbf{k} \end{array}$$

따라서 합성변환 $A_3A_2A_1$은 행렬 A와 같으므로, 행렬 $A_i(i = 1, 2, 3)$에 대응하는 사영변환을 $T_i(i = 1, 2, 3)$이라 하면 T_i는 모두 원근변환이고

$$T = T_3 \circ T_2 \circ T_1$$

이 성립한다 ∎

$\mathbb{R}^3$에서 한 직선 위에 놓여 있는 않은 서로 다른 세 점씩 두 쌍이 주어지면 한 쌍의 세 점을 다른 쌍의 세 점으로 사상시키는 선형변환을 구할 수 있다. 물론 세 점의 성질에 따라서 선형사상이 유일하게 결정되지 않을 수도 있다. 마찬가지로 사영기하학에서도 이와 같은 성질이 성립하는지 살펴보자. 즉, 한 (사영)직선 위에 놓여 있는 않는 서로

다른 세 (사영)점의 두 쌍이 주어졌을 때, 한 쌍으로부터 다른 쌍의 점으로 사상시키는 사영변환의 존재성에 대하여 알아보자.

보기 9. 사영변환 T_1과 T_2에 대응하는 수반행렬이 각각

$$A_1 = \begin{pmatrix} 1 & -1 & -4 \\ 1 & -2 & -3 \\ -1 & 2 & 4 \end{pmatrix}, \qquad A_2 = \begin{pmatrix} 2 & 6 & 8 \\ -7 & -4 & 3 \\ 4 & 0 & -6 \end{pmatrix}$$

일 때, 사영점

$$[1,-1,1], \quad [2,-2,1], \quad [-1,2,-1]$$

의 T_1과 T_2에 의한 상(image)을 구하시오.

풀이. 사영변환 T_1과 T_2를 각각 구하면

$$T_1([x,y,z]) = [x-y-4z, x-2y-3z, -x+2y+4z],$$
$$T_2([x,y,z]) = [2x+6y+8z, -7x-4y+3z, 4x-6z]$$

이므로

$$T_1([1,-1,1]) = [-2,0,1], \quad T_1([2,-2,1]) = [0,3,-2], \quad T_1([-1,2,-1]) = [1,-2,1]$$

이고

$$T_2([1,-1,1]) = [4,0,-2], \quad T_2([2,-2,1]) = [0,-3,2], \quad T_2([-1,2,-1]) = [2,-4,2]$$

이므로

$$T_1([1,-1,1]) = T_2([1,-1,1]),$$
$$T_1([2,-2,1]) = T_2([2,-2,1]),$$
$$T_1([-1,2,-1]) = T_2([-1,2,-1])$$

이다. ∎

보기 9에서 T_1과 T_2는 한 사영직선 위에 놓여 있지 않은 서로 다른 세 사영점

$$[1, -1, 1], [2, -2, 1], [-1, 2, -1]$$

을 같은 사영점으로 사상시킨다. 그러나 행렬 A_1과 A_2은 서로 다른 것의 실수배로 나타낼 수 없으므로 T_1과 T_2는 서로 다른 사영변환이다. 이로부터 사영변환은 한 사영직선 위에 놓여 있지 않은 서로 다른 세 사영점에 의해 유일하게 결정되지 않는다는 사실을 알 수 있다.

보기 10. 세 사영점 $[1, 0, 0]$, $[0, 1, 0]$, $[0, 0, 1]$을 한 사영직선 위에 놓여 있지 않은 세 사영점 $[1, -1, 1]$, $[2, -2, 1]$, $[-1, 2, -1]$로 사상시키는 사영변환을 구하시오.

풀이. 구하는 사영변환 T에 대응하는 수반행렬을 A라 하자. 행렬 A의 첫 번째 열 (column)을 $\begin{pmatrix} a \\ b \\ c \end{pmatrix}$라고 하면

$$\left[\begin{pmatrix} a & * & * \\ b & * & * \\ c & * & * \end{pmatrix}\begin{pmatrix} 1 \\ 0 \\ 0 \end{pmatrix}\right] = \left[\begin{pmatrix} a \\ b \\ c \end{pmatrix}\right] = \left[\begin{pmatrix} 1 \\ -1 \\ 1 \end{pmatrix}\right]$$

이다. 따라서 행렬 A의 첫 번째 열은

$$\begin{pmatrix} 1 \\ -1 \\ 1 \end{pmatrix}$$

임을 알 수 있다. 같은 방법으로 하면 행렬 A의 두 번째 열과 세 번째 열은 각각

$$\begin{pmatrix} 2 \\ -2 \\ 1 \end{pmatrix}, \quad \begin{pmatrix} -1 \\ 2 \\ -1 \end{pmatrix}$$

이므로 사영변환 T에 대응하는 수반행렬 A는

$$A = \begin{pmatrix} 1 & 2 & -1 \\ -1 & -2 & 2 \\ 1 & 1 & -1 \end{pmatrix}$$

이다. ∎

보기 10는 기준삼각점 $[1,0,0], [0,1,0], [0,0,1]$을 한 사영직선 위에 놓여 있지 않은 서로 다른 세 사영점으로 사상시키는 사영변환 $T : [\mathbf{x}] \to [A\mathbf{x}]$을 구하는 방법을 보여준다. 즉, 사상시키고자 하는 세 사영점에 대한 동차좌표를 행렬 A의 열로 나타내면 된다. 그러나 이렇게 얻은 사영변환은 유일하지가 않다. 실제로 보기 10에서 주어진 세 사영점

$$[1,-1,1], \quad [2,-2,1], \quad [-1,2,-1]$$

을 일반적으로

$$[u,-u,u], \quad [2v,-2v,v], \quad [-w,2w,-w]$$

로 나타낼 수 있으므로 이때 사영변환에 대응하는 수반행렬은

$$B = \begin{pmatrix} u & 2v & -w \\ -u & -2v & 2w \\ u & v & -w \end{pmatrix}$$

이다. 행렬 B에 대응하는 사영변환 $S : [\mathbf{x}] \to [B\mathbf{x}]$도 기준삼각점 $[1,0,0], [0,1,0], [0,0,1]$을 세 사영점 $[1,-1,1]$, $[1,-2,2]$, $[-1,2,-1]$로 사상시킨다. 그러나 사영변환 S는 $\mathbb{RP}^2$의 다른 사영점에 대해서는 실수 u, v, w에 따라 달라질 수 있다.

보기 11. 네 사영점 $[1,0,0]$, $[0,1,0]$, $[0,0,1]$, $[1,1,1]$을 각각 사영점

$$[1,-1,1], \quad [2,-2,1], \quad [-1,2,-1], \quad [2,1,0]$$

으로 사상시키는 사영변환을 구하시오.

풀이. 구하고자 하는 사영변환 T에 대응하는 수반행렬을 A라 하면 보기 10로부터

$$A = \begin{pmatrix} u & 2v & -w \\ -u & -2v & 2w \\ u & v & -w \end{pmatrix}$$

로 나타낼 수 있다. 또 변환 T가 점 $[1,1,1]$을 $[2,1,0]$으로 사상시켜야 하므로 실수 u, v, w는 다음

$$\left[\begin{pmatrix} u & 2v & -w \\ -u & -2v & 2w \\ u & v & -w \end{pmatrix}\begin{pmatrix} 1 \\ 1 \\ 1 \end{pmatrix}\right] = \left[\begin{pmatrix} 2 \\ 1 \\ 0 \end{pmatrix}\right]$$

을 만족시킨다. 따라서 연립방정식

$$\begin{cases} u + 2v - w = 2 \\ -u - 2v + 2w = 1 \\ u + v - w = 0 \end{cases}$$

을 풀면 $u = 1, v = 2, w = 3$이므로 사영변환 T에 대응하는 행렬 A는

$$A = \begin{pmatrix} 1 & 4 & -3 \\ -1 & -4 & 6 \\ 1 & 2 & -3 \end{pmatrix}$$

이다. ∎

보기 11로부터 한 직선 위에 있지 않은 네 개의 서로 다른 사영점이 주어지면 표준 삼각점 $[1,0,0]$, $[0,1,0]$, $[0,0,1]$과 단위 사영점 $[1,1,1]$을 주어진 네 개의 사영점으로 사상시키는 사영변환은 유일하게 결정된다는 사실을 알 수 있다.

일반적으로 다음이 성립한다.

정리 7.16 (사영기하학의 기본 정리). ABCD 와 A′B′C′D′ 이 $\mathbb{RP}^2$ 의 두 사각형이면

$$A \to \mathrm{A}', \quad B \to \mathrm{B}', \quad C \to \mathrm{C}', \quad D \to \mathrm{D}'$$

로 사상시키는 사영변환 T 가 유일하게 존재한다.

증명. 보기 11에 의하면 네 사영점

$$[1, 0, 0], \quad [0, 1, 0], \quad [0, 0, 1], \quad [1, 1, 1]$$

을 각각 네 점 A, B, C, D로 사상시키는 사영변환 T_1 이 유일하게 존재한다.

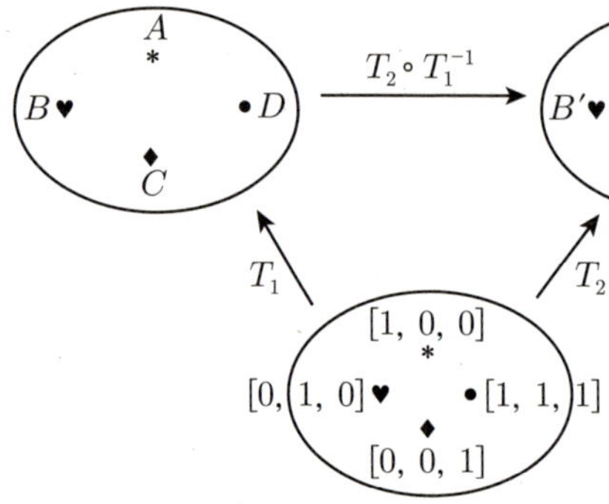

그림 7.21: 사영변환

또한, 네 사영점 [1, 0, 0], [0, 1, 0], [0, 0, 1], [1, 1, 1]을 각각 점 A′, B′, C′, D′으로 사상시키는 사영변환 T_2가 유일하게 존재한다. 이때 $T = T_2 \circ T_1^{-1}$ 으로 정의하면 사영변환 T는 네 점 A, B, C, D를 각각 A′, B′, C′, D′으로 사상시키는 사영변환이다. ∎

보기 12. 네 사영점 $[2, -1, 1]$, $[1, -2, 1]$, $[2, -1, 5]$, $[1, 0, 1]$을 각각 사영점

$$[-2, 3, -1], \quad [-5, 7, -3], \quad [4, -5, 2], \quad [-5, 8, -3]$$

으로 사상시키는 사영변환 T를 구하시오.

풀이. 표준삼각점 $[1,0,0]$, $[0,1,0]$, $[0,0,1]$을 각각 점 $[2,-1,1]$, $[1,-2,1]$, $[2,-1,5]$로 사상시키는 사영변환 T_1에 대응하는 수반행렬은 보기 11로부터

$$A_1 = \begin{pmatrix} 2u & v & 2w \\ -u & -2v & -w \\ u & v & 5w \end{pmatrix}$$

이다. 이때 사영변환 T가 점 $[1,1,1]$을 점 $[1,0,1]$로 사상시키므로

$$\begin{pmatrix} 2u & v & 2w \\ -u & -2v & -w \\ u & v & 5w \end{pmatrix} \begin{pmatrix} 1 \\ 1 \\ 1 \end{pmatrix} = \begin{pmatrix} 1 \\ 0 \\ 1 \end{pmatrix}$$

이 성립한다. 즉, 전개하여 연립방정식

$$\begin{cases} 2u + v + 2w = 1 \\ -u - 2v - w = 0 \\ u + v + 5w = 1 \end{cases}$$

을 풀면 $u = \frac{1}{2}, v = -\frac{1}{3}, w = \frac{1}{6}$이므로

$$A_1 = \begin{pmatrix} 1 & -\frac{1}{3} & \frac{1}{3} \\ -\frac{1}{2} & \frac{2}{3} & -\frac{1}{6} \\ \frac{1}{2} & -\frac{1}{3} & \frac{5}{6} \end{pmatrix}$$

또는 간단한 형태인

$$A_1 = \begin{pmatrix} 6 & -2 & 2 \\ -3 & 4 & -1 \\ 3 & -2 & 5 \end{pmatrix}$$

로 주어진다.

한편, 같은 방법으로 네 사영점 $[1,0,0]$, $[0,1,0]$, $[0,0,1]$, $[1,1,1]$을 각각 사영점

$$[-2,3,-1], \quad [-5,7,-3], \quad [4,-5,2], \quad [-5,8,-3]$$

으로 사상시키는 사영변환 T_2에 대응하는 수반행렬 A_2는

$$A_2 = \begin{pmatrix} -2u & -5v & 4w \\ 3u & 7v & -5w \\ -u & -3v & 2w \end{pmatrix}$$

이고

$$\begin{pmatrix} -2u & -5v & 4w \\ 3u & 7v & -5w \\ -u & -3v & 2w \end{pmatrix} \begin{pmatrix} 1 \\ 1 \\ 1 \end{pmatrix} = \begin{pmatrix} -5 \\ 8 \\ -3 \end{pmatrix}$$

이 성립한다. 즉, 전개하여 연립방정식

$$\begin{cases} -2u - 5v + 4w = -5 \\ 3u + 7v - 5w = 8 \\ -u - 3v + 2w = -3 \end{cases}$$

을 풀면 $u = 2, v = 1, w = 1$이므로

$$A_2 = \begin{pmatrix} -4 & -5 & 4 \\ 6 & 7 & -5 \\ -2 & -3 & 2 \end{pmatrix}$$

이다.

이때

$$A_1^{-1} = \begin{pmatrix} \frac{1}{4} & \frac{1}{12} & -\frac{1}{12} \\ \frac{1}{6} & \frac{1}{3} & 0 \\ -\frac{1}{12} & \frac{1}{12} & \frac{1}{4} \end{pmatrix}$$

따라서 사영변환 T에 대응하는 수반행렬 A는

$$A = A_2 A_1^{-1} = \begin{pmatrix} -4 & -5 & 4 \\ 6 & 7 & -5 \\ -2 & -3 & 2 \end{pmatrix} \begin{pmatrix} \frac{1}{4} & \frac{1}{12} & -\frac{1}{12} \\ \frac{1}{6} & \frac{1}{3} & 0 \\ -\frac{1}{12} & \frac{1}{12} & \frac{1}{4} \end{pmatrix} = \begin{pmatrix} -\frac{13}{6} & -\frac{5}{3} & \frac{4}{3} \\ \frac{36}{12} & \frac{29}{12} & -\frac{7}{4} \\ -\frac{7}{6} & -1 & \frac{2}{3} \end{pmatrix}$$

또는 12를 곱한

$$A = \begin{pmatrix} -26 & -20 & 16 \\ 37 & 29 & -21 \\ -14 & -12 & 8 \end{pmatrix}$$

이다. 실제로

$$\begin{pmatrix} -26 & -20 & 16 \\ 37 & 29 & -21 \\ -14 & -12 & 8 \end{pmatrix} \begin{pmatrix} 1 \\ 0 \\ 1 \end{pmatrix} = \begin{pmatrix} -10 \\ 16 \\ -6 \end{pmatrix} = 2 \begin{pmatrix} -5 \\ 8 \\ -3 \end{pmatrix}$$

이 성립한다. ∎

사영기하학의 개념을 이용하면 유클리드 평면 기하에서 성립하는 성질을 간단하게 설명할 수 있는 것이 있다. 사영기하학의 기본 정리를 이용하여 원근법과 관련이 있는 성질인 데자르그(Desargues) 정리와 파푸스(Pappus) 정리를 증명해보자.

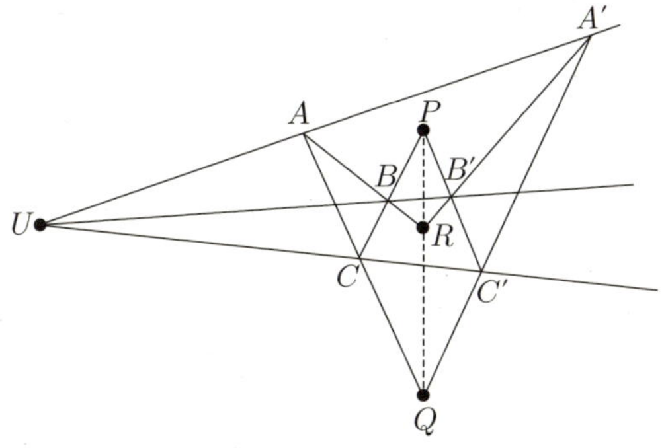

그림 7.22: 데자르그 정리

정리 7.17 (데자르그 정리). *유클리드 평면 $\mathbb{R}^2$ 의 두 삼각형 ABC 와 A′B′C′ 에 대하여 세 직선 AA′, BB′, CC′ 이 한 점 U 에서 만난다. 두 직선 BC 와 B′C′ 이 점 P 에서 만나고, 두 직선 CA 와 C′A′ 이 점 Q 에서 만나고, 두 직선 AB 와 A′B′ 이 점 R 에서 만나면 세 점 P, Q, R 는 한 직선 위에 있다.*

증명. 이 정리는 유클리드 기하학에 대한 성질이므로 사영 성질과 무관하다. 따라서 사영기하학의 정리를 사용할 수 있다. 특히, 사영기하학의 기본 정리에 의해

$$\mathrm{A} = [1, 0, 0], \quad \mathrm{B} = [0, 1, 0], \quad \mathrm{C} = [0, 0, 1], \quad \mathrm{U} = [1, 1, 1]$$

이라고 가정해도 된다. 직선 AU는 사영점 [1,0,0]과 [1,1,1]을 지나므로 AU의 사영직선의 방정식은 $ax + by + cz = 0$에 두 점을 대입하면

$$y = z$$

임을 알 수 있다. A'이 직선 AU 위의 점이므로 A'의 동차좌표는 $[a, b, b]$로 나타낼 수 있다. 이때 $\mathrm{A} \neq \mathrm{A}'$이므로 $b \neq 0$이다. 따라서 점 A'의 동차좌표는 $[p, 1, 1]$의 꼴로 나타낼 수 있다. $(p = a/b)$ 같은 방법으로 사영점 B'과 C'의 동차좌표는 각각

$$[1, q, 1, \quad [1, 1, r]$$

의 꼴로 나타낼 수 있다.

이제 두 직선 BC와 $\mathrm{B}'\mathrm{C}'$의 교점 P를 구해보자. 직선 BC는 방정식 $x = 0$으로 주어진다. 직선 $\mathrm{B}'\mathrm{C}'$은 두 점 $\mathrm{B}' = [1, q, 1]$과 $\mathrm{C}' = [1, 1, r]$을 지나므로 사영직선 $\mathrm{B}'\mathrm{C}'$의 방정식은

$$\begin{vmatrix} x & y & z \\ 1 & q & 1 \\ 1 & 1 & r \end{vmatrix} = 0$$

즉,

$$(qr - 1)x - (r - 1)y + (1 - q)z = 0$$

이다. 두 직선 BC와 $\mathrm{B}'\mathrm{C}'$의 교점 P는 $x = 0$과 $(r - 1)y = (1 - q)z$를 만족시키므로 동차좌표는

$$[0, 1 - q, r - 1]$$

의 꼴로 나타낼 수 있다. 같은 방법으로 두 사영점 Q, R의 동차좌표를 각각 구하면

$$[1 - p, 0, r - 1], \qquad [1 - p, q - 1, 0]$$

이다. 따라서 세 점 P, Q, R가 한 직선 위에 놓여 있기 위해서는

$$\begin{vmatrix} 0 & 1-q & r-1 \\ 1-p & 0 & r-1 \\ 1-p & q-1 & 0 \end{vmatrix} = 0$$

을 만족시켜야만 한다. 실제로 이 등식이 성립하므로 세 점 P, Q, R는 한 직선 위에 놓여 있다. ∎

정리 7.18 (파푸스 정리). *$\mathbb{R}^2$에서 A, B, C는 직선 l 위의 서로 다른 세 점이고, A′, B′, C′은 직선 l' 위의 서로 다른 세 점이라고 하자. 두 직선 BC′, B′C가 점 P에서 만나고, 두 직선 CA′, C′A가 점 Q에서 만나고, 두 직선 AB′, A′B가 점 R에서 만나면 세 점 P, Q, R는 한 직선 위에 있다.*

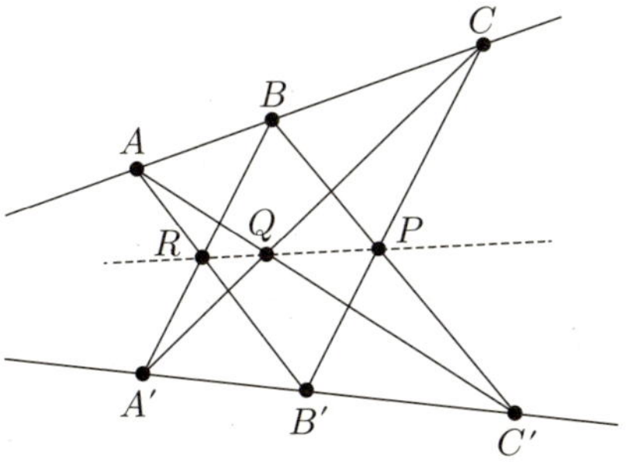

그림 7.23: 파푸스 정리

증명. 데자르그 정리의 증명에서와 같이 사영기하학의 기본 정리에 의해 네 점 A, A′, P, R의 동차좌표로

$$[1, 0, 0], \quad [0, 1, 0], \quad [0, 0, 1], \quad [1, 1, 1]$$

를 택할 수 있다. 직선 AR는 점 [1,0,0]과 [1,1,1]을 지나므로 사영직선 AR의 방정식은

$$y = z$$

이다. B'이 사영직선 AR 위의 점이므로 동차좌표를 $[a, b, b]$의 꼴로 나타낼 수 있다. 이때 $A \neq B'$이므로 $b \neq 0$이다. 따라서 점 B'의 동차좌표를

$$[r, 1, 1] \qquad (r = \frac{a}{b})$$

로 나타낼 수 있다. 같은 방법으로 점 B는 두 점 $A' = [0, 1, 0]$과 R=[1,1,1]을 지나는 (사영)직선의 방정식 $x = z$ 위에 놓여 있으므로, 점 B의 동차좌표를

$$[1, s, 1]$$

의 꼴로 나타낼 수 있다.

이제 두 직선 AB와 $B'P$의 교점인 점 C의 동차좌표를 구해보자. 직선 AB는 점 A =[1,0,0]과 점 B=[1,s,1]을 지나므로 (사영)직선 AB의 방정식은 $y = sz$이다. 또, 직선 $B'P$는 점 $B' = [r, 1, 1]$과 점 $P = [0, 0, 1]$을 지나므로 (사영)직선 $B'P$의 방정식은 $x = ry$이다. 따라서 점 C의 좌표는 두 식 $y = sz, x = ry$를 만족시키므로 동차좌표를

$$[rs, s, 1]$$

의 꼴로 나타낼 수 있다.

끝으로 두 직선 $AC', A'C$의 교점인 Q의 동차좌표를 구해보자. 직선 AC'은 두 점 A=[1,0,0]과 $C' = [r, rs, 1]$을 지나므로 (사영)직선 AC'의 방정식은 $y = rsz$이다. 또, 직선 $A'C$는 점 $A' = [0, 1, 0]$과 $C = [rs, s, 1]$을 지나므로 (사영)직선 $A'C$의 방정식은 $x = rsz$이다. 따라서 점 Q의 좌표는 두 식 $y = rsz, x = rsz$를 만족시켜야 하므로 점 Q의 동차좌표를

$$[rs, rs, 1]$$

의 꼴로 택할 수 있다. 그러므로 세 점

$$R = [1, 1, 1], \quad Q = [rs, rs, 1], \quad P = [0, 0, 1]$$

은 사영직선 $x = y$ 위에 놓여 있다. ∎

연습문제

[7.4.1] 표준삼각점 $[1,0,0]$, $[0,1,0]$, $[0,0,1]$과 단위 사영점 $[1,1,1]$을 다음에 주어진 네 개의 사영점으로 각각 사상시키는 사영변환을 구하시오.

(1) $[0,0,-1]$, $[0,2,-3]$, $[4,0,2]$, $[-5,2,1]$

(2) $[0,0,1]$, $[1,0,0]$, $[0,1,0]$, $[5,4,3]$

(3) $[0,1,2]$, $[-1,0,1]$, $[-1,3,0]$, $[2,-1,3]$

[7.4.2] 다음에서 집합 $\mathcal{A}$의 네 사영점을 집합 $\mathcal{B}$의 네 사영점으로 순서대로 사상시키는 사영변환을 구하시오.

(1) $\mathcal{A} = \{[-1,0,0],\ [-3,2,0],\ [2,0,4],\ [1,2,-5]\}$,

$\mathcal{B} = \{[2,1,0],\ [1,0,-1],\ [0,3,-1],\ [3,-1,2]\}$

(2) $\mathcal{A} = \{[-3,0,1],\ [-2,1,1],\ [-5,3,3],\ [-13,4,6]\}$,

$\mathcal{B} = \{[3,-5,3],\ [0,-1,\frac{1}{2}],\ [6,-5,3],\ [12,-13,8]\}$

7.5 사영 이차곡선

파푸스 정리(정리 7.18)로부터 평면에서 한 직선 l 위에 놓여 있는 세 점 A, B, C와 다른 직선 l' 위에 놓여 있는 서로 다른 세 점 A′, B′, C′에 대하여 두 직선 BC′, B′C가 점 P에서 만나고, 두 직선 CA′, C′A가 점 Q에서 만나고, 두 직선 AB′, A′B가 점 R에서 만나면 세 점 P, Q, R는 한 직선 위에 있다는 사실이 알려져 있다.

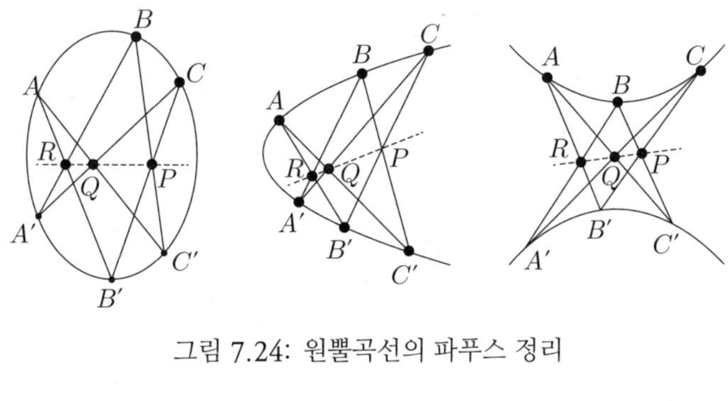

그림 7.24: 원뿔곡선의 파푸스 정리

서로 다른 여섯 개의 점 A, B, C, A′, B′, C′이 두 직선이 아닌 타원, 포물선 또는 쌍곡선 위에 놓여 있는 경우에도 파푸스 정리가 성립한다는 것이 알려져 있다. 원, 타원, 포물선, 쌍곡선은 $\mathbb{R}^3$에서 좌표 x, y, z를 사용하여 이차식으로 나타낼 수 있으므로 이차곡선이라고 한다. 또한 이 곡선들은 일차식의 곱으로 표현할 수 없기 때문에 정칙곡선(non-degenerate)이라고 한다. 한편, 이러한 곡선들은 $\mathbb{R}^3$에서 한 꼭짓점을 맞대고 있는 두 원뿔과 평면의 교선으로 주어지므로 원, 타원, 포물선, 쌍곡선을 원뿔곡선(conic)이라고도 한다. 더욱이 한 꼭짓점을 맞대고 있는 원뿔에 원과 포물선이 주어지면 원뿔의 꼭짓점에서의 원근사상(perspectivity)이 존재하여 원을 포물선으로 또는 포물선을 원으로 사상시킬 수 있다. 이때 원의 한 점은 포물선의 무한점에 대응한다.

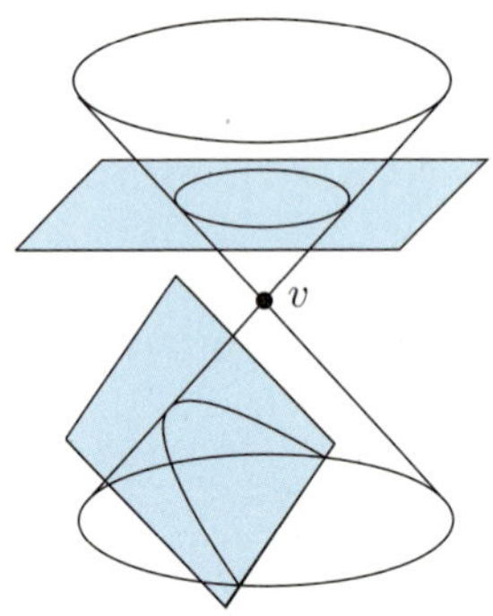

그림 7.25: 사영원뿔곡선

따라서 원뿔곡선은 사영성질을 갖고 있기 때문에 **사영원뿔곡선**(projective conic)이라고 하며, 사영기하학에서는 네 개의 원뿔곡선을 구분할 수 없기 때문에 모두 같은 것으로 간주할 수 있다.

이제 사영원뿔곡선 또는 사영이차곡선의 일반적인 형태에 대하여 알아보자.

표준매장평면 $z = 1$ 위에 놓여 있는 유클리드 원 $C : x^2 + y^2 = 1, z = 1$에 대응하는 사영 도형은 $\mathbb{R}^3$에서 원점을 꼭짓점으로 서로 맞대고 있는 두 원뿔 $x^2 + y^2 = z^2$이다. 이 원뿔에 놓여 있는 $\mathbb{RP}^2$의 사영점을 $[x', y', z']$으로 나타내면 이 점이 나타내는 유클리드 직선은 표준매장평면과 점 $\left(\frac{x'}{z'}, \frac{y'}{z'}, 1\right)$에서 만난다. 이 점은 유클리드 원 C의 방정식을 만족시키므로

$$\left(\frac{x'}{z'}\right)^2 + \left(\frac{y'}{z'}\right)^2 = 1$$

이 성립한다. 양변에 $(z')^2$을 곱하고 기호 $'$을 생략하면 우리가 잘 알고 있는 원뿔곡선

$x^2 + y^2 = z^2$ 을 얻는다.

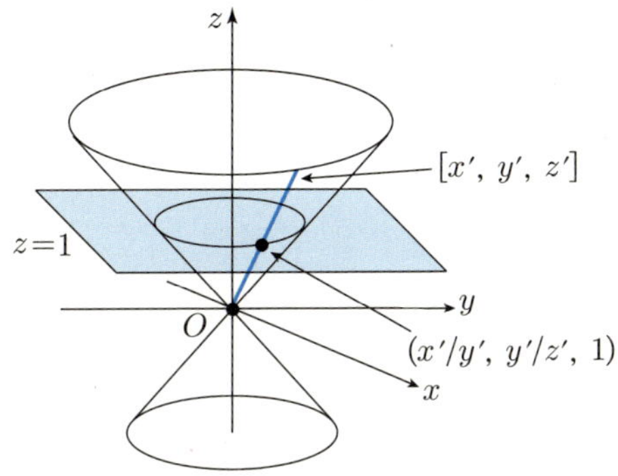

그림 7.26

역으로 사영 도형을 매장평면을 이용하여 유클리드 도형에 대응시켜 보자. 이 경우에는 매장평면을 어떻게 택하느냐에 따라 유클리드 도형의 모양이 달라질 수 있다. 예를 들어, 사영 도형을 $\mathbb{R}^3$ 의 원뿔 $x^2 + y^2 = z^2$ 이라고 하면[5], 아래 그림과 같이 매장평면의 경우에 따라 유계인 영역, 유계가 아닌 영역, 두 개의 영역을 가지는 도형으로 나타내어진다. 특히, 두 번째의 경우에는 하나의 이상점은 포물선의 무한점에 대응하며, 세 번째의 경우에는 두 개의 이상점이 쌍곡선의 무한점에 각각 대응함을 알 수 있다.

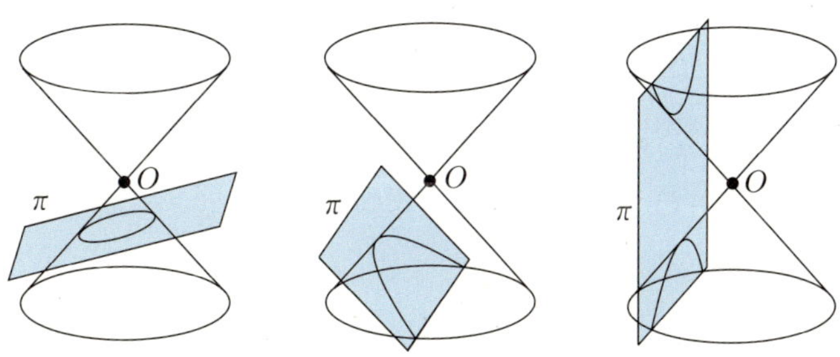

그림 7.27

이제 매장평면을 표준매장평면 $\pi : z = 1$ 로 고정하고 유클리드 쌍곡선

$$\{(x, y, z) \,:\, y^2 - 4x^2 = 1,\ z = 1\}$$

[5] 이해가 쉽도록 유클리드 도형으로 나타내었지만 엄밀히 말하면 사영직선을 나타낸다.

에 대응하는 사영 도형의 방정식을 구해보자. 사영 도형에 속하는 임의의 사영점 $[x', y', z']$은 표준매장평면 π와 점 $\left(\frac{x'}{z'}, \frac{y'}{z'}, 1\right)$에서 만난다. 따라서

$$\left(\frac{y'}{z'}\right)^2 - 4\left(\frac{x'}{z'}\right)^2 = 1$$

이 성립한다. $z' \neq 0$이므로 양변에 z'을 곱하고 기호 $'$을 생략하면 대응하는 사영 도형의 방정식은

$$y^2 - 4x^2 = z^2, \quad z \neq 0$$

임을 알 수 있다.

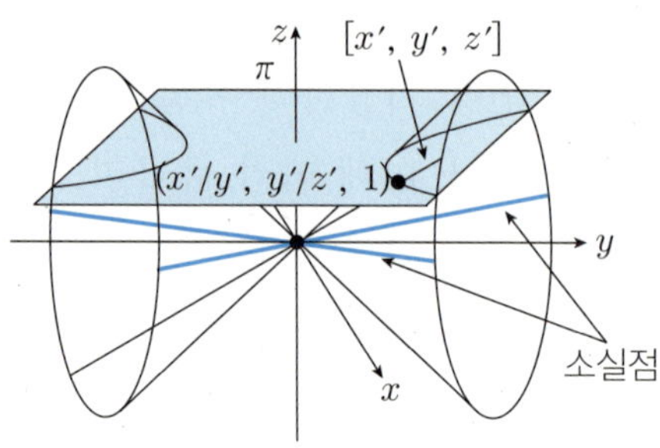

그림 7.28: 사영쌍곡선

위에서 언급한 원에 대응하는 사영 도형과 마찬가지로 모두 2차 동차식으로만 주어진다는 것을 알 수 있다. 그러나 원의 경우와 달리 $z \neq 0$로부터 두 사영점을 나타낼 수는 없다. 즉 방정식 $y^2 - 4x^2 = 0$을 만족시키는 점 $[x, y, 0]$의 형태는 나타낼 수 없는데 주어진 방정식은 $y = \pm 2x$와 같으므로 나타낼 수 없는 두 사영점은 각각 $[1, 2, 0]$과 $[1, -2, 0]$이다.

일반적으로 표준매장평면 $\pi : z = 1$ 위에 놓여 있는 이차곡선(원뿔곡선)은 다음과 같은 형태로 나타낼 수 있다.

$$\{(x, y, z) : Ax^2 + Bxy + Cy^2 + Dx + Ey + F = 0, \ z = 1\} \tag{7.5.1}$$

이 이차곡선에 대응하는 사영 도형 위의 점 $[x', y', z']$은 평면 π와 점 $\left(\frac{x'}{z'}, \frac{y'}{z'}, 1\right)$에서

만나므로 이 점은 위의 이차곡선 방정식을 만족시킨다. 즉,

$$A\left(\frac{x'}{z'}\right)^2 + B\left(\frac{x'}{z'}\right)\left(\frac{y'}{z'}\right) + C\left(\frac{y'}{z'}\right)^2 + D\left(\frac{x'}{z'}\right) + E\left(\frac{y'}{z'}\right) + F = 0$$

양변에 $(z')^2$을 곱하고, 기호 $'$을 생략하면 이차곡선 (7.5.1)에 대응하는 사영 도형의 방정식은

$$Ax^2 + Bxy + Cy^2 + Dxz + Eyz + Fz^2 = 0,\ z \neq 0 \tag{7.5.2}$$

이다. 사영 도형의 방정식 (7.5.2)에서 조건 $z \neq 0$이 없으면 사영 평면은 유클리드 이차곡선과 관련 있는 표준매장평면에 대한 이상점을 포함할 수 있다. 유클리드 이차곡선에 대응하는 사영 도형을 사영 이차곡선 또는 사영 원뿔곡선이라고 한다. 사영 이차곡선은 위에서 언급했듯이 이상점을 포함할 수도 있다. 이상점은 $z = 0$인 경우, 즉 $Ax^2 + Bxy + Cy^2 = 0$을 만족시키므로 동차좌표 $[x, y, 0]$의 꼴로 주어진다.

정의 7.19. $\mathbb{RP}^2$에서 이차방정식

$$Ax^2 + Bxy + Cy^2 + Dxz + Eyz + Fz^2 = 0 \tag{7.5.3}$$

을 만족시키는 동차좌표 전체의 집합을 $\mathbb{RP}^2$의 **사영 이차곡선** 또는 **사영 원뿔곡선**(projective conic)이라고 한다.

이를테면, $xy + xz + yz = 0$은 사영 이차곡선이다. 그러나 이차방정식 $x^2 + y^2 - 3y + z^2 = 0$은 y에 대한 일차식을 포함하고 있으므로 사영 이차곡선이 아니다.

사영점 P의 동차좌표가 사영 이차곡선의 방정식을 만족시킬 때, '점 P가 주어진 사영 이차곡선 위에 놓여 있다.' 또는 '사영 이차곡선이 점 P를 지난다.' 라고 한다. 예를 들어, 점 $[5, 4, 3]$은 사영 이차곡선 $x^2 = y^2 + z^2$ 위에 놓여 있다. 그러나 $x^2 = y^2 + z^2$은 사영점 $[1, 1, 1]$을 지나지 않는다.

정의 7.20. 사영 이차곡선에 대응하는 표준매장평면 위의 유클리드 이차곡선이 정칙곡선일 때, 주어진 사영 이차곡선을 **정칙**(non-degenerate) 사영 이차곡선이라고 한다.

유클리드 이차곡선의 방정식이 두 일차식의 곱으로 인수분해가 되는 경우, 즉 두 직선을 나타내거나 한 직선이나 점을 나타내거나 방정식을 만족시키는 점이 존재하지 않을 때 이 이차곡선을 퇴화(degenerate) 곡선이라고 한다. 따라서 사영 이차곡선의 방정식이 두 사영직선 또는 하나의 사영직선이나 하나의 사영점을 나타내거나 방정식을 만족시키는 사영점이 존재하지 않는 경우에 사영 이차곡선은 퇴화 사영 이차곡선이라고 한다. 예를 들어, 방정식

$$x^2 + 2y^2 - z^2 = 0$$

으로 주어지는 사영 이차곡선은 정칙곡선임을 알 수 있다. 실제로 이 사영 곡선을 표준매장평면 위에 나타내면 다음과 같은 유클리드 타원이 된다.

$$\{(x, y, z) \,:\, x^2 + 2y^2 = 1,\ z = 1\}$$

한편, 방정식

$$6x^2 + 5xy - 4y^2 + 7xz + 13yz - 3z^2 = 0 \tag{7.5.4}$$

으로 주어지는 사영 이차곡선은 좌변의 이차식을 인수분해하면

$$6x^2 + 5xy - 4y^2 + 7xz + 13yz - 3z^2 = (2x - y + 3z)(3x + 4y - z)$$

이므로 정칙곡선이 아닌 퇴화곡선임을 알 수 있다. 따라서 방정식 (7.5.4)로 주어지는 사영 이차곡선은 표준매장평면에서 두 유클리드 직선

$$\{(x, y, z) \,:\, 2x - y + 3 = 0,\ z = 1\}$$

과

$$\{(x, y, z) \,:\, 3x + 4y - 1 = 0,\ z = 1\}$$

과 만난다.

$\mathbb{RP}^2$ 의 사영변환은 $\mathbb{R}^3$ 에서 가역인 3×3 행렬로 나타낼 수 있으므로 정칙 사영 이차곡선은 사영변환에 의해 정칙 사영 이차곡선으로 사상된다.

정리 7.21. $T:\mathbb{RP}^2\to\mathbb{RP}^2$가 사영변환이고 $\mathcal{C}$가 정칙 사영 이차곡선이면 $T(\mathcal{C})$도 정칙 사영 이차곡선이다.

증명. 사영 이차곡선 $\mathcal{C}$의 방정식을

$$Ax^2+Bxy+Cy^2+Dxz+Eyz+Fz^2=0 \tag{7.5.5}$$

이라 하자. 곡선 $\mathcal{C}$ 위의 점을 동차좌표로 $[x,y,z]$로 나타내면 $[x,y,z]$는 방정식 (7.5.5)를 만족시킨다. 이때 $T([x,y,z])=[x',y',z']$으로 놓고 T^{-1}을 나타내는 3×3 행렬을

$$\begin{pmatrix} a & b & c \\ d & e & f \\ g & h & k \end{pmatrix}$$

로 나타내면, $T^{-1}([x',y',z'])=[x,y,z]$로부터

$$x=ax'+by'+cz'$$
$$y=dx'+ey'+fz'$$
$$z=gx'+hy'+kz'$$

이 성립한다. 이 세 식을 방정식 (7.5.5)에 대입하면 x',y',z'에 대한 동차차수가 2인 이차방정식을 얻는다. 더욱이 T^{-1}에 대응하는 수반행렬이 역행렬을 가지므로 T^{-1}은 사영직선을 사영직선으로, 사영점을 사영점으로 사상시키므로 x',y',z'에 대한 이차방정식은 정칙 사영 이차곡선을 나타낸다. ∎

사영 이차곡선의 접선

$\mathcal{C}$를 정칙 사영 이차곡선이라 하고, l을 $\mathbb{RP}^2$의 사영직선이라고 하자. 그러면 l은 $\mathbb{R}^3$에서 원점 O를 지나는 평면을 나타내고 $\mathcal{C}$는 $\mathbb{R}^3$에서 원점을 지나는 직선으로 이루어진 원뿔 형태의 곡면(surface)을 나타낸다. 따라서 사영직선 l과 정칙 사영 이차곡선 $\mathcal{C}$

의 위치 관계는 다음과 같은 세 가지 경우가 있다.

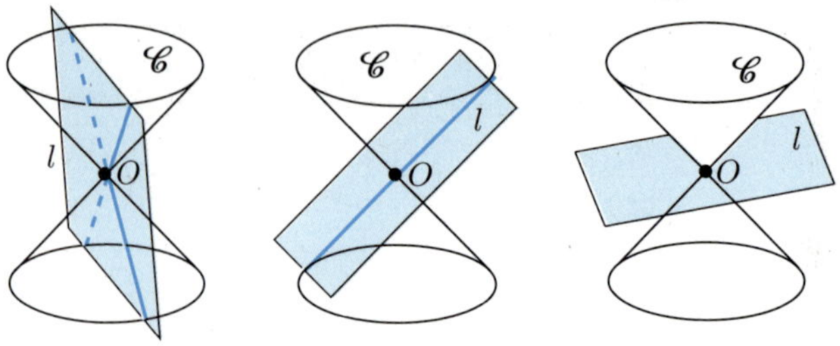

그림 7.29: 사영직선의 위치 관계

- l은 $\mathcal{C}$와 서로 다른 두 점에서 만난다.
- l은 $\mathcal{C}$와 오직 한 점에서 만난다.
- l은 $\mathcal{C}$와 만나지 않는다.

두 번째 경우에 사영 직선 l을 사영 이차곡선 $\mathcal{C}$에 접하는 접선이라고 한다.

정의 7.22. $\mathcal{C}$를 정칙 사영 이차곡선이라고 하자. 사영직선 l이 이차곡선 $\mathcal{C}$와 오직 한 사영점 P에서 만날 때, l이 점 P에서 $\mathcal{C}$에 접하는 **접선**(tangent)이라고 한다.

정의 7.23. $\mathcal{C}$를 정칙 사영 이차곡선이라 하고, Q, R를 사영점이라고 하자. 점 Q를 지나는 임의의 사영직선이 $\mathcal{C}$와 서로 다른 두 점에서 만날 때, Q가 $\mathcal{C}$의 **내부**(inside)에 놓여 있다고 한다. 점 R를 지나는 사영직선 중에서 $\mathcal{C}$와 만나지 않는 직선이 존재할 때, 점 R는 $\mathcal{C}$의 **외부**(outside)에 놓여 있다고 한다.

정리 7.24. *$T : \mathbb{RP}^2 \to \mathbb{RP}^2$가 사영변환이고, l이 사영점 P에서 정칙 사영 이차곡선 $\mathcal{C}$에 접하는 접선이라고 하자. 그러면 $T(l)$은 점 $T(\mathrm{P})$에서 $T(\mathcal{C})$에 접하는 접선이다. 만일 Q가 $\mathcal{C}$의 내부점이면 $T(\mathrm{Q})$는 $T(\mathcal{C})$의 내부점이고, R가 $\mathcal{C}$의 외부점이면 $T(\mathrm{R})$는 $T(\mathcal{C})$의 외부점이다.*

증명. 접선의 정의로부터 P는 사영직선 l과 사영 이차곡선 $\mathcal{C}$의 유일한 교점이다. T는 $\mathbb{RP}^2$에서 일대일대응이므로 $T(\mathrm{P})$는 $T(l)$과 $T(\mathcal{C})$의 유일한 교점이다. 다시 말해서, $T(l)$은 점 $T(\mathrm{P})$에서 $T(\mathcal{C})$에 접하는 접선이다.

또, Q가 $\mathcal{C}$의 내부점이고, 사영직선 l'이 $T(\mathcal{C})$와 서로 다른 두 점에서 만나지 않으면, $T^{-1}(l')$은 점 Q를 지나는 사영직선으로 $\mathcal{C}$와 서로 다른 두 점에서 만나지 않는다. 같은 방법으로 외부점에 대한 성질도 보일 수 있다. ∎

이제 정칙 사영 이차곡선에 접하는 사영접선의 방정식을 구해보자. 이를 위해 우선 유클리드 평면에 놓여 있는 유클리드 원뿔곡선에 접하는 접선의 방정식에 대하여 알아보자.

유클리드 원뿔곡선 ξ의 방정식을

$$Ax^2 + Bxy + Cy^2 + Dx + Ey + F = 0 \tag{7.5.6}$$

이라 하고, $\mathrm{P}(x_1, y_1)$을 ξ 위의 점이라고 하자. 그러면

$$Ax_1^2 + Bx_1y_1 + Cy_1^2 + Dx_1 + Ey_1 + F = 0 \tag{7.5.7}$$

를 만족시킨다. 점 P에서 원뿔곡선 ξ에 접하는 접선의 기울기를 구하기 위해 (7.5.6)에 음함수의 미분법을 적용하면

$$2Ax + By + Bx\frac{dy}{dx} + 2Cy\frac{dy}{dx} + D + E\frac{dy}{dx} = 0,$$

즉

$$\frac{dy}{dx} = -\frac{2Ax + By + D}{Bx + 2Cy + E}$$

점 P의 좌표 (x_1, y_1)을 대입하면 구하는 접선의 기울기는

$$\left.\frac{dy}{dx}\right|_{(x_1,y_1)} = -\frac{2Ax_1 + By_1 + D}{Bx_1 + 2Cy_1 + E}$$

따라서 구하는 접선의 방정식은

$$y = -\frac{2Ax_1 + By_1 + D}{Bx_1 + 2Cy_1 + E}(x - x_1) + y_1 \tag{7.5.8}$$

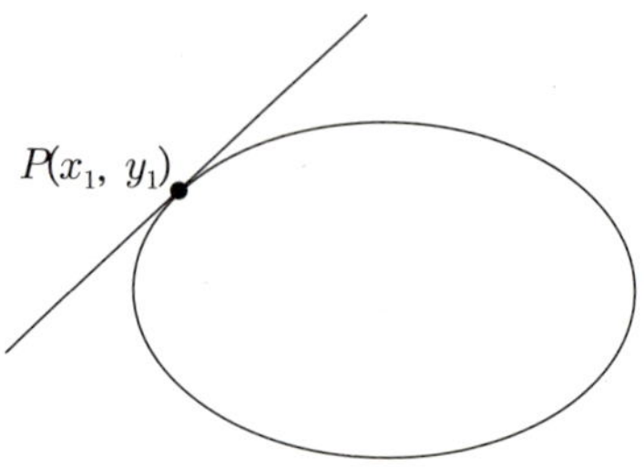

그림 7.30: 접선

식 (7.5.8)을 전개하여 정리하면

$$Ax_1x + B\frac{x_1y + xy_1}{2} + Cy_1y + D\frac{x - x_1}{2} + E\frac{y - y_1}{2} - \left(Ax_1^2 + Bx_1y_1 + Cy_1^2\right) = 0$$

좌변의 마지막 항에 식 (7.5.7)을 대입하면

$$Ax_1x + B\frac{x_1y + xy_1}{2} + Cy_1y + D\frac{x_1 + x}{2} + E\frac{y_1 + y}{2} + F = 0 \tag{7.5.9}$$

식 (7.5.9)가 원뿔곡선 ξ 위의 점 $\mathrm{P}(x_1, y_1)$에서의 접선의 방정식이다. 원뿔곡선 (7.5.6)이 표준매장평면 π 위에 놓여 있는 경우, 이에 대응하는 사영 이차곡선의 방정식은 (7.5.2)로부터

$$Ax^2 + Bxy + Cy^2 + Dxz + Eyz + Fz^2 = 0$$

으로 주어진다. 따라서 유클리드 원뿔곡선 위의 점에서의 접선의 방정식 (7.5.9)를 생각하면 사영 이차곡선 위의 점에서의 접선의 방정식은 다음과 같이 주어진다는 것을 알 수 있다.

정리 7.25. $\mathbb{RP}^2$ 의 (사영) 이차곡선 $\mathcal{C}$ 의 방정식이

$$Ax^2 + Bxy + Cy^2 + Dxz + Eyz + Fz^2 = 0$$

이고, $[x_1, y_1, z_1]$ 이 곡선 $\mathcal{C}$ 위의 점 P 의 동차좌표라 하자. 그러면 점 P 에서 곡선

$\mathcal{C}$에 접하는 (사영)접선의 방정식은

$$\begin{aligned} &Ax_1x + \frac{1}{2}B(x_1y + xy_1) + Cy_1y \\ &+\frac{1}{2}D(x_1z + xz_1) + \frac{1}{2}E(y_1z + yz_1) + Fz_1z = 0 \end{aligned}$$

보기 13. 사영 이차곡선

$$4x^2 + xy - 2y^2 - 8xz - 2yz + 4z^2 = 0$$

위의 점 $[1, 0, 2]$에서의 사영접선의 방정식을 구하시오.

풀이. 정리 7.25에서 $A = 4, B = 1, C = -2, D = -8, E = -2, F = 4$이므로 구하는 사영접선의 방정식은

$$\begin{aligned} &4 \cdot 1 \cdot x + \frac{1}{2} \cdot 1 \cdot (y + 0) - 2 \cdot 0 \cdot y - \frac{1}{2} \cdot 8 \cdot (1 \cdot z + x \cdot 2) \\ &-\frac{1}{2} \cdot 2(0 \cdot z + y \cdot 2) + 4 \cdot 2 \cdot z = 0 \end{aligned}$$

전개하여 정리하면

$$-4x - \frac{3}{2}y + 4z = 0$$

∎

여러 개의 사영점이 주어졌을 때, 이 사영점들을 지나는 사영 이차곡선의 방정식을 구해보자. $\mathbb{RP}^2$에서 사영 이차곡선의 방정식은

$$Ax^2 + Bxy + Cy^2 + Dxz + Eyz + Fz^2 = 0$$

의 꼴로 나타낼 수 있음을 알았다. 따라서 6개의 계수 A, B, C, D, E, F를 구하기 위해서는 일반적으로 6개의 사영점이 필요하다. 그러나 사영기하학의 특징으로부터 계수의 비(ratio)만 필요하므로 실제로는 5개의 점만 주어지면 위의 방정식을 만족시키는 계수를 구할 수 있다. 실제로 $A \neq 0$이면 양변을 A로 나눈 방정식도 같은 사영 이차곡선을 나타내고, 계수는 5개의 미지수로만 주어진다.

보기 14. 5개의 사영점

$$[1,0,0],\ [0,1,0],\ [0,0,1],\ [1,1,1],\ [1,2,3]$$

을 지나는 사영 이차곡선의 방정식을 구하시오.

풀이. 구하는 (사영) 이차곡선의 방정식을

$$Ax^2 + Bxy + Cy^2 + Dxz + Eyz + Fz^2 = 0$$

이라 하자. 세 점 $[1,0,0],\ [0,1,0],\ [0,0,1]$을 대입하면

$$A = C = F = 0$$

따라서 구하는 이차곡선의 방정식은

$$Bxy + Dxz + Eyz = 0 \tag{7.5.10}$$

두 점 $[1,1,1]$과 $[1,2,3]$을 식 (7.5.10)에 대입하면

$$\begin{cases} B + D + E = 0 \\ 2B + 3D + 6E = 0 \end{cases}$$

첫 번째 식에 2를 곱하여 두 번째 식을 빼면

$$-D - 4E = 0, \quad \text{즉} \quad D = -4E$$

첫 번째 식에 3을 곱하여 두 번째 식을 빼면

$$B - 3E = 0, \quad \text{즉} \quad B = 3E$$

따라서 구하는 이차곡선의 방정식은

$$3Exy - 4Exz + Eyz = 0$$

이므로

$$3xy - 4xz + yz = 0$$

∎

위의 보기 14나 문제 [7.5.5]의 풀이 과정을 이용하면 다음과 같은 일반적인 성질을 증명할 수 있다.

정리 7.26 (5점 정리). *서로 다른 5개의 사영점 P, Q, R, U, V에서 어떠한 세 점을 택해도 한 사영직선 위에 놓여 있지 않으면 5개의 점을 지나는 정칙 사영 이차곡선은 유일하게 존재한다.*

증명. 사영기하학의 기본정리(정리 7.16)로부터

$$P \to [1,0,0], \quad Q \to [0,1,0], \quad R \to [0,0,1], \quad U \to [1,1,1]$$

로 사상시키는 사영변환 T가 유일하게 존재한다. 이때

$$T(\mathrm{V}) = [a,b,c]$$

라 하자. 사영변환은 (사영)직선을 (사영)직선으로 사상시키므로 가정으로부터 a, b, c는 모두 서로 다르고 동시에 0이 될 수 없다. 실제로, $b = c$이면 세 점

$$[a,b,c], \quad [1,0,0], \quad [1,1,1]$$

은 한 직선 $y = z$ 위에 있으므로 가정에 위배된다. 마찬가지로 $a \neq b, c \neq a$이다. 또 만일 $c = 0$이면 세 점

$$[a,b,c], \quad [1,0,0], \quad [0,1,0]$$

은 한 직선 $z = 0$ 위에 있으므로 가정에 모순이다. 마찬가지로 $a \neq 0, b \neq 0$이 성립한다.

사영변환 T는 일대일대응이므로 정칙 사영 이차곡선을 정칙 사영이차곡선으로 사상시키므로 5개의 점

$$[1,0,0], \quad [0,1,0], \quad [0,0,1], \quad [1,1,1], \quad [a,b,c]$$

를 지나는 정칙 사영 이차곡선이 유일하게 존재하면 충분하다. 그런데 이 성질은 문제 [7.5.5]로부터 성립하므로 정리가 성립한다. ∎

따름정리 7.27. 어떠한 세 (사영)점도 한 (사영)직선 위에 놓여 있지 않은 서로 다른 5개의 사영점을 지나는 평면 이차곡선은 유일하다.

어떠한 세 점도 한 사영직선 위에 놓여 있지 않은 서로 다른 네 사영점 A, B, C, D를 생각하자. $\mathbb{RP}^2$의 사영점 X가 점 A 또는 B 또는 C 또는 D를 지나는 어떠한 사영직선 위에 놓여 있지 않은 점이라 하면 정리 7.26에 의해 다섯 점 A, B, C, D, X를 지나는 정칙 사영 이차곡선이 유일하게 존재한다. 이때 점 X를 $\mathbb{RP}^2$에서 임의로 택할 수 있으므로 네 점 A, B, C, D를 지나는 정칙 사영 이차곡선은 무한히 많다는 것을 알 수 있다.

따름정리 7.28. 어떠한 세 (사영)점도 한 (사영)직선 위에 놓여 있지 않은 서로 다른 4개의 사영점을 지나는 정칙 사영 이차곡선은 무수히 많다.

정리 7.29 (3점 정리). $\mathrm{P}_1, \mathrm{Q}_1, \mathrm{R}_1$이 *정칙 사영 이차곡선* $\mathcal{C}_1$ *위의 서로 다른 세 점이고,* $\mathrm{P}_2, \mathrm{Q}_2, \mathrm{R}_2$*가 정칙 사영 이차곡선* $\mathcal{C}_2$ *위의 서로 다른 세 점이면*

$$\mathrm{P}_1 \to \mathrm{P}_2, \quad \mathrm{Q}_1 \to \mathrm{Q}_2, \quad \mathrm{R}_1 \to \mathrm{R}_2$$

로 사상시키는 사영변환 T*가 존재한다.*

증명. 세 사영점 $\mathrm{P}_1, \mathrm{Q}_1, \mathrm{R}_1$을 각각 $[1,0,0], [0,1,0], [0,0,1]$로 사상시키는 사영변환을 T'이라하고 $T'(\mathcal{C}_1) = \mathcal{C}'$이라고 하자. $\mathcal{C}'$은 표준삼각점 $[1,0,0], [0,1,0], [0,0,1]$을 지난다. $\mathcal{C}'$의 방정식을

$$Ax^2 + Bxy + Cy^2 + Dxz + Eyz + Fz^2 = 0$$

으로 놓으면, $\mathcal{C}'$가 표준삼각점 $[1,0,0], [0,1,0], [0,0,1]$을 지나므로 대입하면

$$A = 0 = C = F$$

이다. 따라서 C'의 방정식은

$$Bxy + Dxz + Eyz = 0 \tag{7.5.11}$$

이다. 특히 C'은 정칙이므로 세 미지수 B, D, E는 모두 0은 아니다. 식 (7.5.11)의 양변을 BDE로 나누면

$$\frac{x}{E}\frac{y}{D} + \frac{x}{E}\frac{z}{B} + \frac{y}{D}\frac{z}{B} = 0$$

다음에 3×3 행렬

$$\begin{pmatrix} \frac{1}{E} & 0 & 0 \\ 0 & \frac{1}{D} & 0 \\ 0 & 0 & \frac{1}{B} \end{pmatrix}$$

이 나타내는 사영변환을 T''이라고 하자. 즉, $T''([x, y, z]) = [x'', y'', z'']$이면

$$\begin{pmatrix} x'' \\ y'' \\ z'' \end{pmatrix} = \begin{pmatrix} \frac{1}{E} & 0 & 0 \\ 0 & \frac{1}{D} & 0 \\ 0 & 0 & \frac{1}{B} \end{pmatrix} \begin{pmatrix} x \\ y \\ z \end{pmatrix}$$

그러면 사영변환 T''은 C'을 방정식

$$xy + xz + yz = 0$$

으로 주어지는 이차곡선으로 사상시킨다. 또한 T''은 표준삼각점 $[1, 0, 0]$, $[0, 1, 0]$, $[0, 0, 1]$을 고정하므로 합성변환 $T_1 = T'' \circ T'$은 이차곡선 C_1을 이차곡선 $xy + xz + yz = 0$으로 사상시키고

$$T_1(\mathrm{P}_1) = [1, 0, 0], \quad T_1(\mathrm{Q}_1) = [0, 1, 0], \quad T_1(\mathrm{R}_1) = [0, 0, 1]$$

로 사상시킨다.

마찬가지로 C_2를 이차곡선 $xy + xz + yz = 0$으로 사상시키는 사영변환 T_2가 존재하여

$$T_2(\mathrm{P}_2) = [1, 0, 0], \quad T_2(\mathrm{Q}_2) = [0, 1, 0], \quad T_2(\mathrm{R}_2) = [0, 0, 1]$$

을 만족시킨다. 그러므로 $T = T_2^{-1} \circ T_1$ 은 $\mathcal{C}_1$ 을 $\mathcal{C}_2$ 로 사상시키고

$$T(\mathrm{P}_1) = \mathrm{P}_2, \quad T(\mathrm{Q}_1) = \mathrm{Q}_2, \quad T(\mathrm{R}_1) = \mathrm{R}_2$$

를 만족시킨다. ∎

보기 15. 사영 이차곡선

$$\mathcal{C} : 2x^2 + 2xy - y^2 - 5xz + yz + z^2 = 0 \tag{7.5.12}$$

위의 세 점 $[1,1,1]$, $[1,2,2]$, $[1,2,1]$ 을 생각하자.

(1) 3×3 행렬

$$A = \begin{pmatrix} 2 & -1 & 0 \\ -1 & 0 & 1 \\ 0 & 1 & -1 \end{pmatrix}$$

이 나타내는 사영변환을 T_1 이라 할 때, $T_1([1,1,1])$, $T_1([1,2,2])$, $T_1([1,2,1])$ 을 각각 구하시오. 또 $T_1(\mathcal{C}) = \mathcal{C}'$ 의 방정식을 구하시오.

(2) 3×3 행렬

$$B = \begin{pmatrix} 1 & 0 & 0 \\ 0 & -1 & 0 \\ 0 & 0 & 1 \end{pmatrix}$$

이 나타내는 사영변환을 T_2 라 할 때, $T_2(\mathcal{C}') = \mathcal{C}''$ 의 방정식을 구하시오.

(3) 사영 이차곡선 $\mathcal{C}$ 를 이차곡선 $xy + xz + yz = 0$ 로 사상시키는 사영변환을 구하시오.

풀이.

(1) $\mathbf{x}' = A\mathbf{x}$, 즉

$$\begin{pmatrix} x' \\ y' \\ z' \end{pmatrix} = \begin{pmatrix} 2 & -1 & 0 \\ -1 & 0 & 1 \\ 0 & 1 & -1 \end{pmatrix} \begin{pmatrix} x \\ y \\ z \end{pmatrix}$$

라 하자. 그러면

$$\begin{pmatrix} 2 & -1 & 0 \\ -1 & 0 & 1 \\ 0 & 1 & -1 \end{pmatrix} \begin{pmatrix} 1 \\ 1 \\ 1 \end{pmatrix} = \begin{pmatrix} 1 \\ 0 \\ 0 \end{pmatrix}$$

$$\begin{pmatrix} 2 & -1 & 0 \\ -1 & 0 & 1 \\ 0 & 1 & -1 \end{pmatrix} \begin{pmatrix} 1 \\ 2 \\ 2 \end{pmatrix} = \begin{pmatrix} 0 \\ 1 \\ 0 \end{pmatrix}$$

$$\begin{pmatrix} 2 & -1 & 0 \\ -1 & 0 & 1 \\ 0 & 1 & -1 \end{pmatrix} \begin{pmatrix} 1 \\ 2 \\ 1 \end{pmatrix} = \begin{pmatrix} 0 \\ 0 \\ 1 \end{pmatrix}$$

이므로

$$T_1([1,1,1]) = [1,0,0], \quad T_1([1,2,2]) = [0,1,0], \quad T_1([1,2,1]) = [0,0,1]$$

이다. 또 $\mathbf{x} = A^{-1}\mathbf{x}'$이고

$$A^{-1} = \begin{pmatrix} 1 & 1 & 1 \\ 1 & 2 & 2 \\ 1 & 2 & 1 \end{pmatrix}$$

이므로

$$\begin{pmatrix} x \\ y \\ z \end{pmatrix} = \begin{pmatrix} 1 & 1 & 1 \\ 1 & 2 & 2 \\ 1 & 2 & 1 \end{pmatrix} \begin{pmatrix} x' \\ y' \\ z' \end{pmatrix}$$

따라서

$$x = x' + y' + z', \quad y = x' + 2y' + 2z', \quad z = x' + 2y' + z'$$

이 식을 $\mathcal{C}$의 방정식 (7.5.12)에 대입하면

$$x'y' - x'z' + y'z' = 0$$

이다. 그러므로 $T_1(\mathcal{C}) = \mathcal{C}'$의 방정식은

$$xy - xz + yz = 0$$

(2) $\mathbf{x}'' = [x'', y'', z'']$으로 나타내면 $T_2 : \mathbf{x}' \mapsto \begin{pmatrix} 1 & 0 & 0 \\ 0 & -1 & 0 \\ 0 & 0 & 1 \end{pmatrix} \mathbf{x}''$이므로

$$x'' = x', \quad y'' = -y', \quad z'' = z',$$

즉

$$x' = x'', \quad y' = -y'', \quad z' = z''$$

이 식을 방정식 $x'y' - x'z' + y'z' = 0$에 대입하면

$$x''y'' + x''z'' + y''z'' = 0$$

이므로 $T_2(\mathcal{C}') = \mathcal{C}''$의 방정식은

$$xy + xz + yz = 0$$

(3) 위의 (1)과 (2)로부터 이차곡선 $\mathcal{C}$를 이차곡선 $xy + xz + yz = 0$로 사상시키는

사영변환 T는 $T = T_2 \circ T_1$이므로

$$BA = \begin{pmatrix} 1 & 0 & 0 \\ 0 & -1 & 0 \\ 0 & 0 & 1 \end{pmatrix} \begin{pmatrix} 2 & -1 & 0 \\ -1 & 0 & 1 \\ 0 & 1 & -1 \end{pmatrix} = \begin{pmatrix} 2 & -1 & 0 \\ -1 & 0 & -1 \\ 0 & 1 & -1 \end{pmatrix}$$

∎

사영기하학에서는 사영 이차곡선을 나타내는 원뿔 $x^2 + y^2 = z^2$이 매우 중요한 역할을 한다는 것을 앞에서 보았다. 또한, 사영 이차곡선의 방정식

$$Ax^2 + Bxy + Cy^2 + Dxz + Eyz + Fz^2 = 0$$

이 표준삼각점 $[1,0,0]$, $[0,1,0]$, $[0,0,1]$을 지나면 $A = C = F = 0$이므로

$$Bxy + Dxz + Eyz = 0$$

의 꼴로 나타내어진다. 따라서 원뿔방정식과 마찬가지로 사영 이차곡선을 나타내는 방정식

$$xy + xz + yz = 0 \tag{7.5.13}$$

도 사영기하학에서 매우 중요한 방정식이다. 이를 보통 사영 이차곡선의 방정식에 대한 **표준형**(standard form)이라고 한다.

정리 7.30 (매개정리). *사영 이차곡선 C의 방정식이 표준형*

$$xy + xz + yz = 0$$

으로 주어진다고 하자. 그러면 점 $[1,0,0]$을 제외한 C 위의 임의의 점은 매개변수 동차좌표

$$[t^2 + t, t + 1, -t]$$

로 나타낼 수 있다.

증명. 점 $[t^2+t, t+1, -t]$을 주어진 방정식에 대입하면

$$(t^2+1)(t+1)+(t+1)(-t)+(-t)(t^2+1)=0$$

이므로 실수 $t \in \mathbb{R}$에 대하여 사영점 $[t^2+t, t+1, -t]$는 곡선 $\mathcal{C}$ 위의 점이다.

역으로, 동시에 0 아닌 세 실수 x, y, z에 대하여 $[x, y, z]$가 곡선 $\mathcal{C}$ 위의 점이라고 하자. $x=0$이면 방정식은 $yz=0$, 즉 $y=0$ 또는 $z=0$이다. $y=0$이면 $[x, y, z]=[0, 0, z]=[0, 0, 1]$이고 $z=0$이면 $[x, y, z]=[0, y, 0]=[0, 1, 0]$이다. 같은 방법으로 $y=0$이거나 $z=0$인 경우 $\mathcal{C}$ 위의 동차좌표는 표준삼각점 $[1, 0, 0], [0, 1, 0], [0, 0, 1]$ 중 하나임을 보일 수 있다.

이제 $xyz \neq 0$이라고 하자. 이때 $t=\frac{x}{y}$, 즉 $x=ty$로 놓으면

$$(ty)y+yz+z(ty)=0, \quad \text{즉} \quad ty^2+(1+t)yz=0$$

따라서

$$y=-\left(\frac{t+1}{t}\right)z, \quad x=-(t+1)z$$

그러므로 사영점 $[x, y, z]$의 동차좌표는

$$\left[-(t+1)z,\ -\left(\frac{t+1}{t}\right)z,\ z\right]$$

로 나타낼 수 있다. $z \neq 0$이고 $t \neq 0$이므로 위의 사영점은 $z=-t$를 대입하여

$$[t^2+t, t+1, -t]$$

로 나타낼 수 있다. 특히, $t=0$일 때와 $t=-1$일 때

$$[0, 1, 0], \quad [0, 0, 1]$$

을 나타낸다. ∎

보기 15나 문제 [7.5.6]에 의하면, 임의의 사영 이차곡선 위의 점과 관련된 사영성질은 사영변환을 이용하여 표준형 방정식 $xy+xz+yz=0$을 갖는 사영 이차곡선 위의 점에 대한 성질로 바꿀 수 있다. 이러한 특성을 이용하면 파스칼 정리를 사영기하학적

방법을 사용하여 증명할 수 있다.

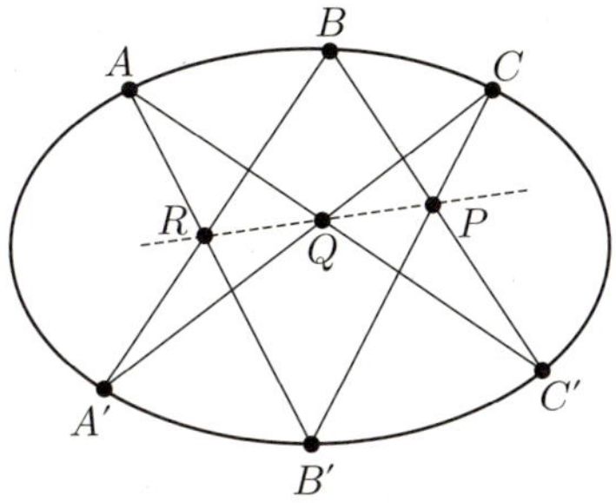

그림 7.31: 파스칼 정리

> **정리 7.31** (파스칼 정리). *정칙 사영 이차곡선 $\mathcal{C}$ 위의 서로 다른 6개의 점 A, B, C, A′, B′, C′에 대하여 두 직선 BC′, B′C는 점 P, 두 직선 CA′, C′A는 점 Q, 두 직선 AB′, A′B는 점 R에서 만나면 세 점 P, Q, R는 한 직선 위에 놓여 있다.*

증명. 주어진 사영 이차곡선 $\mathcal{C}$의 방정식을 표준형

$$xy + xz + yz = 0$$

이라 하고, 정리 7.31에 의해

$$A = [1, 0, 0], \quad B = [0, 1, 0], \quad C = [0, 0, 1]$$

이라고 가정해도 된다. 또 매개정리(정리 7.30)로부터 실수 $a,\ b,\ c \in \mathbb{R}$에 대하여

$$A' = [a^2 + a, a + 1, -a], \quad B' = [b^2 + b, b + 1, -b], \quad C' = [c^2 + c, c + 1, -c]$$

로 나타낼 수 있다.

(i) 점 P의 좌표

사영직선 B′C은 두 점 $[b^2 + b, b + 1, -b]$와 $[0, 0, 1]$을 지나므로 사영직선 B′C의 방정식은

$$x = by$$

또, 사영직선 BC‘은 두 점 $[0, 1, 0]$과 $[c^2 + c, c + 1, -c]$를 지나므로 사영직선 BC′의 방정식은

$$x = -(c + 1)z$$

따라서 점 P는 식 $x = by,\ x = -(c + 1)z$를 모두 만족시켜야 하므로 동차좌표

$$[b(c + 1), c + 1, -b]$$

로 나타낼 수 있다.

(ii) 점 Q와 점 R의 좌표

위의 (i)과 같은 방법으로 계산하면, 두 사영직선 C′A와 CA′의 방정식은 각각

$$cy = -(c + 1)z, \quad x = ay$$

이고, 두 사영직선 A′B와 AB′의 방정식은 각각

$$x = -(a + 1)z, \quad by = -(b + 1)z$$

이다. 따라서 점 Q와 점 R의 동차좌표는 각각

$$[a(c + 1), c + 1, -c], \quad [b(a + 1), b + 1, -b]$$

로 나타낼 수 있다.

이때

$$\begin{vmatrix} b(c+1) & c+1 & -b \\ a(c+1) & c+1 & -c \\ b(a+1) & b+1 & -b \end{vmatrix} = 0$$

이므로 세 점 P, Q, R는 한 직선 위에 놓여 있다.

■

연습문제

[7.5.1] 표준매장평면 $\pi : z = 1$에 주어진 유클리드 포물선 $\{(x, y, z) \,:\, y = x^2,\ z = 1\}$에 대응하는 $\mathbb{RP}^2$의 사영 도형에 대한 방정식을 구하시오. 또, 사영 도형의 방정식으로 나타낼 수 없는 이상점을 구하시오.

[7.5.2] 다음 방정식이 사영 이차곡선인지 판정하시오.

(1) $x^2 + xy - 3y^2 + 4y - 3z + z^2 = 0$

(2) $x^2 + xy + y^2 + z^2 = 0$

(3) $y^2 = xz$

(4) $x^2 + y^2 + z^2 = 3$

[7.5.3] 다음 문장의 참, 거짓을 판정하시오.

(1) 사영 이차곡선 $xy + xz + yz = 0$은 사영점 $[0, 0, 1]$을 지난다.

(2) 사영점 $[1, 2, 0]$은 사영 이차곡선 $2x^2 - y^2 + xy + z^2 = 0$ 위에 놓여 있다.

(3) 사영 이차곡선 $y^2 - z^2 = 0$은 사영점 $[2, 3, 1]$을 지난다.

[7.5.4] 사영 이차곡선 $4x^2 + xy - 2y^2 - 8xz - 2yz + 4z^2 = 0$ 위의 점 $[0, 1, 1]$에서의 사영접선의 방정식을 구하시오.

[7.5.5] (1) 5개의 사영점 $[1, 0, 0]$, $[0, 1, 0]$, $[0, 0, 1]$, $[1, 1, 1]$, $[1, 3, -2]$ 를 지나는 사영 이차곡선의 방정식을 구하시오.

(2) 서로 다른 5개의 사영점 $[1, 0, 0]$, $[0, 1, 0]$, $[0, 0, 1]$, $[1, 1, 1]$, $[a, b, c]$ 를 지나는 사영 이차곡선의 방정식은

$$c(a - b)xy + b(c - a)xz + a(b - c)yz = 0$$

임을 증명하시오. (단, 어떤 3개의 점도 한 (사영)직선 위에 놓여 있지 않다.)

[7.5.6] 사영 이차곡선

$$\mathcal{C} : 5x^2 + 14xy + 10y^2 + 19xz + 27yz + 18z^2 = 0 \tag{7.5.14}$$

위의 세 점 $[-2, 0, 1]$, $[0, -3, 2]$, $[1, -2, 1]$을 생각하자.

(1) 3×3 행렬

$$A = \begin{pmatrix} 1 & 2 & 3 \\ 2 & 3 & 4 \\ 3 & 4 & 6 \end{pmatrix}$$

이 나타내는 사영변환을 T_1 이라 할 때,

$$T_1([-2,0,1]), \quad T_1([0,-3,2]), \quad T_1([1,-2,1])$$

을 각각 구하시오. 또 $T_1(\mathcal{C}) = \mathcal{C}'$ 의 방정식을 구하시오.

(2) 사영 이차곡선 $\mathcal{C}$를 이차곡선 $xy + xz + yz = 0$로 사상시키는 사영변환을 구하시오.

7.6 복비

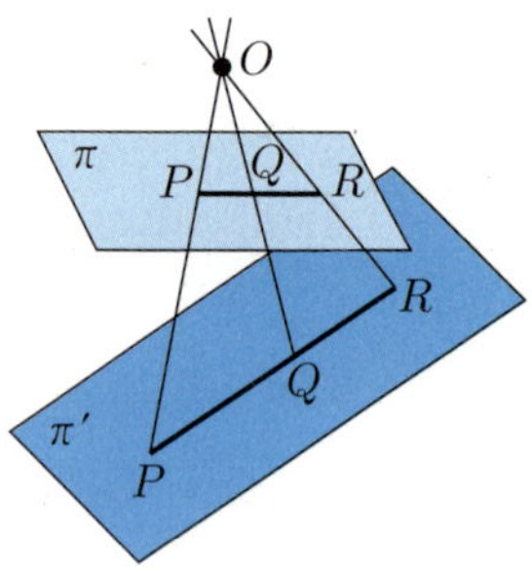

그림 7.32

유클리드 평면의 선분 PQ에서는 항상 두 양수 a, b가 주어질 때 $\overline{\mathrm{PR}} : \overline{\mathrm{RQ}} = a : b$를 만족시키는 점 R를 선분 PQ에서 잡을 수 있다. 특히 $a = b$일 때, 위의 비를 만족시키는 점 R를 선분 PQ의 중점이라고 한다. 그러나 사영기하학에서는 중점이나 선분의 길이의 비 등은 의미가 없다. 매장평면 π에서 R가 선분 PQ의 중점일 때, 다른 매장평면 π'을 생각하면 $\overline{\mathrm{PR}} : \overline{\mathrm{RQ}}$의 값이 1 : 1이 아닐 수 있다. 다시 말해서 원근사상(perspectivity)은 선분의 길이의 비를 보존하지 않는다. 하지만 쌍곡기하학에서 매우 중요한 개념 중의 하나인 복비(cross ratio)는 원근사상에 의해 보존된다는 것이 알려져 있다. 즉, 복비는 사영변환에 의해 보존되는 개념이므로 쌍곡기하학과 마찬가지로 사영기하학에서도 유용하게 사용할 수 있다.

$\mathbb{RP}^2$의 한 사영직선 위의 네 점 A, B, C, D에 대하여 동차좌표가 각각

$$A = [\mathbf{a}], \quad B = [\mathbf{b}], \quad C = [\mathbf{c}], \quad D = [\mathbf{d}]$$

라 하자. 네 점 A, B, C, D가 한 (사영)직선 위에 있으므로 **c**와 **d**를 **a**와 **b**의 일차결합으로 나타낼 수 있다. 즉, 네 실수 $\alpha, \gamma, \beta, \delta$에 대하여

$$\mathbf{c} = \alpha\mathbf{a} + \beta\mathbf{b}, \quad \mathbf{d} = \gamma\mathbf{a} + \delta\mathbf{b}$$

이때 네 점 A, B, C, D의 복비를 $\frac{\beta}{\alpha}$와 $\frac{\delta}{\gamma}$의 비로 정의한다.

정의 7.32. A, B, C, D가 $\mathbb{RP}^2$의 한 사영직선 위의 네 점으로 그 위치벡터[6]가 각각 **a**, **b**, **c**, **d**라 하자.

$$\mathbf{c} = \alpha\mathbf{a} + \beta\mathbf{b}, \quad \mathbf{d} = \gamma\mathbf{a} + \delta\mathbf{b}$$

일 때

$$\frac{\frac{\beta}{\alpha}}{\frac{\delta}{\gamma}} = \frac{\beta\gamma}{\alpha\delta}$$

의 값을 네 점 A, B, C, D의 **복비**(cross ratio)라 하고, 기호 (ABCD)로 나타낸다.

$\mathbb{RP}^2$의 네 사영점 A, B, C, D가 한 사영직선 위에 놓여 있을 때, 이를 매장평면 π에 나타내면 유클리드의 의미로 직선처럼 보인다. 따라서 $\mathbb{R}^3$의 위치벡터 **a**, **b**, **c**, **d**로 나타낼 수 있다. 그리고 네 벡터 중 임의로 세 개의 벡터를 택하면 일차종속이므로 네 실수 $\alpha, \gamma, \beta, \delta$에 대하여

$$\mathbf{c} = \alpha\mathbf{a} + \beta\mathbf{b}, \quad \mathbf{d} = \gamma\mathbf{a} + \delta\mathbf{b} \tag{7.6.1}$$

와 같이 나타낼 수 있다.

---

[6] 사영점에 대응하는 $\mathbb{R}^3$의 위치벡터 또는 방향벡터를 의미한다.

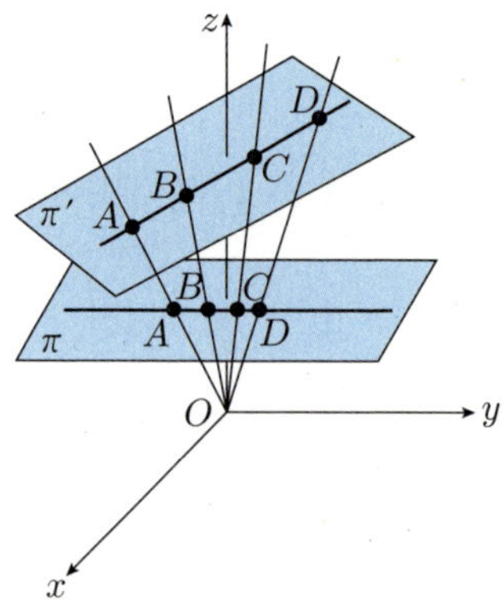

그림 7.33

이제 네 점 A, B, C, D를 다른 매장평면 π'에 나타내면, A, B, C, D의 위치벡터를 적당한 네 실수 $k, l, m, n\ (klmn \neq 0)$에 대하여

$$k\mathbf{a}, \quad l\mathbf{b}, \quad m\mathbf{c}, \quad n\mathbf{d}$$

즉,

$$\mathrm{A} = [\mathbf{a}] = [k\mathbf{a}], \quad \mathrm{B} = [\mathbf{b}] = [l\mathbf{b}], \quad \mathrm{C} = [\mathbf{c}] = [m\mathbf{c}], \quad \mathrm{D} = [\mathbf{d}] = [n\mathbf{d}]$$

따라서

$$m\mathbf{c} = m\alpha\mathbf{a} + m\beta\mathbf{b} = \left(\frac{m\alpha}{k}\right) k\mathbf{a} + \left(\frac{m\beta}{l}\right) l\mathbf{b}$$
$$n\mathbf{d} = n\gamma\mathbf{a} + n\delta\mathbf{b} = \left(\frac{n\gamma}{k}\right) k\mathbf{a} + \left(\frac{n\delta}{l}\right) l\mathbf{b}$$

그러므로 매장평면 π'에 대한 네 점 A, B, C, D의 복비는

$$(\mathrm{ABCD}) = \frac{\frac{m\beta}{l} \cdot \frac{n\gamma}{k}}{\frac{m\alpha}{k} \cdot \frac{n\delta}{l}} = \frac{\beta\gamma}{\alpha\delta}$$

로 매장평면 π에 대한 복비와 같다. 다시 말해서, 정의 7.32는 매장평면이나 위치벡터, 즉 동차좌표와는 무관하게 잘 정의되는 사영기하학적 개념이다.

보기 16. $\mathbb{RP}^2$의 네 사영점

$$\mathrm{A} = [3, 2, 1], \quad \mathrm{B} = [2, 1, 1], \quad \mathrm{C} = [8, 5, 3], \quad \mathrm{D} = [0, -1, 1]$$

에 대한 복비를 구하시오.

풀이. 세 점 A, B, C와 세 점 A, B, D로 주어지는 3×3 행렬의 행렬식을 계산하면

$$\begin{vmatrix} 3 & 2 & 1 \\ 2 & 1 & 1 \\ 8 & 5 & 3 \end{vmatrix} = 0, \quad \begin{vmatrix} 3 & 2 & 1 \\ 2 & 1 & 1 \\ 0 & -1 & 1 \end{vmatrix} = 0$$

이므로 주어진 네 사영점 A, B, C, D는 한 직선 위에 놓여 있다.

다음에

$$(8,5,3) = \alpha(3,2,1) + \beta(2,1,1)$$

에서

$$\alpha = 2, \beta = 1$$

이고

$$(0,-1,1) = \gamma(3,2,1) + \delta(2,1,1)$$

에서

$$\gamma = -2, \delta = 3$$

이므로

$$(\mathrm{ABCD}) = \frac{\beta\gamma}{\alpha\delta} = \frac{-2}{6} = -\frac{1}{3}$$

∎

정리 7.33. A, B, C, D 가 $\mathbb{RP}^2$ 의 한 (사영)직선 위에 놓여 있는 서로 다른 네 사영점으로 (ABCD) $= k$ 라 하자. 그러면

$$(\mathrm{BACD}) = (\mathrm{ABDC}) = \frac{1}{k}$$

이고

$$(\mathrm{ACBD}) = (\mathrm{DBCA}) = 1 - k$$

이다.

증명. 네 사영점 A, B, C, D 위치벡터가 각각 **a**, **b**, **c**, **d**, 즉 $\mathrm{A} = [\mathbf{a}]$, $\mathrm{B} = [\mathbf{b}]$, $\mathrm{C} = [\mathbf{c}]$, $\mathrm{D} = [\mathbf{d}]$라 하고,

$$\mathbf{c} = \alpha\mathbf{a} + \beta\mathbf{b}, \quad \mathbf{d} = \gamma\mathbf{a} + \delta\mathbf{b} \tag{7.6.2}$$

라 하자. 정의로부터

$$(\mathrm{ABCD}) = \frac{\beta\gamma}{\alpha\delta} = k$$

$$\mathbf{c} = \beta\mathbf{b} + \alpha\mathbf{a}, \quad \mathbf{d} = \delta\mathbf{b} + \gamma\mathbf{a}$$

이므로

$$(\mathrm{BACD}) = \frac{\alpha\delta}{\beta\gamma} = \frac{1}{k}$$

또,

$$\mathbf{d} = \gamma\mathbf{a} + \delta\mathbf{b}, \quad \mathbf{c} = \alpha\mathbf{a} + \beta\mathbf{b}$$

이므로

$$(\mathrm{ABDC}) = \frac{\delta\alpha}{\gamma\beta} = \frac{1}{k}$$

다음에 (ACBD)를 구하기 위해 위치벡터 **b**, **d**를 두 벡터 **a**, **c**의 일차결합으로 나타내 보자. (7.6.2)로부터

$$\mathbf{b} = \frac{1}{\beta}(\mathbf{c} - \alpha\mathbf{a}) = \left(-\frac{\alpha}{\beta}\right)\mathbf{a} + \left(\frac{1}{\beta}\right)\mathbf{b}$$

이고

$$\begin{aligned} \mathbf{d} &= \gamma\mathbf{a} + \delta\left\{\left(-\frac{\alpha}{\beta}\right)\mathbf{a} + \left(\frac{1}{\beta}\right)\mathbf{b}\right\} \\ &= \left(\frac{\beta\gamma - \alpha\delta}{\beta}\right)\mathbf{a} + \left(\frac{\delta}{\beta}\right)\mathbf{b} \end{aligned}$$

따라서

$$\begin{aligned}(\mathrm{ACBD}) &= \frac{\frac{1}{\beta}\cdot\frac{\beta\gamma-\alpha\delta}{\beta}}{-\frac{\alpha}{\beta}\cdot\frac{\delta}{\beta}} = -\frac{\beta\gamma-\alpha\delta}{\alpha\delta} \\ &= 1-\frac{\beta\gamma}{\alpha\delta} = 1-k\end{aligned}$$

끝으로,

$$\begin{aligned}(\mathrm{DBCA}) &= \frac{1}{(\mathrm{BDCA})} = (\mathrm{BDAC}) \\ &= 1-(\mathrm{BADC}) = 1-\frac{1}{(\mathrm{ABDC})} = 1-(\mathrm{ABCD}) \\ &= 1-k\end{aligned}$$

■

정리 7.34. $T : \mathbb{RP}^2 \to \mathbb{RP}^2$가 사영변환이고 $\mathrm{A}, \mathrm{B}, \mathrm{C}, \mathrm{D}$가 $\mathbb{RP}^2$의 한 사영직선 위에 있는 네 사영점이라 하자. $T(\mathrm{A}) = \mathrm{A}'$, $T(\mathrm{B}) = \mathrm{B}'$, $T(\mathrm{C}) = \mathrm{C}'$, $T(\mathrm{D}) = \mathrm{D}'$이면

$$(\mathrm{ABCD}) = (\mathrm{A'B'C'D'})$$

증명. 사영변환 T에 대응하는 수반행렬을 $\mathbf{A}$, 즉 $T : [\mathbf{x}] \to [\mathbf{Ax}]$라 하자. 만일 $\mathrm{A} = [\mathbf{a}]$, $\mathrm{B} = [\mathbf{b}]$, $\mathrm{C} = [\mathbf{c}]$, $\mathrm{D} = [\mathbf{d}]$라 하고

$$\mathbf{a}' = \mathbf{Aa},\ \mathbf{b}' = \mathbf{Ab},\ \mathbf{c}' = \mathbf{Ac},\ \mathbf{d}' = \mathbf{Ad}$$

라 하면

$$\mathrm{A}' = [\mathbf{a}'],\ \mathrm{B}' = [\mathbf{b}'],\ \mathrm{C}' = [\mathbf{c}'],\ \mathrm{D}' = [\mathbf{d}']$$

이다. $\mathrm{A}, \mathrm{B}, \mathrm{C}, \mathrm{D}$가 한 (사영)직선 위에 있으므로 네 실수 α, β, γ, δ에 대하여

$$\mathbf{c} = \alpha\mathbf{a} + \beta\mathbf{b}, \quad \mathbf{d} = \gamma\mathbf{a} + \delta\mathbf{b} \tag{7.6.3}$$

로 나타낼 수 있고, 이때

$$(\mathrm{ABCD}) = \frac{\beta\gamma}{\alpha\delta}$$

이다. 식 (7.6.3)의 양변에 행렬 **A**를 시행하면

$$\mathbf{c}' = \alpha\mathbf{a}' + \beta\mathbf{b}', \quad \mathbf{d}' = \gamma\mathbf{a}' + \delta\mathbf{b}'$$

이므로

$$(\mathrm{A'B'C'D'}) = \frac{\beta\gamma}{\alpha\delta} = (\mathrm{ABCD})$$

가 성립한다. ∎

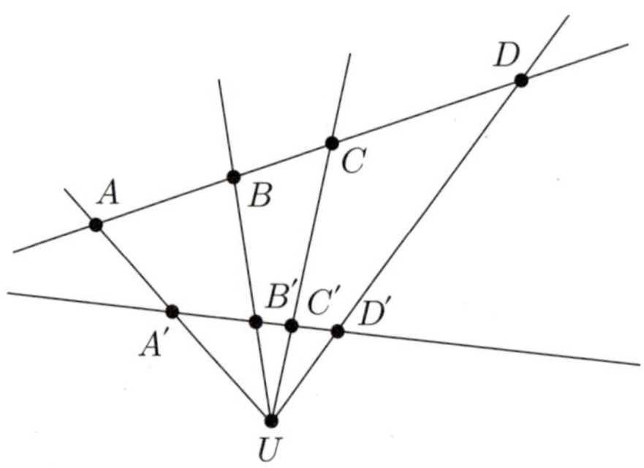

그림 7.34

정리 7.35. A, B, C, D가 한 사영직선 위에 있는 서로 다른 네 사영점이고 A′, B′, C′, D′이 다른 사영 직선 위에 있는 서로 다른 네 사영점이라고 하자. 만일 네 사영직선 AA′, BB′, CC′, DD′이 한 (사영)점 U에서 만나면

$$(\mathrm{ABDC}) = (\mathrm{A'B'D'C'})$$

증명. B, C, B', C'이 한 직선 위에 놓여 있지 않을 때 BB′C′C가 사각형이므로, 사영기하학의 기본정리에 의해

$$\mathrm{B} \to \mathrm{B'}, \quad \mathrm{C} \to \mathrm{C'}, \quad \mathrm{B'} \to \mathrm{B}, \quad \mathrm{C'} \to \mathrm{C}$$

로 사상시키는 사영변환 T가 유일하게 존재한다. 특히, 가정으로부터 $T \neq \mathrm{id}$(항등사상)이다. 이때

$$T(\mathrm{A}) = \mathrm{A}', \quad T(\mathrm{D}) = \mathrm{D}'$$

임을 보이자. 합성변환 $T \circ T$는 네 점 B, C, B′, C′을 고정하고 항등사상 id도 똑같은 성질을 가지므로 사영기하학의 기본정리에 의해

$$T \circ T = \mathrm{id}, \quad \text{즉} \quad T = T^{-1}$$

이 성립한다. 직선 BC는 T에 의해 직선 B′C′으로 사상되므로, 두 직선 BC와 B′C′의 교점 V는 T에 의해 고정된다.

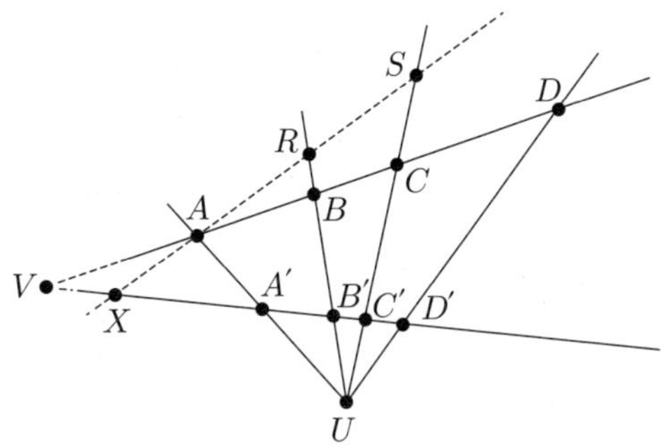

그림 7.35

또, 두 직선 BB′, CC′은 변환 T에 의해 자기자신으로 사상되므로 그 두 직선의 교점 U는 T에 의해 고정된다. 즉, $T(\mathrm{U}) = U$이다.

$T(\mathrm{A}) = \mathrm{X}$라 하면 $\mathrm{A} \in \overleftrightarrow{\mathrm{BC}}$이므로 $\mathrm{X} \in \overleftrightarrow{\mathrm{B'C'}}$이다. 만일 $\mathrm{X} \neq \mathrm{A}'$이라고 하면 직선 AX는 점 U를 지나지 않으므로 직선 BB′ 및 직선 CC′과 각각 점 R와 S에서 만나고 특히, 세 점 R, S, U는 서로 다른 점이다. $T = T^{-1}$이므로 $T(\mathrm{X}) = \mathrm{A}$이므로 직선 AX는 T에 의해 자기 자신으로 사상된다. 직선 BB′과 CC′도 T에 의해 고정되므로 두 점 R와 S는 변환 T에 의해 고정된다. 결과적으로 네 점 R, S, U, V는 변환 T에 의해 고정되므로 사영기하학의 기본정리에 의해 $T = \mathrm{id}$(항등사상)이 되므로 모순이다. 따라서 $\mathrm{X} = \mathrm{A}'$, 즉 $T(\mathrm{A}) = \mathrm{A}'$이다. 같은 이유로 $T(\mathrm{D}) = \mathrm{D}'$이 성립하므로, 정리 7.34에 의해

$$(\mathrm{ABCD}) = (\mathrm{A'B'C'D'})$$

이다. ∎

위의 정리는 A, B, C, D 중 한 점이 l_1과 l_2의 교점 V이어도 성립한다 ($A = V$이면 $A' = V$). 일반적으로 l_1, l_2가 사영평면의 두 사영직선이고 U가 l_1, l_2에 속하지 않는 점일 때, l_1의 점 X를 직선 UX와 l_2의 교점으로 보내는 함수 $f : l_1 \to l_2$를 점 U에서의 l_1에서 l_2로의 원근사상(perspectivitiy)라 한다.

정리 7.36. $\mathbb{RP}^2$에서 A, B, C, X, Y가 한 사영직선 위에 있는 5개의 점으로

$$(\mathrm{ABCX}) = (\mathrm{ABCY})$$

라 하면 X = Y이다.

증명. 동차좌표로

$$\mathrm{A} = [\mathbf{a}],\quad \mathrm{B} = [\mathbf{b}],\quad \mathrm{C} = [\mathbf{c}],\quad \mathrm{X} = [\mathbf{x}],\quad \mathrm{Y} = [\mathbf{y}]$$

라 하자. A, B, C, X, Y가 한 사영직선 위에 있으므로 6개의 실수 $\alpha, \beta, \gamma, \delta, \lambda, \mu$에 대하여

$$\mathbf{c} = \alpha\mathbf{a} + \beta\mathbf{b},\quad \mathbf{x} = \gamma\mathbf{a} + \delta\mathbf{b},\quad \mathbf{y} = \lambda\mathbf{a} + \mu\mathbf{b}, \tag{7.6.4}$$

로 나타낼 수 있다. 이때,

$$(\mathrm{ABCX}) = \frac{\beta\gamma}{\alpha\delta},\qquad (\mathrm{ABCY}) = \frac{\beta\lambda}{\alpha\mu}$$

이다. 가정 (ABCX) = (ABCY)로부터

$$\frac{\gamma}{\delta} = \frac{\lambda}{\mu},$$

즉 $\lambda = \frac{\gamma\mu}{\delta}$ 이므로

$$\begin{aligned} \mathbf{y} &= \lambda\mathbf{a} + \mu\mathbf{b} \\ &= \left(\frac{\gamma\mu}{\delta}\right)\mathbf{a} + \mu\mathbf{b} = \left(\frac{\mu}{\delta}\right)(\gamma\mathbf{a} + \delta\mathbf{b}) \\ &= \left(\frac{\mu}{\delta}\right)\mathbf{x} \end{aligned}$$

$\mathbf{y}$가 벡터 $\mathbf{x}$의 실수배이므로 $X = Y$가 성립한다. ∎

> **정리 7.37.** $\mathbb{RP}^2$ *에서* A, B, C, D*가 한 사영직선 위의 서로 다른 네 점이고* A, E, F, G*는 다른 사영직선 위의 서로 다른 네 점이라고 하자. 만일* (ABCD) = (AEFG) *이면 세 (사영)직선* BE, CF, DG*는 한 점에서 만난다.*

증명. 가정으로부터 세 직선 BE, CF, DG는 각각 서로 만난다. (만나지 않으면 무한직선(이상직선)에 해당하므로 하나의 직선을 나타낸다.) 두 직선 BE와 CF의 교점을 P라 하고, 두 직선 PG와 BC의 교점을 X라 하자. 그러면 네 점 A, B, C, X는 점 P에서의 원근사상(perspectivity)에 의한 네 점 A, E, F, G의 상(image)이므로[7], 복비의 성질에 의해

$$(\mathrm{ABCX}) = (\mathrm{AEFG})$$

이다. 가정에 의해 (AEFG) = (ABCD)이므로

$$(\mathrm{ABCX}) = (\mathrm{ABCD})$$

가 성립한다. 그러므로 정리 7.36에 의해 $X = D$이다. 점 P에서의 원근사상에 의해 네 점 A, B, C, D는 네 점 A, E, F, G로 사상되므로 세 (사영)직선 BE, CF, DG는 점 P에서 만난다. ∎

앞에서 증명한 파푸스 정리(정리 7.18)를 복비를 이용해서도 증명할 수 있다.

---

[7] $\mathbb{R}^3$에서 보면 두 개의 방사평면 L_1, L_2가 있을 때 L_1 위에 있는 각 방사선과 방사선 P에 의해 결정되는 방사평면이 L_2와 만나는 교점(방사선)에 대응되는 관계를 말한다.

정리 7.38 (파푸스 정리). $\mathbb{R}^2$ 에서 A, B, C 는 직선 l 위의 서로 다른 세 점이고, A′, B′, C′ 은 직선 l' 위의 서로 다른 세 점이라고 하자. 두 직선 BC′, B′C 가 점 P 에서 만나고, 두 직선 CA′, C′A 가 점 Q 에서 만나고, 두 직선 AB′, A′B 가 점 R 에서 만나면 세 점 P, Q, R 는 한 직선 위에 있다.

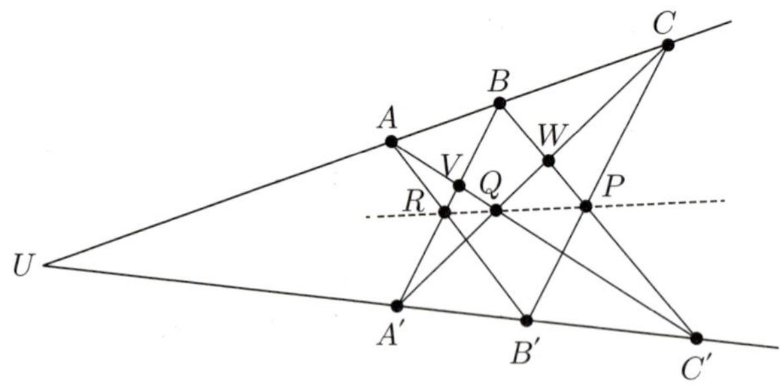

그림 7.36

증명. 세 사영점 A, B, C 에 의해 결정되는 사영직선과 세 사영점 A′, B′, C′ 에 의해 결정되는 사영직선의 교점을 U 라 하자. 또, 두 (사영)직선 BA′ 과 AC′ 의 교점을 V, 두 (사영)직선 BC′ 과 CA′ 의 교점을 W 라 하자.

점 A 에서의 원근사상(perspectivity)에 의해

$$\mathrm{B} \to \mathrm{U}, \quad \mathrm{A}' \to \mathrm{A}', \quad \mathrm{R} \to \mathrm{B}', \quad \mathrm{V} \to \mathrm{C}'$$

로 사상되므로

$$(\mathrm{BA'RV}) = (\mathrm{UA'B'C'})$$

이다. 또, 점 C 에서의 원근사상에 의해

$$\mathrm{B} \to \mathrm{U}, \quad \mathrm{W} \to \mathrm{A}', \quad \mathrm{P} \to \mathrm{B}', \quad \mathrm{C}' \to \mathrm{C}'$$

으로 사상되므로

$$(\mathrm{UA'B'C'}) = (\mathrm{BWPC'})$$

이다. 따라서

$$(\mathrm{BA'RV}) = (\mathrm{BWPC'})$$

이 성립한다. 정리 7.37에 의해 세 (사영)직선 A′W, RP, VC′은 한 점에서 만난다. 이 성질을 다음과 같이 나타낼 수 있다: 직선 RP는 두 직선 A′W와 VC′의 교점을 지난다. 그런데 두 직선 A′W와 VC′의 교점은 Q이므로 결과적으로 세 점 P, Q, R는 한 직선 위에 놓여 있다. ∎

연습문제

[7.6.1] $\mathbb{RP}^2$의 한 사영직선 위에 놓여 있는 다음 네 사영점에 대한 복비 (ABCD)를 구하시오.

(1) $\mathrm{A} = [-1, -1, 1], \mathrm{B} = [-2, 3, 1], \mathrm{C} = [-5, 5, 3], \mathrm{D} = [0, -5, 1]$

(2) $\mathrm{A} = [4, 2, -2], \mathrm{B} = [3, 2, -1], \mathrm{C} = [-8, -5, 3], \mathrm{D} = [0, -3, -3]$

[7.6.2] 위의 연습문제에서 복비 (BACD)와 (ACBD)를 각각 구하시오.

[7.6.3] (완전 사각형) A, B, C, D 중 어떤 세 점도 한 직선 위에 있지 않다고 하자. 사각형 $ABCD$ 안에는 두 대각선 $\overline{AC}$와 $\overline{BD}$이 있다. 이제 네 점 V_1, V_2, V_3, V_4을 다음과 같이 잡는다.

$$V_1 = \overleftrightarrow{AB} \cap \overleftrightarrow{CD}, \qquad V_2 = \overleftrightarrow{AD} \cap \overleftrightarrow{BC}$$
$$V_3 = \overleftrightarrow{BD} \cap \overleftrightarrow{V_1V_2}, \qquad V_4 = \overleftrightarrow{AC} \cap \overleftrightarrow{V_1V_2}$$

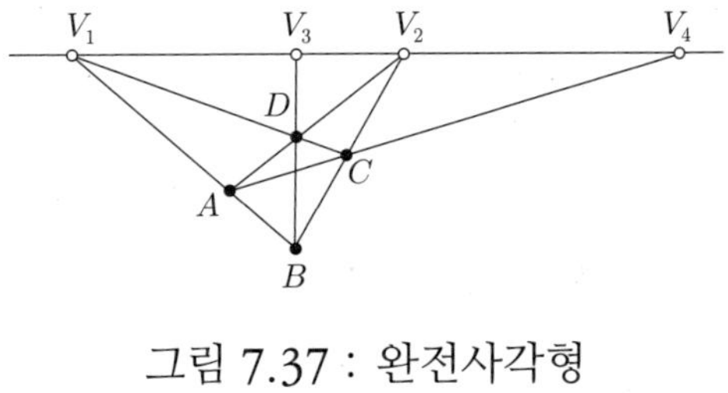

그림 7.37 : 완전사각형

(1) $[V_1V_2V_3V_4] = -1$임을 보이시오. 이러한 V_1, V_2, V_3, V_4를 조화적이라고 한다.

(2) (1)을 이용하여, 한 직선 위에 있는 임의의 세 점 W_1, W_2, W_3 이 있다고 할 때, 이로부터 완전 사각형을 만들어 점 W_4를 구할 수 있다. 점 W_4를 구하시오.

[7.6.4] 다음 그림은 지평선까지 이어진 직선 $\overleftrightarrow{AB}$를 그린 풍경에서 실제 선분 $\overline{AB}$의 삼등분점에 대응되는 점 B_1과 B_2를 잡는 방법이다. $\overleftrightarrow{A'B'}$이 지평과 평행이다, B_1'과 B_2'이 선분 $\overline{A'B'}$의 삼등분점일 때, B_1과 B_2의 실제 위치가 실제 선분 $\overline{AB}$의 삼등분점임을 보여라.

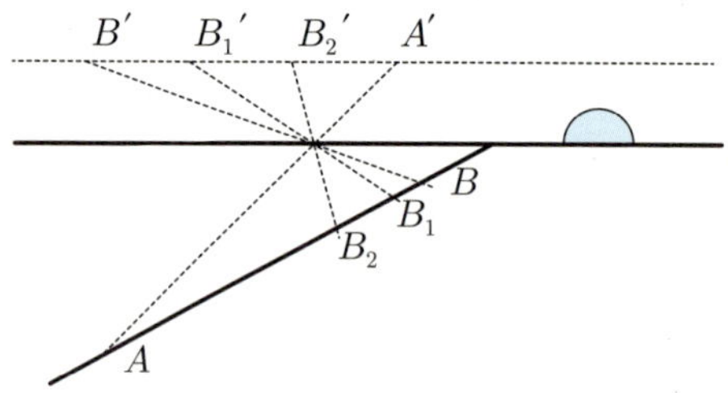

그림 7.38

[7.6.5] 다음 그림의 자동차가 교차로의 지점 A에 얼마나 떨어져 있는지를 구하라. 단, 두 교차로의 거리 AB의 길이는 280 미터이다. (힌트: 연습문제 [7.6.4]를 이용한다.)

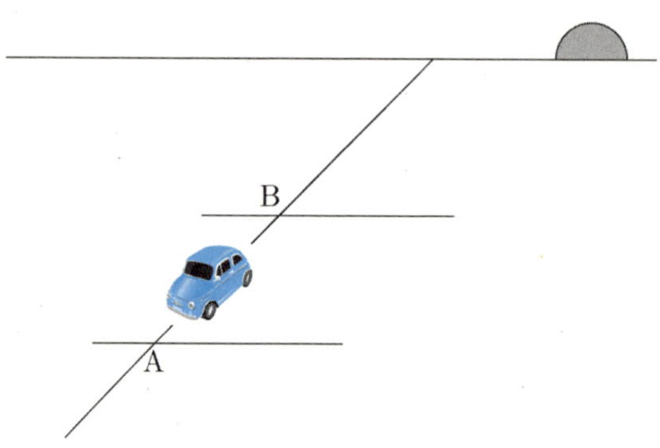

그림 7.39

연습문제 풀이

다음은 연습문제 중 일부 문제의 풀이이다.

연습문제 1.1.2

원주율은 $4\left(\frac{8}{9}\right)^2 = \frac{256}{81} \cong 3.16049\ldots$이 된다.

연습문제 1.3.3

정리: 한 직선 l 위에 있지 않은 점을 지나면서 l에 평행하는 평행선은 없다.

정리: 임의의 두 삼각형은 합동이다.

연습문제 1.4.2 (a) 네 원소를 갖는 집합 $A = \{a, b, c, d\}$의 원소를 점이라 하고, A의 부분집합 $\{a, b\}$, $\{a, c\}$, $\{a, d\}$, $\{b, c\}$, $\{b, d\}$, $\{c, d\}$를 직선이라 하자. 그리고 점 p와 직선 l에 대하여 $p \in l$이면 "p가 l위에 있다"고 하자. 이를 diagram(도형)으로 표현하면 다음 그림과 같다.

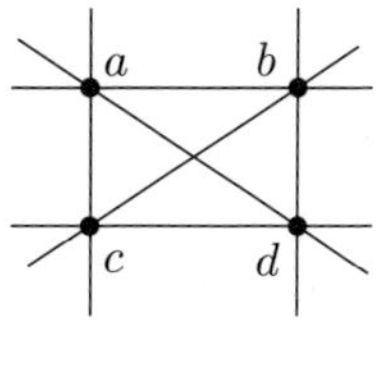

이러한 무정의 용어의 해석(모형)에 대하여 [공리1], [공리2], [공리3]이 모두 성립하므로 공리계는 모순이 없다. (단, 집합론에 모순이 없다면) 그러므로 주어진 공리계는 무모순적이다. 다음은 같은 문제의 다른 형태의 모형이다. 이때 점은 A, B, C이고, 직선은 $\overline{AB}$, $\overline{AC}$, $\overline{AD}$, $\overline{BC}$, $\overline{BD}$, $\overline{CD}$ 등이다.

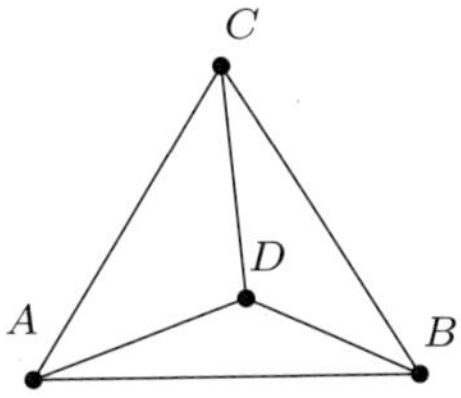

(b) 아래의 다이어그램으로 주어지는 무정의 용어의 해석(모형) (ㄱ), (ㄴ), (ㄷ)에 대하여,

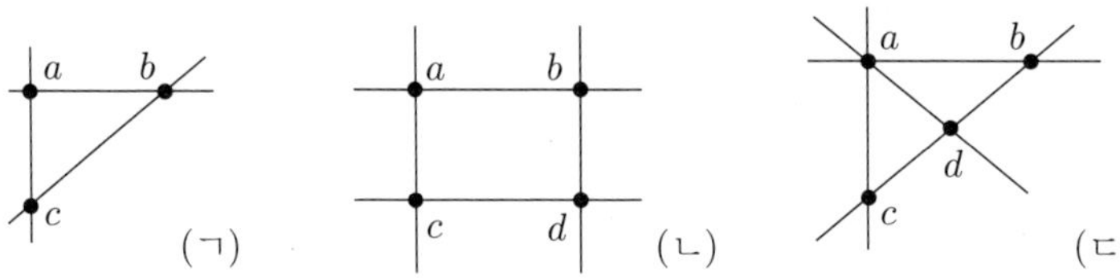

그림 8.1

(ㄱ)은 [공리2], [공리3]을 만족하지만, [공리1]은 만족하지 않는다. 그러므로 [공리2], [공리3]으로부터 [공리1]을 증명할 수 없다. 즉 [공리1]은 [공리2], [공리3]으로부터 독립적이다.

(ㄴ)은 [공리1], [공리3]을 만족하지만 [공리2]은 만족하지 않는다. 그러므로 [공리1], [공리3]으로부터 [공리2]을 증명할 수 없다. 즉 [공리2]은 [공리1], [공리3]으로부터 독립적이다.

(ㄷ)는 [공리1], [공리2]을 만족하지만 [공리3]은 만족하지 않는다. 그러므로 [공리1], [공리2]로부터 [공리3]을 증명할 수 없다. 즉 [공리3]은 [공리1], [공리2]로부터 독립적이다. 그러므로 이 공리계는 독립적이다.

연습문제 1.4.3 M은 PB 위에서 앞부분(내부점)에 속하는 모든 점보다 뒤에 있고, 뒷부분(외부점이나 원주 위)보단 앞에 있다. $OM < r$이라면 반직선 $\overrightarrow{PB}$ 상에

$OM < OH < r$인 점 H가 존재하는데, 이 점 H는 원의 내부점이고 M의 뒤쪽에 있으므로 모순이다. 마찬가지로 $OM > r$이라면 반직선 $\overrightarrow{PB}$ 상에 $OM > OQ > r$인 점 Q가 존재하는데 이 점 Q는 원의 외부점이고 M의 앞쪽에 있으므로 모순이다. 그러므로 $OM = r$이다.

연습문제 2.1.1

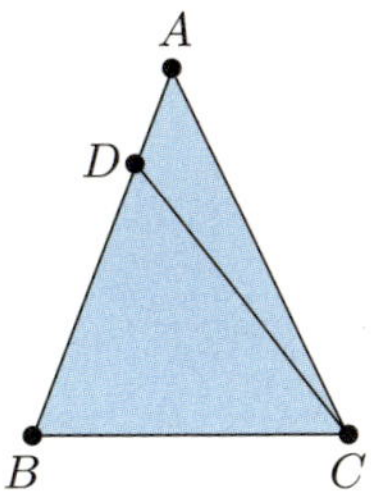

그림 8.2

$\angle ABC$와 $\angle ACB$가 같다고 하자. 변 AC와 AB가 같다는 것을 보이고자 한다. AB와 AC가 다르다고 하자. 그러면 공통개념에 의해 둘 중 하나가 더 크다. AB가 더 크다고 하자. 명제 3에 의하여 BD가 AC와 같도록 D점을 잡을 수 있다. 그리고 공통개념 1에 의하여 D와 C를 이을 수 있다. DB와 AC가 같고 BC가 공통이며 $\angle DBC$와 $\angle ACB$가 같으므로(SAS) 두 삼각형 ABC와 DBC는 합동이다 (명제 4). 이는 작은 것이 큰 것과 같으므로 공통개념 5에 의하여 모순이 된다.

연습문제 2.2.1

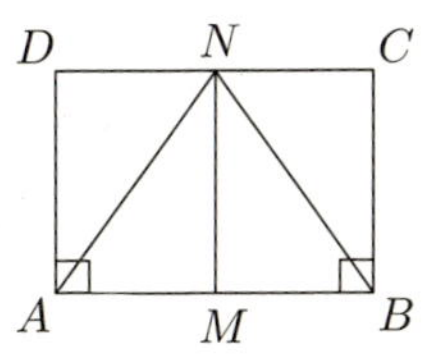

그림 8.3

AN과 BN을 잇는다. 그러면 SAS에 의해서 $\triangle ADN$과 $\triangle BCN$은 합동이다. 이제 SSS합동에 의해서 $\triangle AMN$과 $\triangle BMN$이 합동이 된다. 따라서 $\angle AMN = \angle BMN$

이고, $\overleftrightarrow{MN}$은 $\overleftrightarrow{AB}$에 직교한다. 이제 C, D를 각각 M에 연결하면, 같은 방법으로 $\overleftrightarrow{MN}$가 $\overleftrightarrow{CD}$에 직교함을 보일 수 있다.

연습문제 2.2.2(b) D가 예각이면, 각 D 〈 각 C=90도 이므로, AC 〈 BD 가 됩니다. 왜냐하면 만약 AC=BD이면, 삼각형 합동을 이용하여 각 C=각 D라는 모순을 얻어낼 수 있습니다. 만약. AC〉 BD이면, 역시 삼각형 합동을 이용하여 각 D가 둔각임을 보일 수 있습니다. 따라서 AC 〈BD 입니다. AB〈CD도 마찬가지로 보일 수 있습니다.

연습문제 3.2.1

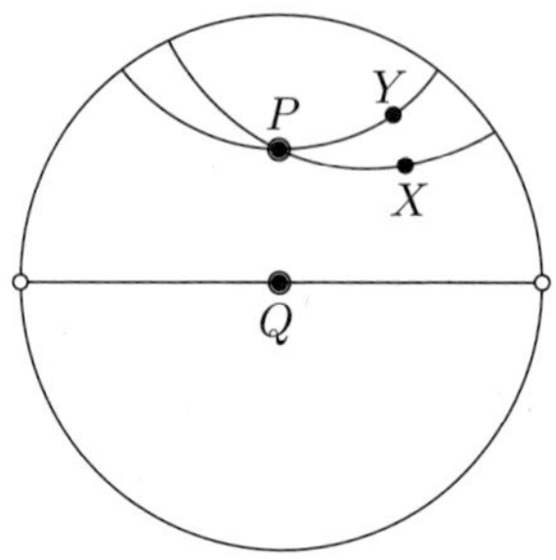

그림 8.4

연습문제 3.2.2 σ는 γ의 내부점 O와 외부점 P를 지나므로 γ와 두 점에서 만난다. 이 두 점을 T, U라하자. 이 때, $\angle OTP$와 $\angle OUP$는 원 σ의 지름 $\overline{OP}$의 원주각이므로 $\angle OTP = \angle OUP = 90°$이다. 즉 $\overleftrightarrow{OT} \perp \overleftrightarrow{TP}$, $\overleftrightarrow{OU} \perp \overleftrightarrow{UP}$이고 $\overleftrightarrow{TP}$, $\overleftrightarrow{UP}$는 γ에 접한다.

이제 $\overleftrightarrow{TU}$와 $\overleftrightarrow{OP}$의 교점 P'에 대하여 $\triangle OP'T$와 $\triangle OP'U$가 합동이므로 $\angle OP'T = \angle OP'U = 90°$이다. 그러면 $\triangle OP'T$와 $\triangle OTP$의 대응되는 세 각이 같고 이 두 삼각형은 닮은 삼각형이다. 그러므로 $\frac{OP'}{OT} = \frac{OT}{OP}$이고, $OP \cdot OP' = OT^2$이다. 즉 P'은 P의 γ에 대한 반점이다.

연습문제 3.3.1 O가 아닌 임의의 두 점 A, P와 각각의 반점 A', P'에 대하여 $\triangle OAP$와 $\triangle OA'P'$은 닮은 꼴이다(왜냐하면 $\angle O$는 같고 $\frac{OA}{OP'} = \frac{OP}{OA'}$이므로). 그

러므로 $\frac{A'P'}{AP} = \frac{OA'}{OP}$이고 $A'P' = \frac{OA'}{OP}AP$이다. (O, A, P가 한 직선 위에 있을 때에도 닮은 도형을 생각하면 이 식이 성립한다.)

마찬가지로, $B'P' = \frac{OB'}{OP}BP$, $A'Q' = \frac{OA'}{OQ}AQ$, $B'Q' = \frac{OB'}{OQ}BQ$이므로

$$\frac{A'P'}{B'P'}\frac{B'Q'}{A'Q'} = \frac{\frac{OA'}{OP}AP}{\frac{OB'}{OP}BP}\frac{\frac{OB'}{OQ}BQ}{\frac{OA'}{OQ}AQ} = \frac{AP}{BP}\frac{BQ}{AQ}.$$

연습문제 3.3.2 P가 T와 U에서 그은 접선의 교점(현 $\overline{TU}$의 극)이라 하면, $\triangle OTP$와 $\triangle OUP$는 합동인 직각삼각형이다(왜냐하면 높이와 빗변이 같으므로). 그러므로 $PT = PU$이고 $\angle TPO = \angle UPO$이다. 이제 삼각형 $\triangle TPU$는 $PT = PU$인 이등변 삼각형이므로 $\angle PTU = \angle PUT$이고 $\angle TPU$의 이등분선 $\overrightarrow{OP}$는 선분 $\overline{TU}$의 수직이등분선이다.

연습문제 3.3.3 γ에 대한 반전에 의해 ϵ과 δ는 각각 자기 자신으로 사상되므로 (Lemma 3.3 (4)), 두 점 P, Q의 반점 P', Q'은 ϵ과 δ의 교점 P, Q이어야 한다.
만약 $P' = P$라면 $Q' = Q$이고 (왜냐하면 $Q' = P$라면 $Q = (Q')' = P' = P$이기 때문이다), ϵ과 δ는 γ 위의 두 점 P, Q를 지나는 γ와 직교하는 원이다. 이러한 원은 유일하므로 $\epsilon = \delta$이고 ϵ과 δ가 두 점에서 만나지 않는다. 그러므로 $P' = Q$이고 $\overleftrightarrow{PQ} = \overleftrightarrow{PP'}$은 O를 지난다.

연습문제 3.4.2 임의의 삼각형 $\triangle ABC$는 꼭지점이 γ의 중심 O인 $\triangle OB'C'$과 합동이다. 이때 $\overrightarrow{OB'}$과 $\overrightarrow{OC'}$은 직선이므로 $\triangle OB'C'$의 내각의 합이 $180°$보다 작음을 쉽게 보일 수 있다.

연습문제 4.2.1 (a) $x' = f(x)$ and $y' = f(y)$라고 하면 $f^{-1}(x') = x, f^{-1}(y') = y$이다. 따라서

$$d(f^{-1}(x'), f^{-1}(y')) = d(x, y) = d(f(x), f(y)) = d(x', y').$$

여기서 두번째 등식은 f가 등장사상이기 때문이다.

(b) 원 C의 중심이 z이고 반지름이 r이라고 하자. $y \in C$이면 $d(y,z) = r$이다. $f(C) = \{f(y) \,|\, y \in C\}$이고, $d(f(y), f(z)) = d(y,z) = r$이므로, $f(y)$와 $f(z)$의 거리는 항상 r이다. 즉, $f(C)$은 $f(z)$을 중심으로 하는 원의 일부이다.

연습문제 4.2.2 (x_0, y_0)에 대한 반전 (x_1, y_1)을 구해보자. 이를 위해 (x_0, y_0)을 지나면서 L에 수직한 직선 $-bx+ay+(bx_0-ay_0) = 0$을 생각하여 L과의 교점 (x_2, y_2)을 잡으면

$$\begin{pmatrix} a & b \\ -b & a \end{pmatrix}\begin{pmatrix} x_2 \\ y_2 \end{pmatrix} = \begin{pmatrix} -c \\ ay_0 - bx_0 \end{pmatrix},$$

$$\begin{pmatrix} x_2 \\ y_2 \end{pmatrix} = \frac{1}{a^2+b^2}\begin{pmatrix} -ac - b(ay_0 - bx_0) \\ -bc + a(ay_0 - bx_0) \end{pmatrix}.$$

그런데 $\frac{x_0+x_1}{2} = x_2$, $\frac{y_0+y_1}{2} = y_2$에서 $x = x_0, y = y_0$라 놓음으로 다음 식을 얻게 된다.

$$R_L(x,y) = \begin{pmatrix} x_1 \\ y_1 \end{pmatrix} = \begin{pmatrix} \frac{b^2-a^2}{a^2+b^2} & \frac{-2ab}{a^2+b^2} & \frac{-2ac}{a^2+b^2} \\ \frac{-2ab}{a^2+b^2} & \frac{a^2-b^2}{a^2+b^2} & \frac{-2bc}{a^2+b^2} \end{pmatrix}\begin{pmatrix} x \\ y \\ 1 \end{pmatrix}.$$

연습문제 5.3.1 (a) 포물선 C 위의 점 (x,y)가 만족하는 식은

$$\sqrt{(x-c)^2+y^2} = |x+c| \iff (x-c)^2+y^2 = (x+c)^2 \iff y^2 = 4cx.$$

(b) (x,y)가 타원 C 위의 점이면

$$\sqrt{(x+c)^2+y^2} + \sqrt{(x-c)^2+y^2} = 2a$$

인 양수 $a > c$가 존재한다. 따라서 다음 식들이 성립한다.

$$\begin{aligned} \sqrt{(x+c)^2+y^2} &= 2a - \sqrt{(x-c)^2+y^2} \\ a^2 - cx &= a\sqrt{(x-c)^2+y^2} \\ a^4 - 2ca^2x + c^2x^2 &= a^2((x-c)^2+y^2) \\ (a^2-c^2)x^2 + a^2y^2 &= a^2(a^2-c^2) \end{aligned}$$

따라서 $\frac{x^2}{a^2} + \frac{y^2}{a^2-c^2} = 1$이다.

연습문제 6.3.1

(1단계) $a \cdot (b \times c) = (a \times b) \cdot c$.

$$a \cdot (b \times c) = (a_1, a_2, a_3) \cdot \begin{vmatrix} i & j & k \\ b_1 & b_2 & b_3 \\ c_1 & c_2 & c_3 \end{vmatrix} = (a \times b) \cdot c.$$

(2단계) $a \times (b \times c) = (a \cdot c)\, b - (a \cdot b)\, c$.

$a \times (b \times c)$는 bc-평면에 속하게 된다. 따라서 $a \times (b \times c) = xb + yc$.

$0 = a \cdot (a \times (b \times c)) = x\,(a \cdot b) + y\,(a \cdot c)$. 따라서

$$\frac{x}{a \cdot c} = -\frac{y}{a \times b} = \lambda.$$

$a \times (b \times c) = \lambda(a \cdot c)b - \lambda(a \cdot b)c$.

$b = a$이면 $a \times (a \times c) = \lambda((a \cdot c)a - ||a||^2 c)$이다. 따라서

$$c \cdot (a \times (a \times c)) = \lambda((a \cdot c)^2 - \lambda||a||^2||c||^2) = -\lambda||a||^2||c||^2 \sin^2\theta = -\lambda||a \times c||^2.$$

그런데 (1단계)에 의해서 $c \cdot (a \times (a \times c)) = (c \times a) \cdot (a \times c) = -||a \times c||^2$이다. 따라서 $\lambda = 1$.

그러므로 $a \times (a \times c) = (a \cdot c)a - (a \cdot a)c$, $(a \times b) \times b = b \times (b \times a) = (b \cdot a)b - (b \cdot b)a$.

일반적으로 $a \times (b \times c) = \lambda(a \cdot c)b - \lambda(a \cdot b)c$이므로

$$\begin{aligned} b \cdot (a \times (b \times c)) &= \lambda(a \cdot c)(b \cdot b) - \lambda(a \cdot b)(b \cdot c) \\ &= (b \times a) \cdot (b \times c) = -(a \times b) \cdot (b \times c) \\ &= -((a \times b) \times b) \cdot b) \end{aligned}$$

그런데 $(a \times b) \times b = (a \cdot b)b - ||b||^2 a$이므로

$$-((a \times b) \times b) \cdot c = -(a \cdot b)(b \cdot c) + ||b||^2 (a \cdot c)$$

따라서 $\lambda = 1$이다.

연습문제 6.3.2 문제 1의 (1단계)에 의하여 다음 식이 성립한다.

$$\begin{aligned} (a \times b) \cdot (c \times d) &= a \cdot b \times (c \times d) \\ &= a \cdot ((b \cdot d)c - (b \cdot d)d) \\ &= (a \cdot c)(b \cdot d) - (a \cdot d)(b \cdot c). \end{aligned}$$

연습문제 6.4.1 A: 마이애미, B: 산후안, C: 해밀턴의 세 지점이 만드는 구면삼각형 $\triangle ABC$를 풀고 이 삼각형에 쌓인 영역의 넓이 $R^2(\angle A + \angle B + \angle C)$를 구하면 된다. (단, R은 지구의 반경이다.)

A의 위도는 $25.767°$, 경도는 $80.2°$, B의 위도는 $18.483°$, 경도는 $66.133°$, C의 위도는 $32.3°$, 경도는 $64.783°$이다. 따라서 $\angle(\widehat{NA}, \widehat{NB}) = 14.067°$이다. 이로부터 $\widehat{AB} = 15.204°$, $\angle(\widehat{NA}, \widehat{NC}) = 15.417°$, $\angle\widehat{AC} = 15.204°$, $\angle(\widehat{NB}, \widehat{NC}) = 1.35°$, $\angle\widehat{BC} = 14.070°$이다. 이로부터 $\angle A = 55.598°$, $\angle B = 62.935°$, $\angle C = 62.935°$를 얻는다.

연습문제 6.4.2 North pole을 N, Norfolk를 A, Boston을 B, 그리고 배의 위치를 C라 하자. 그러면 호 $\widehat{NA}$의 호각 $\angle b_0$은 $90 - 36.833 = 53.167°$이고, $\widehat{NB}$의 호각 $\angle a_0$는 $90 - 42.35 = 47.650°$이다. 또한 $\angle N = \angle(\widehat{NA}, \widehat{NB}) = 76.3 - 71.066 = 5.234°$

이다.

구면 삼각형 $\triangle NAB$에서 $\widehat{AB}$의 호각을 $\angle\delta$, $\angle A_0 = \angle(\widehat{AN}, \widehat{AB})$, $\angle B_0 = \angle(\widehat{BN}, \widehat{BA})$라 하면, 변의 cosine 법칙에 의하여

$$\begin{aligned}\cos\angle\delta &= \cos(53.167°)\cos(47.650°)\\ &\quad + \sin(53.167°)\sin(47.650°)\cos(5.234°)\\ &\cong (0.599)(0.674) + (0.800)(0.739)(0.996) \cong 0.993\end{aligned}$$

따라서 $\angle\delta = \cos^{-1}(0.993) = 6.783°$이고, sine 법칙에 의해서

$$\sin\angle A_0 = \frac{\sin\angle N}{\sin\angle\delta}\sin\angle a_0 \cong \frac{0.091}{0.117}0.739 \cong 0.575$$

이므로, $\angle A_0 = 35.100°$ 또는 $144.900°$이다. 또한

$$\sin\angle B_0 = \frac{\sin\angle N}{\sin\angle\delta}\sin\angle b_0 \cong \frac{0.091}{0.178}0.799 \cong 0.408$$

이므로, $\angle B_0 = 24.079°$ 또는 $155.921°$이다. 이 경우, $\angle A_0 = 35.100°$, $\angle B_0 = 155.921°$이다. (sine 법칙 대신에 cosine 법칙을 이용하여 $\angle A_0$, $\angle B_0$를 구할 수도 있다.)

이제 $\angle ABC$에서 $\angle A = 73.500 - \angle A_0$, $\angle B = 360 - \angle B_0 - 96.750$이고, $\angle c = \angle\delta$이므로 같은 방법으로 $\triangle ABC$의 모든 호각을 구할 수 있다. 그래서 호 $\widehat{BC} = 0.215$와 호 $\widehat{AC} = 0.294$, $\angle A = 38.97°$과 $\angle C = 20.54°$를 얻는다.

마지막으로 호 $\widehat{BN}$의 호각과 $\widehat{BC}$의 호각, 그리고 $\angle(\widehat{BN}, \widehat{BC})$를 알고 있으므로, $\triangle NBC$를 풀어서 $\angle(\widehat{NB}, \widehat{NC}) = x° = 12.79°$와 $\widehat{NC}$의 호각 $y° = 50.23°$를 구할 수 있다.

Boston과 Norfolk 사이의 거리는 $R\frac{2\pi}{360}\angle\delta = 472.12$mi 이고, 배와 Norwalk까지의 거리는 1165.87mi, 배와 Boston까지의 거리는 850.72mi이다. 배의 위치는 위도 $(90 - y) = 39.77°\ N$, 경도 $(71.066 - x) = 58.27°\ W$이다. (단, R은 지구의 반경이다).

연습문제 6.5.1 (a) 임의의 S의 점 $P = (x, y, z) \neq (0, 0, 1)$에 대하여 P와 $N = (0, 0, 1)$을 잇는 직선은 $l = \{(tx, ty, 1 + t(z - 1)) \mid t \in R\}$이다. l과 xy-평면과의 교점은 $1 + tz - t = 0$, 즉, $t = \frac{1}{1-z}$인 t에 대하여 $(tx, ty, 1 + tz - t) = \left(\frac{x}{1-z}, \frac{y}{1-z}, 0\right)$

이다. 그러므로 $f(x,y,z) = \left(\frac{x}{1-z}, \frac{y}{1-z}, 0\right)$ 이다.

(b) $(x,y,z) = f^{-1}(u,v,0)$ 인 필요충분조건은 $\left(\frac{x}{1-z}, \frac{y}{1-z}, 0\right) = (u,v,0)$ 이고 $x^2 + y^2 + z^2 = 1$ $(z \neq 1)$이다. 이로부터

$$x = u(1-z), \quad y = v(1-z), \quad x^2 + y^2 + z^2 = 1, \quad z \neq 1,$$

에서

$$x = \frac{2u}{u^2+v^2+1}, \quad y = \frac{2v}{u^2+v^2+1}, \quad z = \frac{u^2+v^2-1}{u^2+v^2+1}$$

을 얻게 된다.

연습문제 7.2.1 (1), (3)

연습문제 7.2.2 (1) $[-1, 4, 6]$ (2) $[2, 12, 0]$, (3) $[-3, -2, 1]$

연습문제 7.2.4 (1) $x = 0$. (2) $y = z$

연습문제 7.2.5 (1) $13x - 8y - 6z = 0$ (2) $16x + 7y + 26z = 0$.

연습문제 7.2.6 (1) 한 직선 위에 있다 (2) 한 직선 위에 놓여있지 않다.

연습문제 7.2.8 (1) $[2, -1, 1]$ (2) $[3, -2, , 7]$

연습문제 7.2.9 $[6, -1, -8]$

연습문제 7.3.1 (1)은 사영변환이다. (2), (3), (4)는 사영변환이 아니다.

연습문제 7.3.2 (1) $[2, -3, -3]$

연습문제 7.3.4

$$A_1 \circ A_2 = \begin{pmatrix} 2 & 6 & 10 \\ 0 & 2 & 3 \\ 2 & 5 & 8 \end{pmatrix} \quad A_1^{-1} = \begin{pmatrix} 1 & 2 & -1 \\ 1 & 1 & -1 \\ -1 & -2 & 2 \end{pmatrix}.$$

연습문제 7.3.5 $-2x - 5y + 4z = 0.$

연습문제 7.4.1 (1)

$$A = \begin{pmatrix} 0 & 0 & -10 \\ 0 & 4 & 0 \\ 13 & -6 & -5 \end{pmatrix}$$

(2)

$$A = \begin{pmatrix} 0 & 5 & 0 \\ 0 & 0 & 4 \\ 3 & 0 & 0 \end{pmatrix}$$

연습문제 7.4.2 (1)

$$\begin{pmatrix} 80 & 55 & -40 \\ 40 & 60 & 58 \\ 0 & 65 & -26 \end{pmatrix}.$$

연습문제 7.5.1 사영 도형에 대한 방정식 $zy = x^2$, $z \neq 0$.
이상점은 y축 또는 $(0, 1, 0)$, $(0, -1, 0)$.

연습문제 7.5.2 (1) 아니오 (2) 예 (3) 예 (4) 아니오

연습문제 7.5.3 (1) 참 (2) 참 (3) 거짓

연습문제 7.5.4 $-\frac{7}{2}x - 3y + 3z = 0$

연습문제 7.5.5 (1) $Ax^2 + Bxy + Cy^2 + Dxz + Eyz + Fz^2 = 0$에 $[1,0,0]$, $[0,1,0]$, $[0,0,1]$을 대입하면, $A = C = F = 0$. 따라서

$$Bxy + Dxz + Eyz = 0$$

이 식에 $[1,1,1]$, $[1,3,-2]$를 대입하여 정리하면 다음을 얻는다.

$$4xy - 9xz + 5yz = 0$$

(2) 구하는 사영이차곡선을

$$Ax^2 + Bxy + Cy^2 + Dxz + Eyz + Fz^2 = 0$$

이라 하면, 세 점 $[1,0,0]$, $[0,1,0]$, $[0,0,1]$을 지나므로 $A = C = F = 0$. 따라서

$$Bxy + Dxz + Eyz = 0 \tag{.5}$$

식 (.5)에 두 점 $[1,1,1]$과 $[a,b,c]$를 대입하면

$$\begin{aligned} B + C + E &= 0 \\ Bab + Dac + Ebc &= 0 \end{aligned}$$

정리하면 어느 세 점도 일직선 위에 있지 않으므로 $a \neq 0, b \neq 0, c \neq 0, a \neq b, b \neq c, c \neq a$,

$$D = -E\,\frac{b(a-c)}{a(b-c)}$$

이고

$$B = -E\,\frac{c(a-b)}{a(c-b)}$$

에서 다음을 얻는다.

$$c(a-b)xy + b(c-a)xz + a(b-c)yz = 0$$

연습문제 7.5.6 (1) $xy - xz + yz = 0$

(2)

$$\begin{pmatrix} 1 & 2 & 3 \\ -2 & -3 & -4 \\ 3 & 4 & 6 \end{pmatrix}.$$

연습문제 7.6.1 (1) -4 (2) -3

연습문제 7.6.2 (1) $(BACD) = -\frac{1}{4}$, $(ACBD) = 5$

(2) $(BACD) = -\frac{1}{3}$, $(ACBD) = 4$.

찾아보기

ㅂ

ㅅ

ㅇ

ㅈ

ㅊ

ㅋ

ㅌ

ㅍ

ㅎ

A

E

저자와의
합의하에
인지를
생략합니다.

기하학개론

지은이 윤갑진 · 황승수
펴낸이 조경희
펴낸곳 경문사
펴낸날 2020년 9월 1일 1판 1쇄
2023년 2월 10일 1판 2쇄
등 록 1979년 11월 9일 제1979-000023호
주 소 04057, 서울특별시 마포구 와우산로 174
전 화 (02)332-2004 팩스 (02)336-5193
이메일 kyungmoon@kyungmoon.com
facebook facebook.com/kyungmoonsa

값 22,000원

ISBN 979-11-6073-404-1